南京水利科学研究院出版基金资助

节水减排条件下稻田-沟道系统水氮迁移-转化-流失机制与调控

和玉璞　纪仁婧◎著

·南京·

图书在版编目(CIP)数据

节水减排条件下稻田-沟道系统水氮迁移-转化-流失机制与调控 / 和玉璞，纪仁婧著. -- 南京 ：河海大学出版社，2023.12

ISBN 978-7-5630-8843-0

Ⅰ. ①节… Ⅱ. ①和… ②纪… Ⅲ. ①稻田－土壤氮素－肥水管理 Ⅳ. ①S153.6

中国国家版本馆 CIP 数据核字(2023)第 256921 号

书　　名　节水减排条件下稻田-沟道系统水氮迁移-转化-流失机制与调控
书　　号　ISBN 978-7-5630-8843-0
责任编辑　曾雪梅
特约校对　孙　婷
装帧设计　张育智　吴晨迪
出版发行　河海大学出版社
地　　址　南京市西康路1号(邮编:210098)
网　　址　http://www.hhup.com
电　　话　(025)83737852(总编室)　(025)83787103(编辑室)
　　　　　　(025)83722833(营销部)
经　　销　江苏省新华发行集团有限公司
排　　版　南京布克文化发展有限公司
印　　刷　广东虎彩云印刷有限公司
开　　本　710毫米×1000毫米　1/16
印　　张　11.75
字　　数　216千字
版　　次　2023年12月第1版
印　　次　2023年12月第1次印刷
定　　价　79.00元

前言

在我国农业生产资源与环境约束日益增强、粮食刚需不断增加的背景下，实现水稻生产中的水氮高效利用，是缓解我国水资源短缺、实现水稻高效用水与绿色生产、保障粮食安全的必然选择。

本书围绕水稻生产节水高效、提质增效的目标，针对稻田土壤水分及氮素在垂向和侧向的流失问题及调控需求，以稻田-田埂-沟道区域为研究对象，从“环节到系统”开展原位观测及模型模拟。通过多年蒸渗仪试验、小区试验和大田试验，研究了节水灌溉稻田土壤水-地下水转化特征及其对干湿交替过程的响应机制、灌排协同调控稻田暗管排水量、氮素流失变化规律，以及灌排协同作用下稻田水氮侧渗特征及其对干湿交替过程的响应机制，构建了基于 Hydrus-1D 的控制灌溉稻田土壤水-地下水转化模型和基于 Hydrus-2D 的稻田-沟道侧渗模型，提出了苏南地区不同水文年土壤水-地下水转化高效调控模式和有效控制稻田侧渗水量、氮素侧渗负荷的灌排调控优化模式。

本书的出版得到南京水利科学研究院出版基金、国家自然科学基金项目“节水灌溉稻田土壤水-地下水转化对干湿交替过程的响应机制与调控”(No. 51609141)、中央级公益性科研院所基本科研业务费专项资金项目“稻田水氮侧向渗漏对水分管理的响应机制与优化调控”(Y920009)的资助。

目录

1 研究背景

1.1 目的和意义

目前,不断减少的水资源给全球经济社会发展和地区稳定带来了严重隐患,影响人类健康、能源储备和粮食供应[1]。农业作为最主要的用水户,消耗了全球总用水量的70%。发展节水农业、提高农业用水效率成为保障全球水安全与食物安全的重要途径。为此,国内外学者开展了大量农田高效水管理模式与技术的研究工作。自20世纪70年代以来,农田节水灌溉技术及旱地控制排水技术在全球得到了大面积应用[2-4]。灌溉排水协同调控下,农田水分状况的改变促使农田土壤理化特性、水分与能量转化过程、营养物质循环等发生一系列变化,取得了显著的环境效应。因此,"灌排工程技术与模式及其生态环境效应"成为农业水土与生物系统工程领域的研究热点。

水稻是中国乃至全球最主要的粮食作物之一,水稻生产过程消耗了全球50%的农业灌溉水量[5],并使用了大量肥料[6]。具体到中国,稻田灌溉用水量占到农业用水量的65%以上[7]。在我国农业生产资源与环境约束日益增强、粮食刚需不断增加的背景下,实现水稻生产中的水分高效利用,是缓解我国水资源短缺与保障农业生产的必然选择。2022年,习近平总书记在党的二十大报告中提出"全面推进乡村振兴",要求"加快建设农业强国,扎实推动乡村产业、人才、文化、生态、组织振兴""牢牢守住十八亿亩耕地红线""强化农业科技和装备支撑"。这对农业现代化发展提出了更高的要求。而在传统的水分管理方式下,稻田水氮利用效率较低,面源污染输出量较高,引发了突出的生态环境问题[8-10]。因此,开展稻田水氮损失特征及其环境影响效应的研究对于科学制定稻田水管理策略,实现水稻高效用水与绿色生产的统一具有重要意义。

我国稻作区主要分布在南方,区域内地下水埋深普遍较小,作为田间耕作通道的田埂多为土质埂,且我国稻田田块规格普遍较小,使得单位面积稻田系统内田埂数量较大。稻田土壤水分和氮磷等营养物质,一方面通过垂向的渗漏、补给与地下水发生交换、迁移,另一方面通过田埂侧向渗漏至周边排水沟,这两种迁移方式都成为稻田水分损失与面源污染输出的主要途径[11]。自

20世纪80年代开始，水稻节水灌溉技术开始在我国大规模推广应用，已经获得大量成果。节水灌溉的水分调控措施使得稻田出现连续的干湿循环过程，加之明沟控制排水、暗管排水等调控排水过程，使稻田及沟道水分状态发生改变，从而显著影响了稻田、田埂区域土壤水分、土壤理化因子及土壤裂隙发育，势必会改变稻田的土壤水分在垂向、侧向的渗漏及土壤氮素的转化过程。已有研究多关注节水灌溉模式对稻田土壤水垂向入渗的影响，尚未关注节水灌溉稻田地下水补给过程，节水灌溉稻田土壤水-地下水转化对干湿循环过程的响应机制尚不明确；目前关于稻田水分侧渗及其伴随的氮素迁移过程的研究大多是在部分时段改变稻田的边界条件并进行观测，关于稻田-沟道区域水氮侧渗全过程原位监测与环境效应的研究尚未见报道；节水灌溉及控制排水协同作用对稻田-沟道系统水分和氮素在垂向、侧向转化迁移过程中的影响效果与调控机制尚不明确。此外，由于稻田水氮渗漏的影响因素较为复杂，已有研究较少关注不同方向上水氮渗漏损失的灌排调控措施，如何优化运用灌排调控措施控制稻田水氮渗漏量的研究亟待完善。以上研究的不足制约了稻田水管理模式与面源污染控制措施的进一步优化。

为减少稻作区的水分渗漏损失，提升农业水资源利用效率，减少稻田面源污染输出，本研究考虑节水灌溉和控制排水的协同作用，明确稻田-沟道系统垂向、侧向的水氮渗漏特征及其环境效应，综合分析稻田、田埂区域土壤水分、土壤裂隙发育特征等因素，揭示灌排协同作用对稻田-沟道系统水氮渗漏过程的调控机制，并结合实测数据与模型模拟研究控制稻田水氮损失的灌排调控措施再提升机制，进一步优化稻田灌排调控措施。结合稻作区灌排系统特点，提出高效的水分管理制度，为实现农业水资源高效利用与面源污染控制提供技术支撑，丰富水稻节水灌溉理论。

1.2 国内外研究动态

1.2.1 水分管理模式对稻田水分渗漏特征的影响

渗漏过程是农田水分平衡的重要环节[12]，特别是对于稻田，适宜的渗漏量有利于排出稻田土壤中的还原物质，改善根系层土壤通气状况，保证水稻高产优质，具有重要的生理生态效应[13]。灌溉模式通过调控稻田土壤水分显著影响稻田垂向渗漏过程[14]，国内外大量研究结果表明节水灌溉可以大幅减少稻田渗漏水量[15-17]。彭世彰等[18]通过多年蒸渗仪试验，指出控制灌溉稻田多年平均田间渗漏量较浅水灌溉减少 263.7 mm，降幅 48.6%。与浅水灌溉相比，间歇灌溉稻田渗漏量减少幅度在 2.0%～15.3%[19,20]。Bouman 等[21]通过对比菲律宾不同灌溉模式稻田水分转化过程，指出节水灌溉稻田渗漏水量较淹水灌溉稻田减少 250～300 mm。稻田排水方式多为明沟排水，部分区域由于排水不通畅或者农业机械化作业等原因采用暗管排水[22]。稻田排水方式主要通过调控地下水埋深影响稻田水分垂向渗漏过程，浅地下水埋深有助于减少稻田渗漏强度。明沟排水条件下，稻田距沟越近，渗漏强度越大，随沟内水深增加，稻田渗漏强度减小[23]。国内学者借鉴旱地控制排水的理念，开展了稻田明沟控制排水技术的研究[24]。控制排水条件下，稻田地下水位出现一定程度的上升，从而影响稻田渗漏过程或地下排水过程。刘建刚等[25]在宁夏银南灌区的试验表明，稻田明沟控制排水下，稻田地下水位较常规排水抬高 1.8 cm，地下排水量减少 46%。王友贞等[26]在平原区排水大沟加设控制设施，进行了 6 年的原位观测，结果表明，排水大沟有控制工程比无控制工程平均抬高地下水位 0.3 m。和玉璞等[27]研究了节水灌溉与旱地控制排水技术调控对于稻田水分转化过程的影响，结果表明，在控制灌溉稻田采用暗管排水技术并提升排水出口高程，可较常规灌排稻田减少 49.9%的地下排水量。

1.2.2 水分管理模式对稻田氮素淋失规律的影响

稻田氮素的淋溶损失是指稻田土壤氮素随水分向下移动至根系活动层以下，从而不能被作物根系吸收所造成的氮素损失。稻田灌溉模式的差异改变了稻田水分转化特征，调节了稻田土壤环境因子，导致稻田氮素淋失形式和淋失量发生变化。

国内外学者开展了大量工作，研究稻田常规水分管理模式（长期淹灌、浅湿灌溉等）对稻田氮素淋失规律的影响。已有的研究报道，在常规水分管理模式下，稻田氮素淋失量的差别较大，且氮素淋失的主要形式也不尽相同，这可能是受稻田土壤理化特性和肥料结构差异的影响[28-35]。刘培斌等[36]研究了排水条件下淹灌稻田氮素淋失特征，试验结果表明，水稻生长期间，试验田块氮素淋失量为 4.0 $kg \cdot hm^{-2}$，占总施氮量的 1.3%，且铵态氮（NH_4^+-N）是氮素淋失的主要形式。纪雄辉等[31]利用渗漏池模拟开展了洞庭湖区双季稻田养分淋溶损失特征的研究，结果表明，长期淹水条件下，稻田氮素淋失量为 1.97～6.83 $kg \cdot hm^{-2}$，占总施氮量的 1.50%～2.28%。其中，氮素淋失的主要形式为有机氮，其次为 NH_4^+-N，两者分别占到淋失总量的 56.8%和 39.7%。Yoon 等[33]在韩国南部淹灌稻田的试验结果表明，硝态氮（NO_3^--N）是稻田土壤氮素淋失的主要形式。现有研究结果表明，节水灌溉模式通过调控稻田渗漏量及渗漏水中氮素浓度，有效减少稻田氮素淋失量。Peng 等[37]通过田间试验结果表明，与浅湿灌溉稻田相比，控制灌溉稻田的渗漏水量及渗漏水中的氮素浓度大幅下降，稻田氮素淋失量减少了 41.4%。Cui 等[38]的研究结果表明，间歇灌溉稻田的 NH_4^+-N 淋失量较长期淹水稻田减少 9.1%～11.6%，同时指出稻田总渗漏量的减少是间歇灌溉稻田氮素淋失量降低的主要原因。Tan 等[39]在湖北的试验结果表明，干湿交替灌溉稻田氮素淋失的主要形式是 NH_4^+-N，且稻季氮素淋失量略小于持续淹灌稻田，但 NO_3^--N 淋失量较持续淹灌稻田显著增加 18.1%～52.7%，增加了污染地下水的风险。

1.2.3 排水方式对稻田水氮流失特征的影响

农田排水形式最常见的为明沟排水和暗管排水[40,41]，早期的农田排水是以作物不受涝渍灾害为目标，当田间水层超过允许蓄水深度时，超过部分的水量应及时排出。目前水资源紧缺和水环境恶化问题日益加剧，传统的农田排水已无法满足现代农田排水的要求[42]。20 世纪 70 年代，旱地农田控制排水被提出，由于其显著的环境效应，近年来受到广泛的关注[43-47]。排水方式通过调控农田排水过程，改变农田土壤水分变化过程，最终影响了农田水分转化特征。现有研究结果表明，旱地控制排水技术可以显著减少农田排水量，并有效控制农田氮磷输出量[46-51]。

袁念念等[52]通过棉田暗管控制排水与自由排水的对比试验，指出自由排水田块排水量较控制排水田块增加 61.2%～87.0%，控制水位越高，农田排水量越小。黄志强等[53]开展了控制水位为地下 0 cm、30 cm、50 cm、80 cm 和 100 cm 深度的棉花暗管排水试验，结果表明，棉田的暗管排水量高于田表排水量，且随控制水位的增加而降低。国外学者进行的水位管理研究结果也表明，旱地采用控制排水后，暗管排水量大幅下降，降低幅度受作物种类与土壤质地等因素的影响[43,46-48,54,55]。Wesström 等[47]在瑞典南部壤质砂土地区进行了 4 年春播作物的控制排水试验，结果表明，控制排水较自由排水减少暗管排水量 79%～94%。国内学者借鉴旱地控制排水的理念，进行了稻田明沟控制排水技术的研究。刘建刚等[25]在宁夏银南灌区的试验结果表明，稻田明沟控制排水下，稻田地下水位较常规排水抬高 1.8cm，总排水量和地下排水量分别减少 50%和 46%。

农田暗管排水量和排水中氮素浓度变化特征受到排水方式的影响，已有研究结果表明，旱地控制排水技术可以显著减少农田排水及污染物输出，改善农田水环境[43-48,50,54,56-65]。也有研究结果表明，控制排水农田氮素损失量的减少主要是通过减少暗管排水量而不是降低排水中氮素浓度来实现的[46,47,55]。Lalonde 等[46]在对加拿大安大略粉砂壤土农田进行的试验结果表明，与自由排水田块相比，控制排水田块暗管排水量减少 40.9%～95%，NO_3^--N 损失量减少 62.4%～95.7%。Wesström 等[47]在对瑞典南部壤质砂土进行的控制排水试验结果表明，控制排水较传统的地下暗管排水减少农田 NO_3^--N 损失量 65%～95%，与暗管排水量的降低幅度基本一致。但也有研究表明，控制排水农田暗管排水中氮素浓度的下降也是导致氮素损失量减少的主要原因[44,48,63,65]。Drury 等[48]研究了控制排水在连续种植玉米和大豆-玉米轮作条件下的应用效果，指出控制排水较传统的排水方式减少暗管排水量 26%～38%，减少氮素损失量 55%～66%，说明控制排水田块排水中氮素浓度的降低也是氮素损失量减少的重要原因。旱作物的水分管理措施下，农田土壤长时间处于非饱和状态，土壤硝化作用强烈，暗管排水中氮素以 NO_3^--N 为主，NH_4^+-N 含量极低[55]。控制排水条件下，田间地下水位被抬升，导致农田土壤反硝化作用增加，从而降低了暗管排水中的 NO_3^--N 浓度[66]。但也有研究认为，控制排水田块中氮素损失量的减少完全是由于排水中氮素浓度的下降，Ng 等[50]在对加拿大安大略西南部壤质砂土进行的控制排水试验结果显示，控制排水田块的暗管排水量较自由排水田块增加 8%，排水中 NO_3^--N 浓度降低 45%；在 NO_3^--N 浓度降低的作用下，控制排水田块的 NO_3^--N 损失量减少 36%。

1.2.4　农田地下水-土壤水转化特征及影响因素

地下水浅埋深条件下，农田非饱和带中土壤水-地下水转化频繁[67-69]，土壤水和地下水水分转化是农田地下水-土壤-植物-大气连续体(GSPAC)系统的重要环节[70,71]。已有研究较多关注旱地土壤水-地下水转化过程及影响机制。地下水埋深是影响农田土壤水-地下水转化过程的重要因素。冯绍元等[72]开展田间试验研究种植冬小麦时不同地下水埋深对农田土壤水-地下水转化关系的影响，试验结果表明：地下水埋深较浅时，非饱和带中的土壤水和潜水蒸发共同调节冬小麦的需水过程。地下水埋深对土壤水和地下水的转化方向和转化量有很大影响，地下水埋深较浅时，潜水蒸发占主导作用，地下水向土壤水的转化量大于土壤水向地下水的转化量；当地下水埋深较大时，地下水消耗减小，则以土壤水入渗补给地下水为主。韩双平等[73]通过人为控制地下水埋深进行了冬小麦和玉米大田试验，研究了农田土壤水和地下水相互转化机理，指出地下水埋深对农田土壤水和地下水的相互转化及农业生态环境具有重要影响，并提出了包气带-潜水系统水分转化量均衡临界深度的概念。当地下水埋深小于临界深度时，土壤水-地下水转化过程以地下水补给土壤水为主，此时土壤水和地下水同时对作物需水过程起动态调节作用，并且地下水埋深越浅，地下水对作物的动态调节作用越强，但会引起一定程度土壤次生盐渍化等问题；当地下水埋深大于临界深度时，土壤水-地下水转化过程以土壤水入渗至地下水为主导过程，此时土壤水对作物需水调节过程仍有影响，而地下水则基本失去或完全失去对作物的动态调节作用。

农田补水过程（灌溉、降雨）显著影响土壤水-地下水转化过程。杨玉峥等[74]利用简化后的土壤水量平衡方程，结合 Hydrus-1D 软件计算地下水浅埋区小麦-玉米轮作农田土壤水与地下水的转化量，结果表明：玉米生长期内雨量充足，农田土壤水与地下水的交换频繁，玉米生长期内土壤水入渗补给地下水量为 228.0 mm，地下水通过毛管上升补给土壤水量为 287.5 mm；而小麦生长期内由于长时间未灌溉且降雨量较少，主要由地下水补给土壤水，其间，土壤水补给地下水 70.09 mm，地下水补给土壤水 266.9 mm。过量的农田灌溉会削弱地下水对土壤水的补给，并导致多余的土壤水分下渗进入地下水，从而造成水资源的无效损失和动力能源的损耗[75]。

此外，土壤容重变化也会改变农田土壤水-地下水转化过程。土壤容重是土壤的基本物理性质之一，影响土壤的入渗性能和持水能力，进而改变非饱和带土壤水分运动过程。增大土壤容重能减少非黏闭土壤的水分渗漏量，这主要是因为容重增加后土壤大孔隙减少。已有学者通过室内模拟试验研究了不同容重对土壤水分入渗特征的影响。张振华等[76]分析了不同容重对土壤水分的入渗率和湿润锋的影响，结果表明，土壤孔隙率随着土壤容重的增加而降低，土壤水分的运动空间因此而减少，从而影响土壤水分入渗率，在入渗过程中土壤容重对入渗率的影响具有稳定性和一致性，总体表现为：土壤容重越大，入渗率越低；同时伴随着土壤容重的增加，入渗率和累积入渗量的减少导致入渗过程中同一时刻湿润锋相应降低。潘云等[77]利用一维垂直积水入渗法研究了不同容重对土壤水分运动的影响，试验结果表明土壤水分入渗率、累积入渗量和湿润锋均随着容重的增大而降低。特别是在降雨入渗过程中，土壤容重因土壤吸水膨胀而减小，因失水收缩而增大，土壤水动力学特征因此而发生改变，进而极大地影响了土壤水-地下水转化过程。

稻田干湿循环过程中产生的干缩裂缝发育不充分时，干缩裂缝几乎不影响土壤入渗性能；伴随着裂缝的发育，裂缝显著提升土壤入渗性能，进而改变土壤水-地下水转化过程。吴庆华等[78]选取不同深度田间原状土样，设置不同降雨强度进行室内物理模拟试验，并通过 Hydrus-1D 软件对干缩裂缝发育过程进行数值模拟，研究结果表明：不同强度降雨条件下，土壤干缩裂缝的产生能够显著增加渗漏量，并且形成渗漏优先通道。LIU 等[79]的研究结果显示，在土壤干缩裂缝吸水闭合过程中，土壤水入渗速率减小，甚至低于原状土。

1.2.5 稻田水氮侧渗规律及影响因素

稻田侧向渗漏是指稻田水分从田埂以下向周边的农田或沟道侧向流动，是稻田渗漏的重要组成部分[14]。根据稻田水分进入田埂后运动方向的差别，多将稻田侧渗细分为田埂下渗漏与水平渗漏[11,80]。

国内外学者通过三面金属框田间原位试验[11,81-83]、水量平衡估算[21,80,84]、模型模拟[85,86]等方法开展了稻田水分侧渗特征的研究，结果表明通过田埂的水分侧渗量较大，是稻田水分损失的重要途径之一，在淹水条件下稻田水分侧渗量大于垂向渗漏量。Tsubo 等[87]通过田间水量平衡分析，指出稻田水分侧渗量占稻田补水量的 2%～75%。Janssen 等[11]利用三面金属框测定了不同田面水层对应的稻田水分侧渗量，对于年份较短的田埂，田面水深在 3 cm、5 cm 与 7 cm 时，稻田水分侧渗强度分别为 807 $cm^2 \cdot d^{-1}$、4 205 $cm^2 \cdot d^{-1}$ 与 5 506 $cm^2 \cdot d^{-1}$，高于稻田的垂向渗漏强度。Bouman 等[21]开展了 3 年淹水灌溉稻田水分转化过程的试验观测，通过微型蒸渗仪实测的旱季与雨季稻田垂向渗漏强度均值分别为 0.7 $mm \cdot d^{-1}$ 与 1.7 $mm \cdot d^{-1}$，通过田间水量平衡计算得到旱季与雨季稻田渗漏总量（包括垂向渗漏与侧渗）分别为 10 $mm \cdot d^{-1}$ 与 5 $mm \cdot d^{-1}$，试验结果表明稻田侧渗是稻田渗漏的主要形式。Xu 等[86]利用 Hydrus-2D 模型模拟浅地下水埋深条件下稻田垂向渗漏与侧渗的变化过程，结果表明淹水灌溉稻田水分侧渗量占总渗漏量的 77.6%～88.4%。

稻田水分侧渗的影响过程较为复杂，受到了稻田土壤质地、田埂性质及形成年份、田间水分状况等要素的共同影响[80,88]。部分学者认为田埂的类型、宽度、高度、形成年份等是稻田水分侧渗过程的主要影响因素。Janssen[11]等利用 Hydrus1.05 模型分析了稻田水分侧渗的影响因素，模拟结果表明稻田水分侧渗量受到田埂渗透系数的显著影响，田面水层与地下水埋深的影响次之，田埂宽度与高度的作用较小。祝惠等[89]开展了三江平原稻田不同尺度的田间原位试验，结果表明稻田水分侧渗速率与田埂宽度呈负相关。此外，由于稻田水分侧渗实际为稻田土壤水分与相邻田块或者沟道之间的水平运动，稻田及相邻田块或者沟道的水分状况直接影响侧渗过程。杨霞等[88]开展了控制条件下分层土壤与均质土壤室内入渗的土柱试验，指出灌溉水层的增加显著增大了耕作层与底土层土壤的单宽侧渗量，地下水位埋深增大则降低了底土层的单宽侧渗量。Tsubo 等[87]通过分析小区试验结果指出，减少稻田田面水层深度可以减少稻田水分侧渗量。Walker 等[90]结合小区试验与模型模拟，指出稻田田面水层控制在 5 cm 以下时，可以有效减少稻田水分侧渗量。Lin 等[83]利用三面金属框测定了不同形成年份田埂的稻田水分侧渗量，结果表明稻田田间水层的增加对新田埂稻田水分侧渗量的影响大于旧田埂。

侧渗过程是稻田氮磷流失的重要水文途径，稻田氮磷通过田埂进入周边沟道是稻田面源污染输出量的组成部分[91,92]。Liang[93]等在太湖流域的稻田试验结果表明，稻田氮素侧渗损失量占施氮量的 4.7%～6.6%。祝惠等[89]研究指出三江平原稻田氮素侧渗流失量为 11 kg · hm^{-2}，占当年施肥总量的 6.7%。

由于稻田氮磷侧渗损失均伴随水分侧渗过程发生，田埂自身特征、稻田水层深度等同样影响稻田氮磷侧向迁移及损失[89,93]。田埂宽度、紧实度以及田埂种植作物情况是影响稻田氮磷侧渗损失量的重要因素。周根娣等[94]通过对杭嘉湖地区稻田土壤氮磷侧渗流失的研究，指出田埂对稻田无机氮磷的侧渗有明显的截留作用，且截留效果与田埂宽度正相关，并受到田埂土壤紧实度的影响。姜子绍等[91]的试验结果表明，田埂宽度的增厚可有效截留速效磷，田埂上种植的大豆对速效磷有吸收作用，但大豆根系在田埂中造成的大空隙增加了速效磷侧渗损失风险。此外，稻田水层通过改变水分侧渗强度影响了氮磷侧渗损失过程。Liang 等[93]的研究结果表明稻田氮素侧渗流失量与田面水层深度呈正相关线性关系，并基于试验数据建立了氮素侧渗通量与降雨量及灌溉水量的模拟关系。

1.3 有待研究的问题

（1）节水灌溉稻田地下水补给量变化规律及其对干湿交替过程的响应机制

已有研究较多关注旱地土壤水-地下水转化及影响机制，随着我国水稻节水灌溉技术的不断成熟，节水灌溉稻田出现连续的干湿交替过程，当土壤处于饱和状态时，多余的土壤水入渗进入地下水，当土壤水分低于田间持水率时，地下水通过毛管上升补给根系土壤水消耗，使得节水灌溉稻田土壤水与地下水界面的水分交换频繁。然而，已有研究多关注节水灌溉模式对稻田土壤水入渗的影响，尚未关注节水灌溉稻田地下水补给过程。因此，研究节水灌溉稻田土壤水-地下水转化特征，揭示节水灌溉稻田干湿交替过程对土壤水-地下水转化的影响机制，是进一步优化稻田水管理模式、实现稻田水分高效利用所必须解决的科学问题。

（2）灌排协同调控模式的节水机制及氮素流失减排机制

当前无论是采用节水灌溉技术减少稻田氮素淋失还是通过控制田间地下水位降低农田污染物输出，均是以单一指标进行调控，并未考虑灌排协同调控下灌排指标之间的影响。已有的稻田灌排综合管理是将田间土壤水分调控与明沟控制排水结合，研究综合管理对稻田氮磷流失的影响，对于运用明暗控制排水、综合灌排指标直接调控田间水分、减少农田水氮流失的研究尚属空白。在稻田土壤含水率控制与地下水位调控联合作用下，田间土壤水分将呈现新的变化特征，同时也影响稻田对于降雨的调蓄过程，最终影响稻田氮素流失量，然而，已有研究尚未关注灌排协同调控对于稻田降雨有效利用量的影响。

（3）稻田-田埂-沟道区域水氮侧渗过程及其对干湿交替过程的响应机制

我国稻作区田埂多为土质埂，且单位面积稻田灌排单元的田埂数量较多，稻田水分与氮磷等营养物质易通过田埂侧向渗漏进入周边排水沟，成为稻田水分损失与面源污染形成的重要途径。目前关于稻田-田埂-沟道区域水氮侧渗的研究大多是在部分时段改变稻田的边界条件并进行观测，关于稻田-田埂-沟道区域水氮侧渗过程原位监测与环境效应的研究尚未见报道，影响了稻田渗漏特征与面源污染形成过程的深入认知。已有研究结果表明，节水灌溉、明沟控制排水等灌排调控技术可有效减少稻田水分损失和面源污染输出量。节水灌溉稻田出现了连续的干湿循环过程，加之控制排水技术调控沟道水位变化过程，稻田及沟道水分状态的改变显著影响了稻田-沟道区域土壤水分分布状况，势必会改变稻田土壤水分侧渗及稻田-田埂区域土壤氮素转化过程，伴随发生的土壤氮素侧向迁移过程也将呈现新特征。已有关于稻田水氮侧渗损失的研究多集中在淹水灌溉稻田，较少关注节水灌溉及控制排水协同作用对稻田-田埂-沟道区域水氮侧渗损失的影响，不同的稻田水分状况、沟道水位调控措施及其组合形式对稻田水氮侧渗过程的调控机制尚不明确。

2 主要研究内容与试验设计

2.1 研究内容

(1) 节水灌溉稻田土壤水-地下水转化特征

本书运用定地下水埋深蒸渗仪，监测节水灌溉稻田渗漏水量、地下水补给量在稻季的动态变化过程，并结合稻田水量平衡分析，明确节水灌溉稻田地下水补给过程对水稻蒸发蒸腾量的动态调节作用；分析节水灌溉稻田土壤水-地下水转化量及转化方向的变化过程，研究稻田土壤水-地下水净转化量在稻季及水稻生育阶段内的分布特征，选取典型的稻田干湿交替过程，分析重力及毛管上升作用下稻田土壤水入渗及地下水补给过程的差别。

(2) 节水灌溉稻田土壤水-地下水转化对干湿交替过程的响应机制

本书研究稻田干湿交替过程中土壤水-地下水转化关系的变化特征，探讨干湿交替过程中土壤容重变化、土壤裂缝发展特征对稻田土壤水入渗及地下水补给过程的影响，选取稻田水分变化关键期，结合稻田剖面土壤含水率监测数据，分析稻田干湿交替过程中土壤水分变化对土壤水-地下水转化的影响过程，从宏观、微观角度揭示节水灌溉稻田土壤水-地下水转化对干湿交替过程的响应机制。

(3) 灌排协同调控稻田暗管排水量及氮素流失变化规律

本书利用暗管排水控制设备，实现稻田地下水位调控，并通过水表计量稻田逐日暗管排水量，研究灌排协同调控稻田暗管排水量变化规律，重点分析水分调控阶段稻田暗管排水量变化特征，研究灌溉模式、地下水位调控措施对稻田暗管排水过程的影响机制；采集并分析稻田暗管排水中的氮素浓度，结合排水量的计量，分析灌排协同调控稻田氮素流失规律，研究灌排协同调控模式的氮素流失减排效果及作用机制。

(4) 灌溉排水协同作用下稻田水氮侧渗特征及其环境效应

本书联合运用节水灌溉与明沟控制排水技术，在典型稻田田埂两侧布设三面金属框开展田间原位观测试验，监测稻田-田埂-沟道区域土壤水分的水平向运动过程，研究稻田与沟道水分侧向交换量的日变化、稻季变化及年际变化特征；分析田埂不同深度土壤氮素浓度变化特征，研究稻田水分侧渗驱动下田埂区域氮素侧向迁移规律，重点关注施肥、降雨后稻田土壤氮素侧渗过程，结合稻田水分侧渗量的监测，研究灌排协同作用下稻田土壤氮素侧渗量变化特征。

（5）稻田-沟道区域水氮侧渗过程对灌溉排水调控措施的响应机制

分析节水灌溉与明沟控制排水联合调控对稻田-沟道区域土壤水分、土壤环境因子及土壤裂隙的影响过程，进而研究田埂土壤氮素迁移转化特征与灌排协同作用的响应机制，探讨不同的稻田水分状况、沟道水位及其组合形式对稻田-田埂-沟道区域水氮侧渗过程的调控机制，识别稻田-田埂-沟道区域水氮侧渗过程的关键驱动因子。

（6）稻田水氮渗漏损失高效减排措施

基于蒸渗仪的实测数据，运用 Hydrus-1D 模型设定合理的边界条件，考虑节水灌溉干湿交替过程对于稻田水分转化、土壤参数的影响，划分适宜的模拟时段，并对模型进行改进与修正。利用验证后的模型，开展不同水分调控措施、地下水埋深等情景下稻田土壤水-地下水转化量的模拟，分析灌排管理措施对于稻田土壤水-地下水转化特征的影响，探讨并确定能提高稻田水分利用率的高效调控措施。

根据田间原位观测数据，考虑水分调控措施对稻田-沟道区域土壤水分、土壤氮素转化速率等因素的影响，构建 Hydrus - 2D 模型，实现近沟道区域稻田土壤水氮侧渗过程的动态模拟。设定细化的稻田土壤与排水沟水分调控情景，模拟不同措施组合下稻田-田埂-沟道区域水氮侧渗过程，分析并提出控制稻田水氮侧渗损失的灌排调控措施。

2.2 技术路线

本书围绕稻田节水减污、提质增效的目标，针对稻田水氮在垂向和侧向的流失问题，以灌排协同调控稻田及稻田-田埂-沟道区域为研究对象，首先开展定地下水埋深蒸渗仪试验，监测稻田剖面土壤含水率、田间水层、渗漏水量及地下水补给量的动态变化过程，计量稻田灌溉水量，测量典型稻田干湿交替过程中土壤容重的变化，开展稻田土壤水-地下水转化相关规律、机理及模型研究。在稻田暗管排水条件下，通过监测稻田暗管排水量、采集排水水样并对其氮素含量进行分析，研究明沟排水和暗管排水相结合条件下的水氮流失特征，开展控制灌溉和暗管排水协同调控下稻田水氮流失规律研究。灌排协同稻田水氮侧向渗漏试验采用田间原位试验、室内分析与模型模拟相结合的技术路线，通过对稻田-田埂影响因子监测、稻田-田埂-沟道区域水分侧渗过程全要素观测、田埂土壤溶液氮素浓度分析，开展稻田-田埂-沟道区域水氮侧渗变化特征、调控机制及模型模拟研究。具体技术路线如图 2.1 所示。

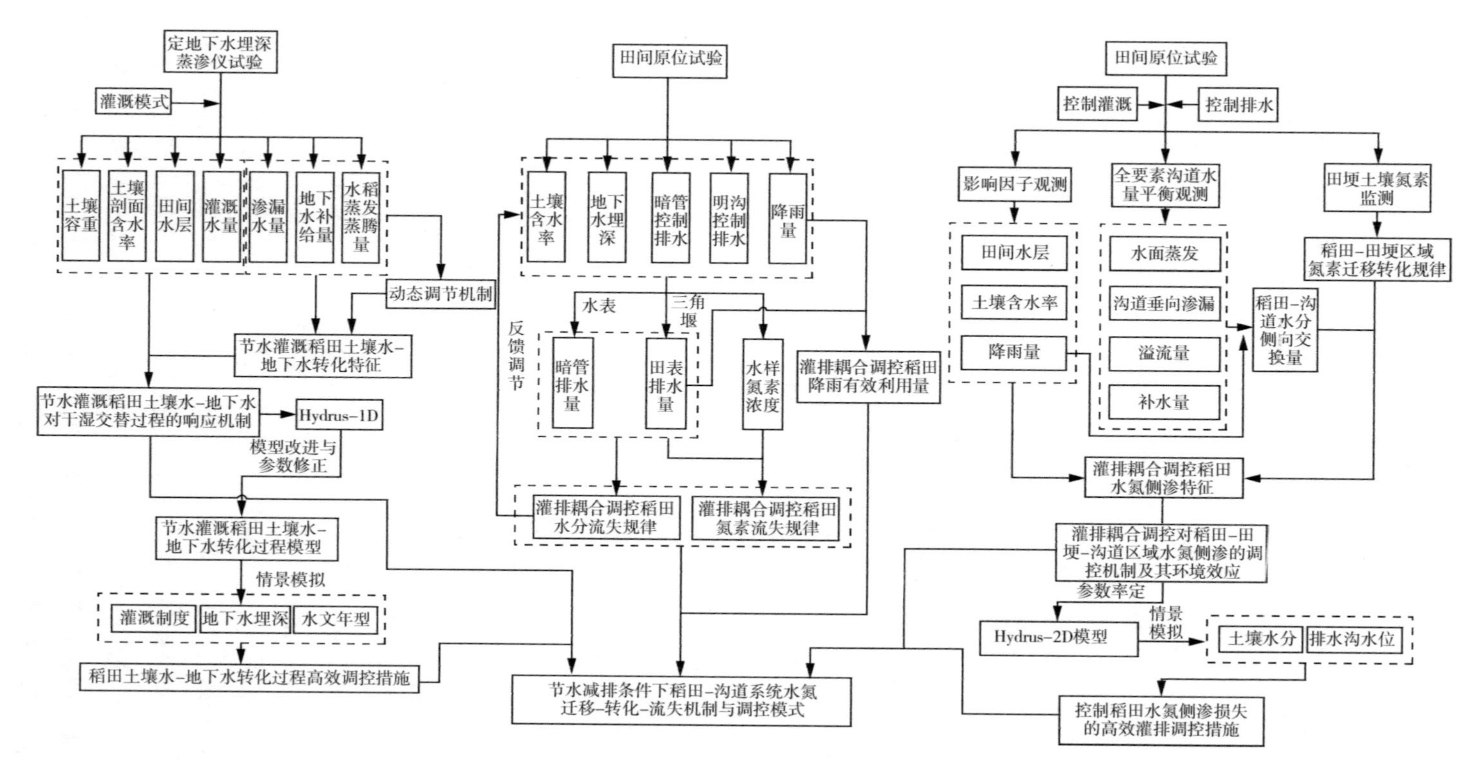
定地下水埋深蒸渗仪试验
灌溉模式
土壤容重
土壤剖面含水率
田间水层
灌溉水量
渗漏水量
地下水补给量
水稻蒸发蒸腾量
动态调节机制
节水灌溉稻田土壤水-地下水转化特征
节水灌溉稻田土壤水-地下水对干湿交替过程的响应机制
Hydrus-1D
模型改进与参数修正
节水灌溉稻田土壤水-地下水转化过程模型
情景模拟
灌溉制度
地下水埋深
水文年型
稻田土壤水-地下水转化过程高效调控措施
田间原位试验
土壤含水率
地下水埋深
暗管控制排水
明沟控制排水
降雨量
反馈调节
水表
三角堰
暗管排水量
田表排水量
水样氮素浓度
灌排耦合调控稻田降雨有效利用量
灌排耦合调控稻田水分流失规律
灌排耦合调控稻田氮素流失规律
节水减排条件下稻田-沟道系统水氮迁移-转化-流失机制与调控模式
田间原位试验
控制灌溉
控制排水
影响因子观测
全要素沟道水量平衡观测
田埂土壤氮素监测
田间水层
土壤含水率
降雨量
水面蒸发
沟道垂向渗漏
溢流量
补水量
稻田-田埂区域氮素迁移转化规律
稻田-沟道水分侧向交换量
灌排耦合调控稻田水氮侧渗特征
灌排耦合调控对稻田-田埂-沟道区域水氮侧渗的调控机制及其环境效应
参数率定
Hydrus-2D模型
情景模拟
土壤水分
排水沟水位
控制稻田水氮侧渗损失的高效灌排调控措施

图 2.1　技术路线图

2.3 试验设计与观测方法

2.3.1 节水灌溉稻田水分垂向转化蒸渗仪试验

试验于2017年7月2日—10月20日和2018年6月29日—10月26日在南京水利科学研究院水文水资源与水利工程科学国家重点实验室昆山排灌试验基地开展。试验基地属亚热带南部季风气候区，年平均气温15.5 ℃，年降雨量1 097.1 mm，年蒸发量1 365.9 mm，日照时数2 085.9 h，平均无霜期234天。当地习惯稻麦轮作，土壤为潴育型黄泥土，耕层土壤为重壤土，土壤有机质含量为21.88 g·kg^{-1}，全氮含量为1.08 g·kg^{-1}，全磷含量为1.35 g·kg^{-1}，全钾含量为20.86 g·kg^{-1}，pH值为6.8，耕层土壤容重为1.24 g·cm^{-3}。

试验在配套稻田渗漏水量、地下水补给量自动测量系统的蒸渗仪中开展。蒸渗仪小区(图2.2)底部布置有透水管，在透水管远离观测池的一端连接气压调节管(PVC管)至田表，用以调节蒸渗仪小区透水管处的气压，使之与大气压保持一致。蒸渗仪小区的透水管在通过Y型过滤管后与布设在观测池中的马氏瓶系统(定位水箱、补水箱)连接。根据连通器原理，定位水箱溢流口的高程与稻田地下水位保持一致，本研究中依据区域地下水位将定位水箱溢流口固定设置在田面下0.5 m，即稻田土壤水-地下水交换发生深度为田面下50 cm处。调节补水箱通气管底端的高程与定位水箱溢流口一致，根据马氏瓶的工作原理，当稻田地下水位下降导致定位水箱水位下降后，补水箱将向定位水箱及蒸渗仪小区补水，至稻田地下水位上升至定位水箱溢流口后停止补水过程。降雨或稻田灌溉后，蒸渗仪小区地下水位升高，当超出定位水箱溢流面后，多余水量直接溢出并经由PVC软管排至自动翻斗计，此部分水量即为稻田渗漏水量，通过自动翻斗计测量；当稻田地下水位降至设定值以下时，根据马氏瓶的工作原理，补水箱通过定位水箱向蒸渗仪小区补水，补水量即为稻田地下水补给量，由布置在补水箱内的水位计测量补水前后的水位差值并计算得出补水量。蒸渗仪小区排水通过布置在观测池底部的直流潜水泵抽排至田面。

定位水箱为直径16 cm的有机玻璃圆筒，高20 cm，其中溢流口距底部15 cm。定位水箱安装在移动式L型铝合金导轨上，移动式导轨包括固定在观测池内壁的竖向导轨与十字形底座，其中底座与导轨通过螺丝接连，具体位置根据试验对稻田地下水埋深的设定进行调整。定位水箱顶部为蜂窝状盖板，在保持通气的基础上防止试验期间青蛙、昆虫等动物进入水箱而干扰试验观测。

补水箱为直径 16 cm 的有机玻璃圆筒，高 80 cm。根据试验观测的要求，补水箱必须完全密封，保证设备的气密性完好。补水箱补水口在试验观测期间使用橡胶塞进行密封；补水箱顶部预留通气管、水位计的连接孔，各连接孔的直径分别略大于通气管、水位计连接线的直径，通气管、水位计外侧套硅胶管后再通过连接孔，确保连接处不存在漏气现象。

系统使用时，首先分别关闭定位水箱与补水箱、蒸渗仪的阀门 A、B，将补水箱加满水并完全密封后，打开定位水箱与补水箱的阀门 A，此时补水箱向定位水箱补水直至系统达到平衡状态；打开定位水箱与蒸渗仪的阀门 B，进入测量状态。当补水箱水量不足时，重复上述过程补水后重新进入测量状态。

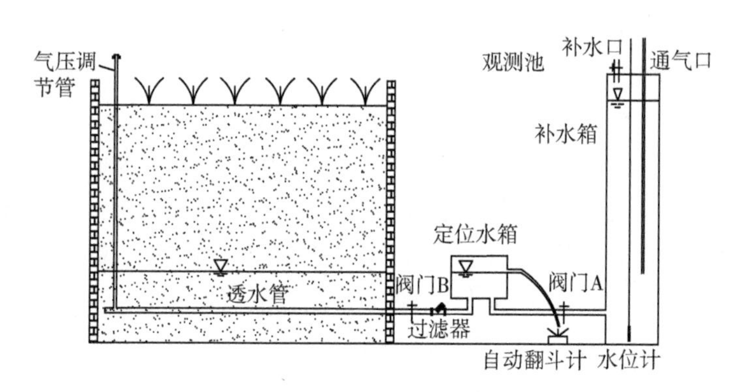

图 2.2　蒸渗仪小区示意图

本试验设置控制灌溉（Controlled Irrigation，记为 CI）和浅湿灌溉（Flooding Irrigation，记为 FI）两个处理，每个处理布置 3 个重复试验小区，共计 6 个蒸渗仪小区，每个小区面积为 0.39 m^2（65 cm×60 cm），深度为 90 cm，小区底部与外界隔绝。

控制灌溉稻田在返青期田面保留 5～25 mm 薄水层，以后各生育期以根层土壤含水率为灌水控制指标，灌溉后田面不建立水层，水稻各生育期的土壤水分调控指标见表 2.1。浅湿灌溉稻田分蘖后期晒田，黄熟期自然落干至收割，在生育期的其他时间，田面维持 20～50 mm 水层，各生育期田间水层控制指标见表 2.2。

稻田施肥处理均采用农民习惯施肥，供试水稻品种均为南粳 46。2017 年 7 月 2 日插秧，每个蒸渗仪小区 4 穴，每穴定 3～4 苗，10 月 20 日收割。依照农民习惯施肥，于 7 月 2 日、7 月 17 日、8 月 12 日分别施用基肥（复合肥与尿素）、分蘖肥（尿素）和穗肥（尿素），施肥量（折合纯氮）分别为 153.6 $kg \cdot hm^{-2}$、97.4 $kg \cdot hm^{-2}$、69.6 $kg \cdot hm^{-2}$，合计 320.6 $kg \cdot hm^{-2}$。此外，各处理均施用

63.0 kg·hm^{-2} 磷肥(P_2O_5)和 89.3 kg·hm^{-2} 钾肥(K_2O)。

表 2.1　水稻控制灌溉各生育期田间水层控制指标

生育期	返青期	分蘖期			拔节孕穗期		抽穗开花期	乳熟期	黄熟期
		前期	中期	后期	前期	后期			
灌水上限	25 mm	100%θ_{s1}	100%θ_{s1}	100%θ_{s1}	100%θ_{s2}	100%θ_{s2}	100%θ_{s3}	100%θ_{s3}	自然落干
灌水下限	5 mm	70%θ_{s1}	65%θ_{s1}	60%θ_{s1}	70%θ_{s2}	75%θ_{s2}	80%θ_{s3}	70%θ_{s3}	
根层观测深度/cm	—	0～20	0～20	0～20	0～30	0～30	0～40	0～40	—

注:返青期水层为田间水层深度,mm。θ_{s1}、θ_{s2} 和 θ_{s3} 分别为 0～20 cm、0～30 cm 和 0～40 cm 根层观测深度的土壤饱和体积含水率。控制灌溉处理中只有当现场观测的土壤水分达到下限土壤含水率时,才能灌水至上限。保证灌水后田面无水层。如生产用水需保持适宜水层,控制灌溉处理应在达到效果后适时排除积水,水层淹没天数不宜超过 5 天。

表 2.2　水稻浅湿灌溉各生育期田间水层控制指标

生育期	返青期	分蘖期			拔节孕穗期		抽穗开花期	乳熟期	黄熟期
		前期	中期	后期	前期	后期			
灌水上限/mm	50	50	30	30	50	50	50	30	自然落干
灌水下限/mm	30	30	15	60%θ_s	30	30	30	15	
田间水分状态	浅水	浅水	浅水	晒田	浅水	浅水	浅水	浅水	

注:θ_s 为根系观测层土壤饱和体积含水率。

(1) 田间水分管理和观测

在控制灌溉稻田内 10～20 cm、20～30 cm、30～40 cm 深度范围各布置 1 个 TDR 波导棒,稻田出现无水层状态时,利用 Trease 系统于每天上午 8:00 观测不同土层土壤含水率,观测深度根据各个生育阶段的土壤水分控制土层深度来确定。浅湿灌溉稻田每天上午 8:00 通过竖尺在固定观测点观测并记录水层读数。依据观测的各小区稻田水层深度或土壤含水率,对照灌溉处理的要求,在达到灌水下限时进行灌溉,在达到灌水上限时停止灌溉。

(2) 灌水与降雨资料

根据灌溉制度于上午 8:00 通过带有刻度的水桶进行灌溉,并记录灌溉水量。利用试验研究基地安装的自动监测气象站测定降雨量。

(3) 稻田剖面含水率监测

剖面含水率:控制灌溉小区 0～60 cm 深度内每 10 cm 埋设土壤含水率传感器,配套 2 个数据采集器,利用该系统进行稻田剖面含水率动态变化过程的长期原位观测。

(4) 稻田地下水补给量与渗漏水量监测

节水灌溉稻田地下水补给量：利用蒸渗仪补水箱内布置的水位传感器监测稻田地下水补给量变化，具体计算方法如下：

$$S=\pi(D/2)^2\cdot\Delta h/(a\cdot b) \tag{2-1}$$

式中：S 为稻田地下水补给量，mm；D 为补水箱直径，本试验中为 160 mm；Δh 为补水箱水位变化值，mm；a 为小区长度，本试验中为 650 mm；b 为小区宽度，本试验中为 600 mm。

稻田渗漏水量：通过蒸渗仪系统的翻斗计测量并自动记录渗漏水量，翻斗计精度为 0.01 mm。

(5) 稻田干湿循环内土壤容重测量

2017—2018 年试验期内分别选取四次典型稻田干湿循环过程（分别为 2017 年 7 月 28 日—8 月 2 日、2017 年 8 月 26 日—9 月 2 日、2018 年 7 月 26 日—8 月 5 日和 2018 年 8 月 5 日—8 月 10 日灌水前后变化过程），利用环刀法测量稻田 0～10 cm、10～20 cm 与 20～30 cm 深度的土壤容重，分析土壤水分下降过程中的土壤容重变化。

(6) 土壤干缩裂缝观测

选取典型干湿循环过程，每日 8:00 定点拍摄裂缝变化图，应用 Adobe Photoshop 软件将裂隙图像统一剪切至合适尺寸，保存裂隙图像后转化为灰度图像，利用 MATLAB 中的 graythresh 函数获取图像的最佳阈值，将灰度图像转化为二值图像，然后对图像进行去噪处理，再作进一步处理分析。

2.3.2 灌排协同调控稻田水氮流失暗管试验

试验于 2017 年在南京市高淳区桠溪镇尚义村开展。区域位于北亚热带和中亚热带过渡地区，受季风环流影响，区域性气候明显，常年四季分明，多年平均气温 16 ℃，多年平均降水量 1 190.8 mm。当地习惯稻麦轮作，土壤为渗育水稻土，耕层土壤为黏壤土，土壤有机质含量为 15.2 $g\cdot kg^{-1}$，全氮含量为 1.01 $g\cdot kg^{-1}$，全磷含量为 0.3 $g\cdot kg^{-1}$，全钾含量为 12.5 $g\cdot kg^{-1}$，pH 值为 6.5。0～20 cm、0～30 cm、0～40 cm 深度土壤饱和体积含水率分别为 52.0%、50.1% 和 47.9%。

试验在配套有暗管排水控制设备的田间进行，每个小区面积为 60 m^2 (12 m×5 m)，在小区田面以下 80 cm 深度埋设一根排水暗管，在暗管出口处安装控制排水设备。小区布置如图 2.3 所示。

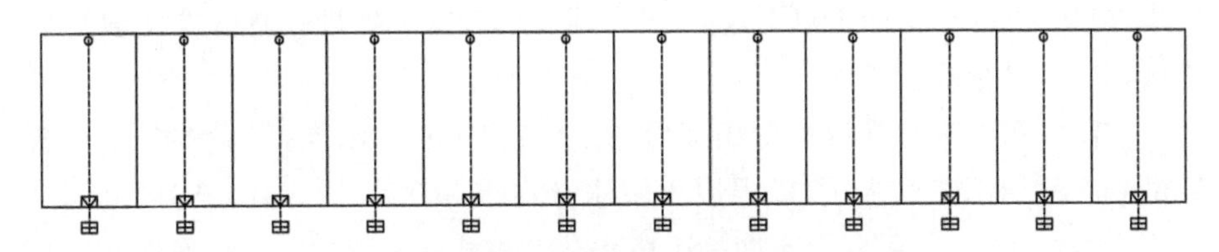

图 2.3　试验小区布置图

为了控制不同田块的暗管出水水位，在控制排水田块暗管出口处安装暗管排水控制设备，并布设在水位控制池内（图 2.4）。该设备由多个三通管连接而成，在控制某一水位出流时，将相应高程的三通管出口打开，并将其余出口关闭。暗管出口及控制设备用水池砌起来，水池内壁进行防渗处理，池顶安设一块混凝土盖板，可以阻绝雨水的降落以及杂物进入，确保试验的精度和设施的完好。水位控制池底部安装有水表，每天记录水表读数用以计量稻田逐日暗管排水量。

图 2.4　暗管排水控制设备

每个小区之间使用砖砌混凝土埂进行分割，砖砌混凝土埂埋设深度为田面以下 80 cm，且沿砖砌混凝土埂两侧布设同样埋深的防水农膜，用以减少小区之间的侧向渗漏水量。砖砌混凝土埂田面以上覆土并夯实以作为田埂。小区建设效果如附图 1 所示。小区建设工作主要在 2016 年进行，2017 年根据实际运行效果进行了部分细节的完善。

试验采用裂区设计，主处理为两种灌水方式：浅湿灌溉，记为 FI；控制灌溉，记为 CI。副处理为两种排水方式：自由排水（free drainage），记为 FD；控制排水（controlled drainage），记为 CD。考虑主副处理的交互影响，共设计 4 个处理，分别为 FI+FD、FI+CD、CI+FD、CI+CD，每个处理布置 3 个重复试验小区，共计 12 个小区。

控制灌溉处理除在返青期田面保留 10～30 mm 薄水层，以后的各个生育期灌溉后稻田不建立水层，以根层土壤水分占饱和含水率 60%～80%的组合为灌水控制指标，水稻各生育期的土壤水分调控指标见表 2.1。浅湿灌溉处理按当地水稻种植习惯管理，除分蘖后期排水晒田以外，其余各生育阶段，田间均保留薄水层，黄熟期自然落干，各生育期田间水层控制指标见表 2.2。

本研究中自由排水不调控稻田地下水位，以田面以下 60 cm 作为排水深度，暗管排水自由排出；控制排水处理在水稻不同生育阶段提高暗管排水出口高程，根据不同生育阶段的水稻根系层深度设置地下水埋深控制指标。各排水处理控制指标如表 2.3 所示。

表 2.3　排水处理控制指标　　单位：cm

处理	返青期	分蘖期			拔节孕穗期		抽穗开花期	乳熟期	黄熟期
		前期	中期	后期	前期	后期			
FD	—	60	60	60	60	60	60	60	60
CD	—	20	20	20	30	30	40	40	40

本研究在 2016 年 7—10 月进行了预试验，主要进行了田间试验小区与暗管排水控制设备实际运行效果的检验，同时对拟定的暗管排水控制深度进行了初步试验，优化了排水处理控制指标。

本研究在 2017 年 7—10 月进行田间试验，各小区为直播稻，水稻品种为南粳 5505，6 月 15 日播种（播种量：3.5 kg/亩[①]），10 月 30 日收割。各处理均采用农民习惯施肥，施肥过程如表 2.4 所示。

表 2.4　施肥量与施肥时间

施肥种类	化肥种类	施肥时间	施肥量/kg·hm^{-2}
基肥	碳酸氢铵，含氮量≥17.1%	2017-06-15	63.75
分蘖肥	尿素，含氮量≥46.2%；复合肥，含氮量≥17%	2017-07-12	142.2
穗肥	尿素，含氮量≥46.2%；复合肥，含氮量≥17%	2017-08-06	107.55
合计			313.5

① 1 亩=1/15 hm^2。

此外,各处理稻田稻季均施用 45.0 $kg \cdot hm^{-2}$ 磷肥(P_2O_5)和 63.5 $kg \cdot hm^{-2}$ 钾肥(K_2O)。

试验观测指标包括:①地表水层、土壤含水率。在每个小区设立一个与田面持平的水尺,每天上午 7:00,以水尺读数记录每日水层;无水层小区用 TDR 测定田块土壤含水率,观测深度根据各个生育阶段的土壤水分控制土层深度来确定,以平均值作为当日土壤含水率。②气象数据。自动观测气象站可按小时记录温度、湿度、风速、降雨量等气象数据。

(1) 田间水分管理

灌水时每个蒸渗仪单独灌溉,在达到各自处理要求时停止灌溉,并记录灌溉前后水表读数,计算灌溉水量。通过水位控制池底部安装的水表,精确测量并记录稻田的逐日暗管排水量。

(2) 暗管排水水样采集及氮素浓度测定

每次施肥后第 1 天,在水位控制池排水口处采集各小区排水样,然后以每隔 2 天采 1 次样的频率采 2 次,再以每隔 4 天采 1 次的频率采 2 次,其余时间每隔 7 天采样 1 次。

水样样品化验分析:所有水样在采集当天测定其中总氮(TN)、铵态氮和硝态氮浓度。其中 TN 浓度测定采用碱性过硫酸钾消解-紫外分光光度法,NH_4^+-N 浓度的测定采用纳氏试剂比色法,NO_3^--N 浓度测定采用紫外分光光度法。

2.3.3 灌排协同调控稻田-沟道区域水氮侧向渗漏试验

本试验在南京水利科学研究院水文水资源与水利工程科学国家重点实验室滁州综合水文实验基地开展。试验基地属亚热带季风气候区,雨热同季,降雨集中,年平均气温 14.9 ℃,多年平均降雨量 1 060 mm,年蒸发量 924 mm,日照数 2 217 h,多年平均无霜期 217 天。当地习惯稻麦轮作,土壤为潴育型黄泥土,耕层土壤为粉质壤土,土壤有机质含量为 16.8 $g \cdot kg^{-1}$,全氮含量为 0.5 $g \cdot kg^{-1}$,全磷含量为 0.37 $g \cdot kg^{-1}$,全钾含量为 16.56 $g \cdot kg^{-1}$,pH 值为 6.75,耕层土壤容重为 1.64 $g \cdot cm^{-3}$。

考虑在稻田及沟道采用不同灌溉排水调控技术,本试验共设置 4 个处理:浅湿灌溉+明沟自由排水(记为 FI+FD)、浅湿灌溉+明沟控制排水(记为 FI+CD)、控制灌溉+明沟自由排水(记为 CI+FD)和控制灌溉+明沟控制排水(记为 CI+CD)。在滁州综合水文实验基地气象场 1 号稻田内,经现场勘探,选取典型稻田-田埂-沟道区域开展田间原位试验,每个处理布置 3 个重复试验，田埂平均宽度0.7 m，距田面平均高度0.1 m。试验在2020年与2021年的稻季开展，分别为2020年8月15日—9月20日和2021年7月19日—9月17日，2020年试验期内施肥1次，2021年试验期内施肥2次。

选取典型稻田-田埂-沟道区域分别布设三面金属框(附图2)，在田间管理、田埂尺寸及土壤质地、沟道规格等条件相近的情况下开展田间原位试验。

首先清理稻田-田埂-沟道过渡区地表作物残茬和杂草，根据相关研究试验处理情况，长期耕作稻田的耕作厚度一般为15～20 cm，随后会出现犁底层，具有较强的阻断水分运移能力。试验田块30 cm深度土壤容重大幅提高，表明存在一定厚度的犁底层，本试验在稻田侧将150 cm×100 cm×40 cm的三面铁框垂直打入土壤30 cm，且夯实铁框两侧田表土壤，与犁底层共同组成相对封闭的边界，可有效隔绝小区与周边大田的水肥交换，减少对试验结果的影响。在横向上，铁框60 cm在稻田，40 cm在田埂内。根据各排水处理沟道控制水深的不同，在控制排水沟道侧将150 cm×40 cm×60 cm的三面铁框垂直打入沟道土壤10 cm，在横向上，铁框10 cm在田埂，30 cm在沟道内；在自由排水沟道侧将150 cm×40 cm×30 cm的三面铁框垂直打入沟道土壤10 cm，在横向上，铁框10 cm在田埂，30 cm在沟道内。在沟道侧铁框外布设一条土埂，将原有排水沟改道并与铁框隔离，便于后续试验观测和操作。在金属框壁和土壤接触处填充泥土并充分捣实，以防止稻田水分及营养物质沿金属框架壁快速下渗。为在各沟道保持排水处理对应的沟道水深，在沟道侧铁框布设溢流口，并结合马氏瓶定水头供水，通过自动溢流与定水头补水的组合控制，使沟道水深保持设定值。控制排水沟道、自由排水沟道铁框外侧的溢流口分别距离沟底20 cm、10 cm，溢流口处连接导管至翻斗计，用于自动测量并记录沟道侧铁框的溢流水量，视外围沟道水深通过自流或抽提方式将溢流水排出。在沟道侧铁框外侧布设马氏瓶对沟道进行补水，根据对应沟道的控制水深调节马氏瓶，使沟道水深保持在设定值，补水量通过布设在马氏瓶内的水位计自动记录。在沟道铁框内分别布设有底、无底的测筒，通过对比分析测筒内水位，得到沟道内水面蒸发值及垂向渗漏量。结合降雨量的监测，通过沟道水量平衡分析，获得稻田与沟道的侧向水分交换量，即为稻田侧渗水量。沟道水量平衡计算公式如下：

$$h_2 = h_1 + P + \mathrm{LS} + h_{补} - S_d - E - h_{溢} \tag{2-2}$$

式中：h_1、h_2为观测时段始末时刻沟道侧铁框内水深。根据本项目排水处理，在沟道设置固定水深，故h_1、h_2在观测时段内保持一致。进一步推导可得：

$$\mathrm{LS} = S_d + E + h_{溢} - P - h_{补} \tag{2-3}$$

式中：LS 为观测时段内稻田水分侧渗量，mm；S_D 为观测时段内沟道的垂向渗漏量，mm；E 为观测时段内沟道的水面蒸发量，mm；$h_{溢}$ 为观测时段内沟道超出控制水深的溢流量，mm；P 为观测时段内天然降雨量，mm；$h_{补}$ 为观测时段内马氏瓶向沟道侧铁框的补水量，mm。

本书中田埂水分侧渗强度均为日水分侧渗量平均至田埂单位长度的数值，单位为 $mm \cdot m^{-1} \cdot d^{-1}$。

在田间与田埂预埋土壤溶液采集器，分别距离田埂边界 20 cm(附图 3)，结合稻田施肥过程采集不同深度(0～10 cm、10～20 cm、20～40 cm 和 40～60 cm)的稻田及田埂的土壤溶液，分析其中氮素含量。在田间与田埂适宜区域预埋土壤水分传感器，结合数据采集器实现稻田、田埂不同深度土壤含水率的长期原位监测。

控制灌溉稻田在返青期田面保留 5～25 mm 薄水层，以后各生育期以根层土壤含水率为灌水控制指标，灌溉后田面不建立水层，各生育期具体控制指标见表 2.1；浅湿灌溉稻田分蘖后期晒田，黄熟期自然落干至收割，在生育期的其他时间田面维持 20～50 mm 水层，各生育期具体控制指标见表 2.2。明沟控制排水处理在沟道保持与稻田田面高程一致的水位，根据拟选取区域稻田排水沟实际情况，设置沟道水深 20 cm；明沟自由排水处理在沟道保持一定的生态水位，设置沟道水深 10 cm。

各处理的稻田均采用农民习惯施肥，供试水稻品种均保持一致。2020 年，插秧当日施用基肥(复合肥)，7 月 2 日施用尿素，8 月 14 日施用尿素，施肥量(折合纯氮)分别为 39.375 $kg \cdot hm^{-2}$，103.5 $kg \cdot hm^{-2}$，103.5 $kg \cdot hm^{-2}$，合计 246.375 $kg \cdot hm^{-2}$。2021 年，插秧当日施用基肥(复合肥)，7 月 19 号施用尿素，8 月 6 号施用尿素，施肥量(折合纯氮)分别为 39.375 $kg \cdot hm^{-2}$，103.5 $kg \cdot hm^{-2}$，103.5 $kg \cdot hm^{-2}$，合计 246.375 $kg \cdot hm^{-2}$。

试验观测指标包括：①地表水层、土壤含水率。在每个小区设立一个与田面持平的水尺，每天上午 8:00 以水尺读数记录每日水层；无水层小区用 TDR 测定 3 处田块相应深度土壤含水率，以平均值作为当日土壤含水率。②马氏瓶水位。通过水位计获取该数据。③气象数据。自动观测气象站可按小时记录温度、湿度、风速、降雨量等气象数据。④灌水量。记录每次灌水量。

(1) 田间水分管理

在控制灌溉稻田内 10～20 cm、20～30 cm、30～40 cm 深度范围各布置 1 个 TDR 波导棒，稻田出现无水层状态时，利用 Trease 系统于每天上午 8:00 观测不同土层土壤含水率，观测深度根据各个生育阶段的土壤水分控制土层深度来确定。浅湿灌溉稻田每天上午 8:00 通过水尺在固定观测点观测并记录读数。依据观测的各小区稻田水层深度或土壤含水率，对照灌溉处理的要求，在达到灌水下限时进行灌溉，在达到灌水上限时停止灌溉。

(2) 沟道水深控制及水量测量

①沟道水深控制

根据试验设置的排水处理，在沟道内保持固定水深，控制排水及自由排水沟道水深分别为 20 cm 及 10 cm。依据设置的水深，在沟道侧铁框的外侧留有溢流口，其中控制排水沟道、自由排水沟道铁框外侧的溢流口分别距离沟底 20 cm、10 cm，溢流口处连接导管至翻斗计；此外，布置马氏瓶对沟道侧铁框内补水，根据对应沟道的控制水深调节马氏瓶，在沟道水深低于设定值时，马氏瓶即开始补水。通过自动溢流与马氏瓶定水头补水的组合，使沟道保持设定的水深。

②降雨量

采用试验基地气象站自动监测记录。

③沟道补水量

在沟道水位下降时，为维持沟道内的固定水深，通过设置在沟道侧铁框外的马氏瓶进行补水，补水量通过布设在马氏瓶内的水位计记录并进行换算。

④沟道垂向渗漏与水面蒸发量

在沟道侧铁框内分别布设有底、无底测筒，测筒垂直埋入沟道土壤 10 cm，测筒超出沟道水面 10 cm。每日上午 8:00 记录筒内水位，记录后打开阀门，待测筒内外水位平衡后关闭阀门(附图 3)。筒 a(有底)中观测时段内水位差 Δh_a 为沟道水面蒸发量 E(无降雨时)，筒 b(无底)中观测时段内水位差 Δh_b 为沟道水面蒸发量 E 与沟底渗漏量 S_d 之和。计算 S_d 的水量平衡公式为

$$S_d = \Delta h_b - \Delta h_a \tag{2-4}$$

式中：Δh_a 为观测时段内筒 a 水位差，mm；Δh_b 为观测时段内筒 b 逐日水位差，mm。

⑤沟道溢流量

在沟道水位受降雨及稻田水分侧渗影响上升时，通过沟道侧铁框外侧的溢流口进行溢流，以保持固定的沟道水深，控制排水沟道、自由排水沟道铁框外侧的溢流口分别距离沟底 20 cm、10 cm。溢流口处连接导管至翻斗计(分辨率：0.05 mm)，用于自动测量并记录沟道侧铁框的溢流水量。翻斗计配套遮雨盖，防止降雨对翻斗计造成影响。

(3) 田埂及控制灌溉稻田土壤剖面含水率测量

在田埂及邻近的控制灌溉稻田不同深度(5 cm、15 cm、25 cm、45 cm 深度)埋设土壤含水率探头,连接数据采集器(ZL6 六通道数据采集器),连续监测田埂及控制灌溉稻田不同深度土壤含水率。

(4) 土壤溶液采集与分析

①土壤溶液采集

通过预埋在稻田与田埂的土壤溶液取样器(PAV2000)进行取样,预埋深度为土壤表层下 0～10 cm、10～20 cm、20～40 cm 和 40～60 cm。

平时每隔 7 天取样 1 次,施肥后加测,施肥后第 1 天取样后,以每隔 2 天取 1 次样的频率取 2 次,然后每隔 4 天取 1 次样,直至监测数据稳定时为止。

取土壤溶液前 1 天(上午 8:00)提前用真空泵将土壤溶液取样器中水样抽干。次日(上午 8:00)取样,每个深度每次抽取约 100 mL 左右土壤溶液,在各小区的土壤溶液取样器中分别取水样。取下一个深度水样时用蒸馏水冲洗真空泵上的溶液瓶。

②样品化验分析

土壤溶液通过化验分析,检测 TN(碱性过硫酸钾消解-紫外分光光度法)、NO_3^--N(紫外分光光度法)、NH_4^+-N(纳氏试剂比色法)含量。

3 控制灌溉稻田土壤水-地下水转化特征及响应机制

3.1 控制灌溉稻田土壤水-地下水转化特征

本章分析了节水灌溉稻田不同深度土壤水分动态变化过程及剖面分布特征，基于定埋深的蒸渗仪试验，研究了节水灌溉模式下稻田地下水补给量稻季变化特征，探讨了稻田地下水补给过程对于水稻需水的补给作用，结合稻田渗漏过程的监测，分析了节水灌溉稻田土壤水-地下水转化量的动态变化特征，明确了不同水稻生育阶段稻田土壤水-地下水转化特征。

3.1.1 控制灌溉稻田渗漏过程

控制灌溉模式改变稻田渗漏变化过程(图 3.1)。CI 处理稻田地下水埋深 50 cm，2017 年和 2018 年分别在稻季 31.7%和 31.9%的时间呈现出明显的渗漏过程(渗漏强度大于 1 mm・d^{-1})，渗漏的减少大大提升了稻田土壤对灌水和降雨的利用效率。CI 处理稻田渗漏过程呈现多峰状，稻田渗漏量在稻季大部分时段内稳定在很低水平，仅在稻田灌水或较大降雨后 1～2 天出现渗漏量峰值，2017 年和 2018 年，CI 处理稻田稻季内分别出现 17 次和 18 次峰值。这是由于 CI 处理稻田在灌水或降雨后一段时间内田面保有水层，此时田间水分运动以土壤水入渗补给地下水为主，同时，由于控制灌溉土壤含水率降至下限时才进行灌溉，灌溉前土壤干缩裂缝发育较大，灌水后更易形成优先流集中迅速渗漏；在稻季其余时段内稻田出现连续的无水层状态，几乎不发生渗漏。FI 处理稻田渗漏过程在稻季随时间进程分为三个阶段，水稻生育前期为渗漏剧烈期，生育中期为渗漏缓和期，生育末期为渗漏终止期。这是由于 FI 处理稻田水稻生育前期和中期长期保留薄水层，稻季大部分时段均以田面水、土壤水入渗补给地下水为主，且生育前期的累积灌水量较生育中期更大；水稻生育后期由于田面自由落干，稻田渗漏过程开始逐渐减弱，直至最后无明显渗漏发生。

控制灌溉较浅湿灌溉有效减小稻田渗漏强度(图 3.1)。2017 年，CI 和 FI 处理稻田稻季渗漏强度分别为 2.99 mm・d^{-1} 和 6.33 mm・d^{-1}，2018 年，CI

和 FI 处理稻田稻季渗漏强度分别为 2.64 mm · d^{-1} 和 5.22 mm · d^{-1}。2017—2018 年，CI 和 FI 处理稻田稻季渗漏强度均值分别为 2.94 mm · d^{-1} 和 6.04 mm · d^{-1}，CI 处理稻田稻季渗漏强度较 FI 处理减小 3.10 mm · d^{-1}，降幅为 51.32%。彭世彰等[18]开展的多年蒸渗仪试验结果表明控制灌溉渗漏强度较浅湿灌溉减小 2.54 mm · d^{-1}，本试验结果与其有较好的一致性。

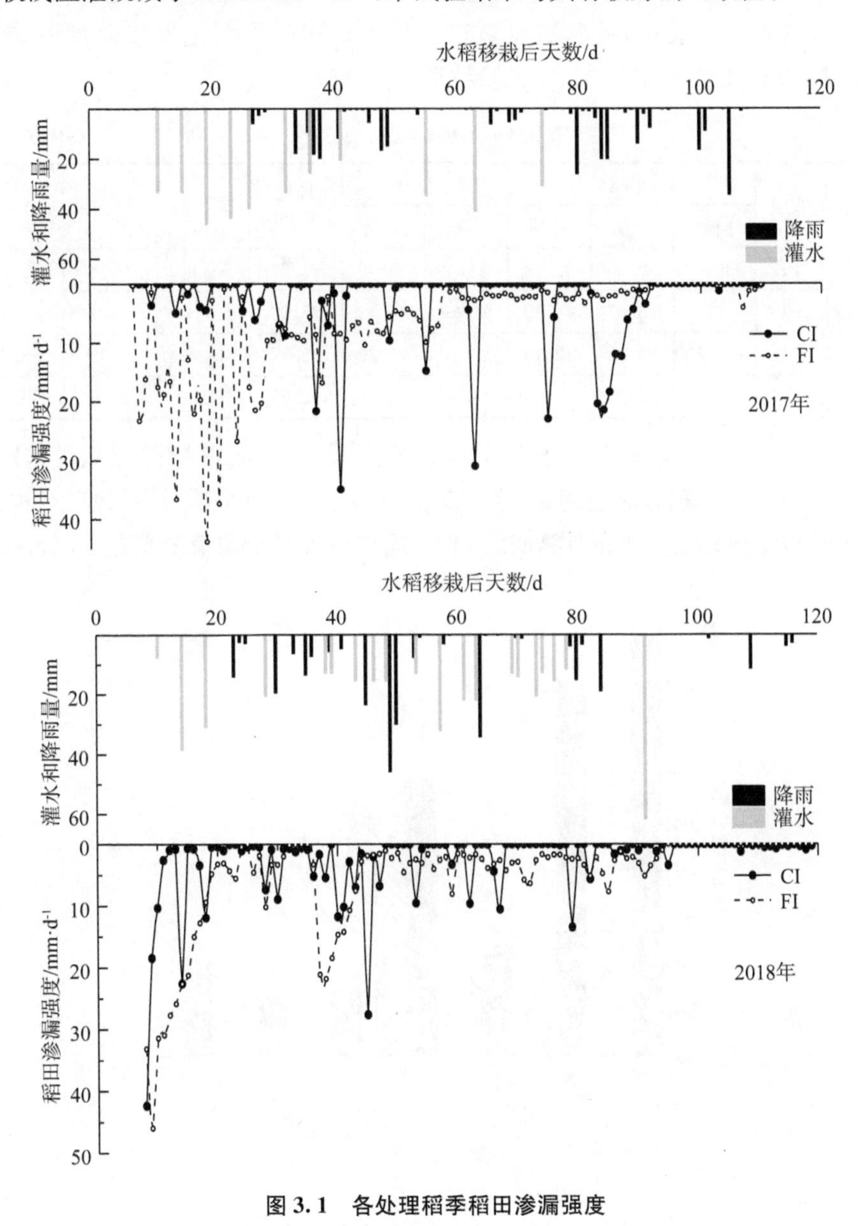

图 3.1 各处理稻季稻田渗漏强度

控制灌溉模式大幅降低稻季稻田渗漏量(表3.1)。2017年CI和FI处理稻田稻季渗漏量分别为346.16 mm和658.67 mm。2018年CI和FI处理稻田稻季渗漏量分别为295.18 mm和588.20 mm。2017—2018年,CI处理和FI处理稻田稻季渗漏量均值分别为320.67 mm和623.44 mm,CI处理稻田渗漏量较FI处理大幅降低302.77 mm,降幅为48.56%。彭世彰等[18]开展的多年蒸渗仪试验结果表明,控制灌溉稻田多年平均田间渗漏量较浅湿灌溉减少263.70 mm,降幅为48.6%,本试验结果与其一致。

表3.1　各处理稻田渗漏量　　单位:mm

年份	处理	分蘖期			拔节孕穗期		抽穗开花期	乳熟期	黄熟期	合计
		前期	中期	后期	前期	后期				
2017	FI	130.69	249.29	83.27	113.49	29.39	23.91	21.95	6.88	658.67
	CI	8.58	23.67	48.80	97.69	28.73	35.93	101.71	1.05	346.16
2018	FI	238.73	75.25	12.19	124.7	41.22	32.17	63.62	0.32	588.20
	CI	98.65	27.44	19.03	77.09	23.55	15.06	28.9	5.46	295.18

控制灌溉模式显著减小分蘖前期和分蘖中期稻田渗漏量(图3.2)。2017—2018年水稻分蘖前期、分蘖中期、分蘖后期、拔节孕穗前期、拔节孕穗后期、抽穗开花期、乳熟期和黄熟期的CI处理稻田渗漏量均值分别是FI处理均

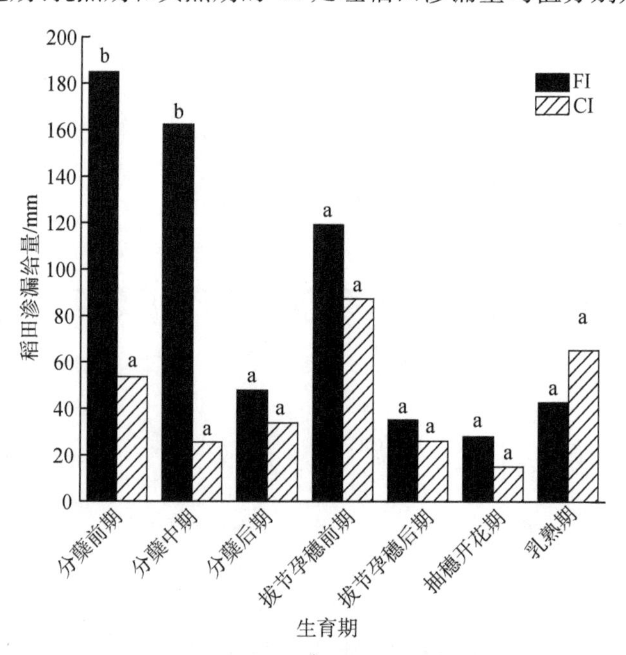

图3.2　各处理各生育期阶段稻田渗漏量

值的 29.0%、15.7%、71.1%、73.4%、74.0%、90.9%、152.6%和 90.4%。控制灌溉和浅湿灌溉模式对水稻生育中后期稻田渗漏量影响差别不大，这是由于分蘖后期晒田以及生育后期稻田灌水量减小，浅湿灌溉稻田渗漏量也随之降低。

3.1.2 控制灌溉稻田地下水补给过程

控制灌溉模式显著改变稻田地下水补给变化过程（图 3.3）。CI 处理稻田地下水补给量在稻季不断波动，2017 年和 2018 年分别在稻季 76.0%和

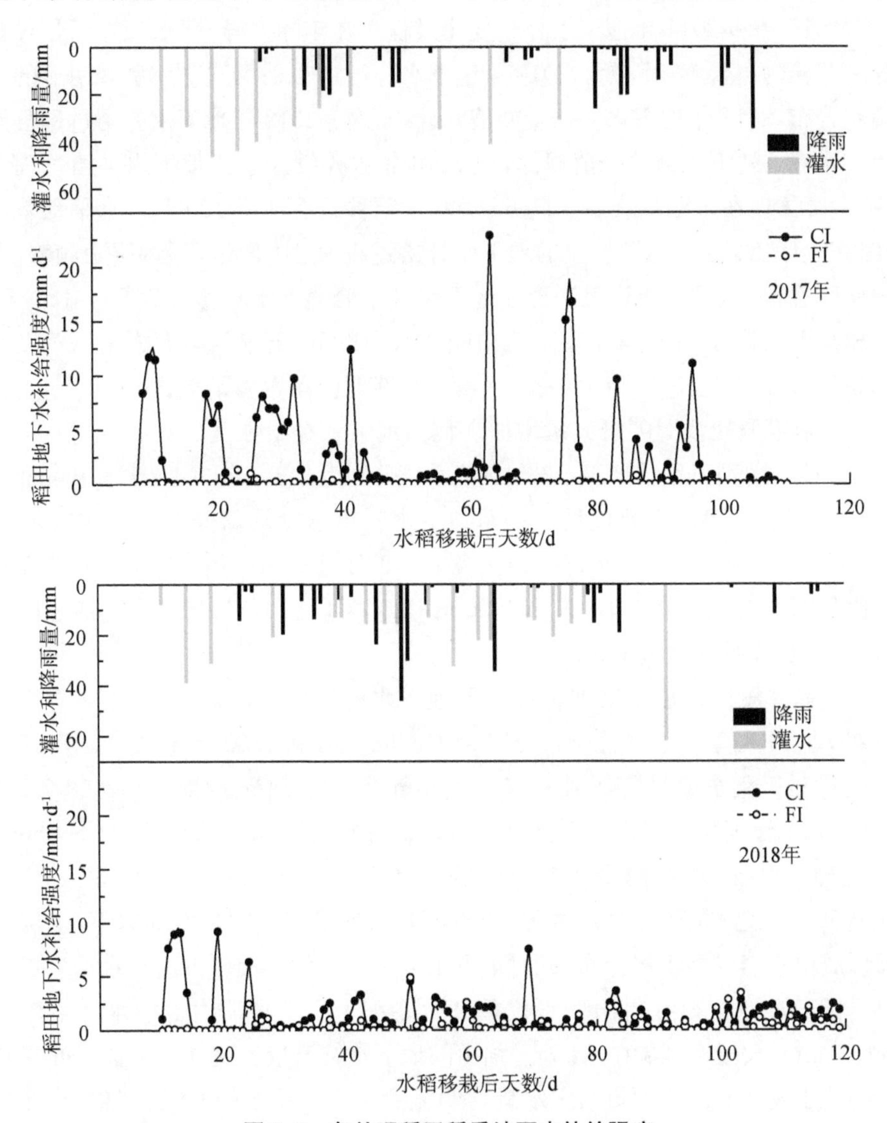

图 3.3 各处理稻田稻季地下水补给强度

76.4%的时间内呈现出明显的地下水补给过程。CI处理稻田多数时段内出现连续的无水层状态，田间水分运动以地下水补给土壤水为主；此外，CI处理稻田干湿循环过程中，土壤水分降至一定限度时，稻田地下水补给量在复水后(灌水或降雨)1天内出现峰值，稻季由灌水引起的地下水补给峰值的次数和补给量普遍高于由降雨引起的峰值。FI处理稻田长期保留薄水层，稻季大部分时段均以田面水、土壤水入渗补给地下水为主，仅在水稻分蘖中后期的晒田阶段或生育末期出现较为明显的地下水补给过程。

2017年和2018年地下水补给变化过程存在年际差异，灌水和降雨是导致这种差异的主要影响因素。2017年地下水补给量在稻季波动中呈现明显的多峰状分布，2017年地下水补给量峰值共计16次。2018年地下水补给过程虽然也有相应的地下水补给峰值规律，但2018年以连续较小的地下水补给过程为主，主要体现在水稻移栽后30～65天和水稻移栽后90～120天。水稻移栽后30～65天出现这种连续较小的地下水补给过程，是由于该时段内降雨频繁，干湿循环过程不断被打断，无法形成地下水补给峰值。水稻移栽后90～120天，稻田几乎无补水，土壤含水率降至田间持水率以下，土壤剖面形成单一蒸发型水势分布，此时地下水不断转化为土壤水以满足土壤蒸发消耗。

控制灌溉较浅湿灌溉大幅增加了稻田地下水补给强度(图3.3)。2017年CI和FI处理稻田稻季地下水补给强度均值分别为2.31 $mm \cdot d^{-1}$和0.08 $mm \cdot d^{-1}$，2018年CI和FI处理稻田稻季地下水补给强度均值分别为1.39 $mm \cdot d^{-1}$和0.55 $mm \cdot d^{-1}$。2017—2018年CI和FI处理稻田稻季地下水补给强度均值分别为1.90 $mm \cdot d^{-1}$和0.30 $mm \cdot d^{-1}$，CI处理稻田地下水补给强度均值是FI处理稻田的6.33倍。

控制灌溉模式显著增加稻田稻季地下水补给量(表3.2)。2017年CI和FI处理稻田稻季地下水补给量分别为253.98 mm和9.33 mm。2018年CI和FI处理稻田稻季渗漏量分别为153.26 mm和54.65 mm。2017—2018年，CI处理和FI处理稻田稻季地下水补给量均值分别为203.62 mm和31.99 mm，CI处理稻田地下水补给量较FI处理显著增加171.63 mm($p<0.05$)。CI处理稻田出现连续的干湿循环过程，当土壤含水率降至田间持水率以下，土壤剖面形成单一蒸发型水势分布，此时地下水大量转化为土壤水以满足水稻生长需要。杨玉峥等[74]研究得出变水位条件下冬小麦全生育期内地下水补给量为266.9 mm，大于本试验中CI处理稻田的地下水补给量。这是由于杨玉峥等开展的冬小麦试验中降雨量与灌水量均明显少于本试验中的CI处理稻田，加之冬小麦水分管理特点，使得旱田土壤水分在生长季大部分时段内小于田间持水

率，有力促进了地下水补给过程，最终使得冬小麦地下水补给量大于本试验中CI处理稻田的地下水补给量。

表 3.2 各处理稻田稻季地下水补给量 单位：mm

年	处理	分蘖期			拔节孕穗期		抽穗开花期	乳熟期	黄熟期	合计
		前期	中期	后期	前期	后期				
2017	FI	0.53b	4.10b	1.03b	0.74b	0.60b	0.60b	1.24b	0.49b	9.33b
	CI	34.17a	56.12a	28.05a	21.60a	33.55a	35.93a	28.64a	15.92a	253.98a
2018	FI	0.52b	5.39a	0.79b	8.13a	7.73a	2.73a	10.63a	18.73a	54.65b
	CI	30.33a	19.34a	5.4a	17.68a	19.82a	10.72a	16.23a	33.74a	153.26a

注：同年内同列数字后字母相同，表示各处理间无显著性差异（$p>0.05$）。

2017 年和 2018 年，CI 处理稻田地下水补给量分别为 253.98 mm 和 153.26 mm，灌水及降雨分布特征导致地下水补给量出现年际差异。2017 年和 2018 年稻季累积灌水量和降雨量分别为 812.8 mm（灌水量 508 mm、降雨量 304.8 mm）和 707.8 mm（灌水量 424.9 mm、降雨量 282.9 mm），两者差别较小，但 2018 年 CI 处理稻田灌水与降雨时间分布集中在 7 月下旬至 9 月中旬，时段内大气蒸发能力很强，在土壤含水率降低过程中，较为集中的降雨或灌水过程导致稻田干湿循环过程不断被打断，2018 年 CI 处理稻田稻季共计 10 次完整的干湿循环次数，明显少于 2017 年的 16 次。稻田稻季内干湿循环次数的减少抑制了地下水补给作用，最终使得 2018 年 CI 处理稻田地下水补给量小于 2017 年。

控制灌溉模式显著增加水稻各生育阶段稻田地下水补给量（图 3.4）。2017—2018 年水稻分蘖前期、分蘖中期、分蘖后期、拔节孕穗前期、拔节孕穗后期、抽穗开花期和乳熟期的 CI 处理地下水补给量均值分别是 FI 处理均值的 61.4、8.0、18.4、4.4、6.4、14.0 和 3.8 倍。水稻分蘖中后期的晒田和生育末期田面自由落干使得 FI 处理稻田地下水补给量有所上升，但仍远小于 CI 处理稻田。

控制灌溉稻田地下水补给过程有效补给了水稻需水（图 3.5）。2017 年和 2018 年，CI 处理稻田稻季地下水补给量均值约占水稻蒸发蒸腾量（Evapotranspiration，ET）的 36.2%，地下水补给量成为水稻蒸发蒸腾量的重要来源。水稻分蘖前期 ET 较小，地下水补给量基本能够满足水稻生长需求；水稻生长中后期，伴随控制灌溉稻田的干湿循环过程，土壤剖面呈蒸发—入渗交替变化[71]，含水率降低时，地下水通过上升毛管力补给水稻根区土壤[95]，由于时段内 ET 大幅上升，地下水补给仅作为水稻需水过程的有效补充。相同的地下水埋深条件下，节水灌溉稻田地下水补给量对于水稻需水的补给比例低于

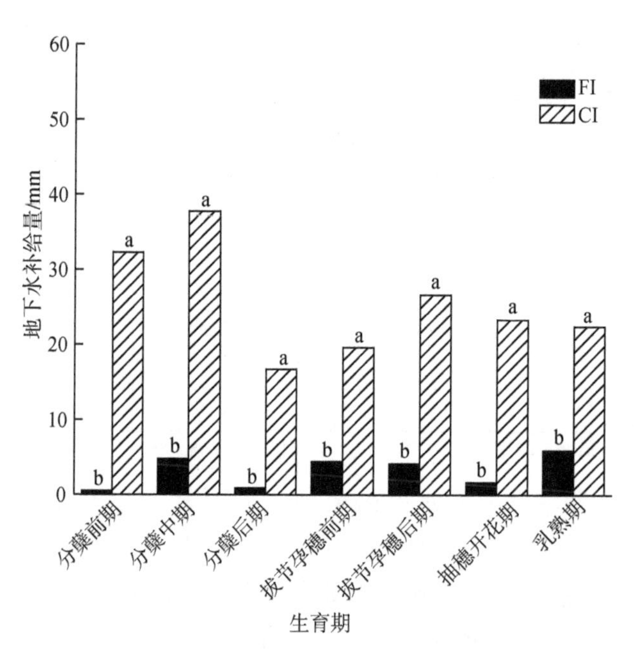

图 3.4　各处理各生育期稻田地下水补给量

旱地的研究结果。Kahlown 等[96]的研究结果表明地下水埋深 0.5m 时，农田地下水补给量完全满足小麦的需水要求。本试验中 CI 处理稻田地下水补给量与冬小麦地下水补给量接近，但作物需水特征的差异使得水稻的蒸发蒸腾量远大于冬小麦，因此稻田地下水补给量对水稻需水的调节作用弱于旱地的研究结果。

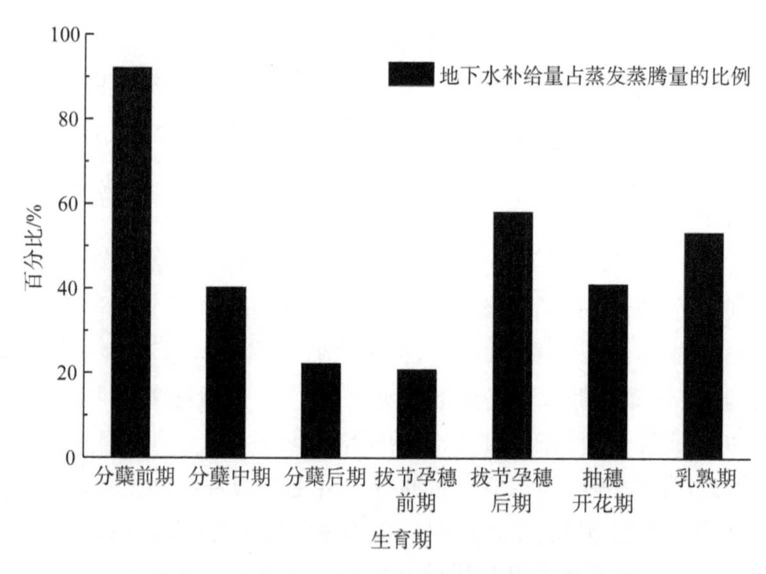

图 3.5　地下水补给量占水稻蒸发蒸腾量的比例

3.1.3 控制灌溉稻田土壤水-地下水转化特征

控制灌溉模式显著改变稻田土壤水-地下水转化过程(图 3.6)。在稻田土壤水-地下水转化过程中,土壤水入渗至地下水与地下水补给土壤水两种状态同时发生,但在具体时段内,以某一状态为主导作用。分析图 3.6 可知,CI 处理稻田稻季土壤水入渗至地下水与地下水补给土壤水两种状态交替占主导作用。2017—2018 年 CI 处理稻田在稻季 56.5%的时间内地下水补给土壤水占主导作用,土壤水-地下水转化量均值为 118.94 mm;在稻季 32.9%的时间内土壤水入渗至地下水占主导作用,土壤水-地下水转化量均值为－218.25 mm;在另外 10.6%的时间内土壤水-地下水转化保持平衡。FI 处理稻田在稻季内几乎以土壤水入渗至地下水为主导,占 2017—2018 年稻季总时间的 80.1%,土壤水-地下水转化量均值为 603.09 mm。2017—2018 年 FI 处理稻田仅在稻季 13.0%的时间内地下水补给土壤水占主导作用,土壤水-地下水转化量均值为 13.33 mm,地下水对土壤水的补给量很小,且集中在黄熟期田面自由落干阶段;在另外 6.9%的时间内土壤水-地下水转化保持平衡。

控制灌溉与浅湿灌溉稻田稻季土壤水-地下水转化量均为负值,两水转化关系均总体表现为土壤水入渗至地下水(表 3.3)。2017—2018 年,CI 和 FI 处理稻田稻季土壤水-地下水转化量均值分别为－99.31 mm 和－589.76 mm,说明控制灌溉模式既能有效减少稻田土壤水渗漏,又能增加地下水对土壤水的补给。

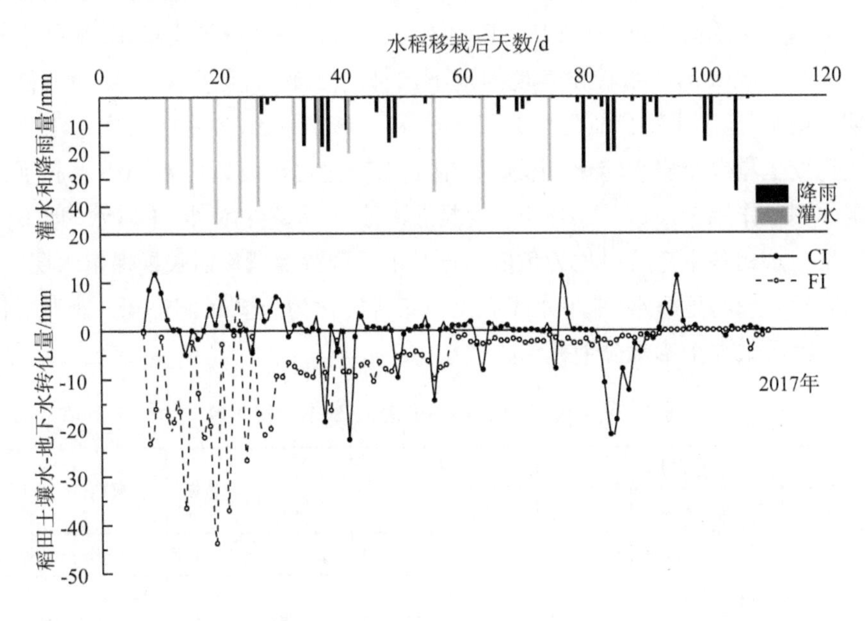

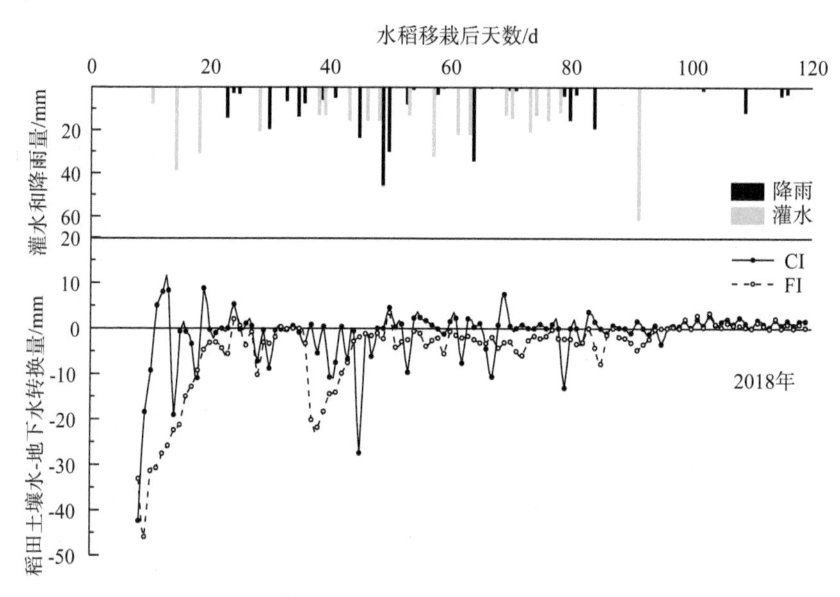

图 3.6　各处理稻田稻季土壤水-地下水转化量

控制灌溉模式下，水稻分蘖期、抽穗开花期及黄熟期的土壤水-地下水转化能够有效调节时段内水稻需水过程。2017 年，CI 处理稻田在分蘖期、抽穗开花期及黄熟期土壤水-地下水转化量分别为 37.29 mm、7.20 mm 和 14.41 mm，表明在这些生育阶段两水转化关系均总体表现为地下水补给土壤水，有效调节了时段内的水稻需水过程。2018 年 CI 处理稻田仅在黄熟期土壤水-地下水转化量为 28.28 mm，两水转化表现为地下水补给土壤水，但分蘖中期和抽穗开花期土壤水-地下水转化量为－3.97 mm 和－4.34 mm，说明时段内地下水在很大程度上也向土壤水转化，土壤水-地下水转化也对时段内水稻需水起到了一定的调节作用。2017—2018 年，浅湿灌溉模式除黄熟期外，土壤水-地下水转化量在水稻各生育阶段均为负值。这是由于浅湿灌溉田面长期保留水层，土壤水大量入渗至地下水，地下水没有足够条件转化为土壤水，土壤水-地下水转化对作物需水与土壤水分消耗贡献较小。

表 3.3　各处理稻田稻季土壤水-地下水转化量　　单位：mm

年份	处理	分蘖期			拔节孕穗期		抽穗开花期	乳熟期	黄熟期	合计
		前期	中期	后期	前期	后期				
2017	FI	－130.16b	－245.18b	－82.24b	－112.75b	－28.78b	－23.32b	－20.71b	－6.19b	－649.33b
	CI	25.59a	32.45a	－20.75a	－40.66a	－1.87a	7.20a	－73.06a	14.41a	－56.69a

续表

年份	处理	分蘖期			拔节孕穗期		抽穗开花期	乳熟期	黄熟期	合计
		前期	中期	后期	前期	后期				
2018	FI	−266.04b	−42.03b	−11.40a	−113.28b	−33.49b	−29.44b	−52.99b	18.49a	−530.18b
	CI	−72.45a	−3.97a	−13.63a	−59.41a	−3.73a	−4.34a	−12.67a	28.28a	−141.92a

注：同年内同列数字后字母相同，表示各处理间无显著性差异($p>0.05$)。

3.2 控制灌溉稻田土壤水-地下水转化过程影响机制

本节基于观测的土壤含水率、土壤容重和土壤干缩裂缝数据，分析了各影响因素与节水灌溉稻田土壤水-地下水转化过程的关系，揭示了节水灌溉稻田干湿循环过程对土壤水-地下水转化的影响机制。

3.2.1 土壤含水率与稻田土壤水-地下水转化关系

(1) 土壤水分变化与稻田渗漏过程的相互作用

选取CI处理稻田0～10 cm、10～20 cm、20～30 cm深度的土壤体积含水率每日8:00记录值，绘制稻季内稻田土壤含水率与稻田渗漏强度日变化图，如图3.7所示。

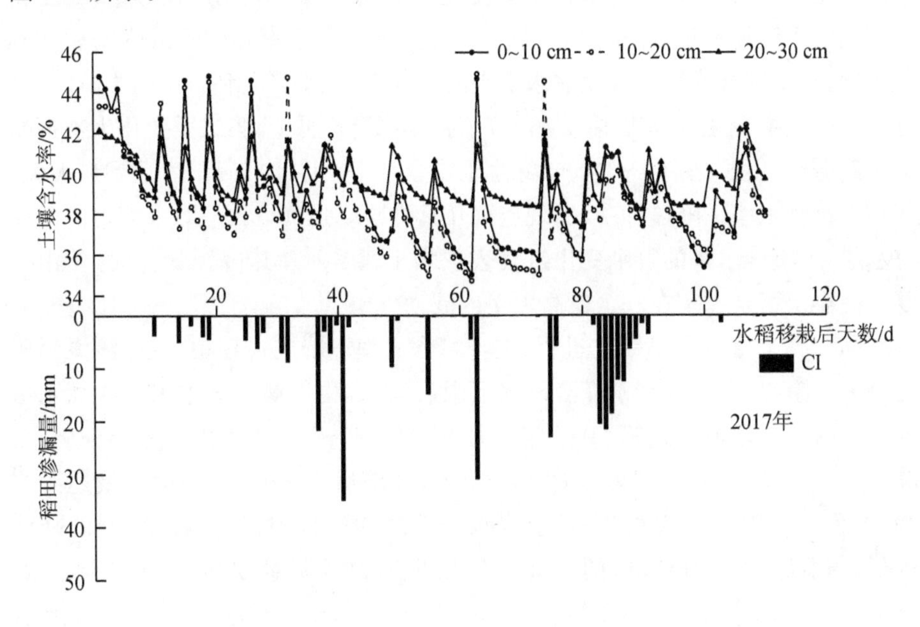

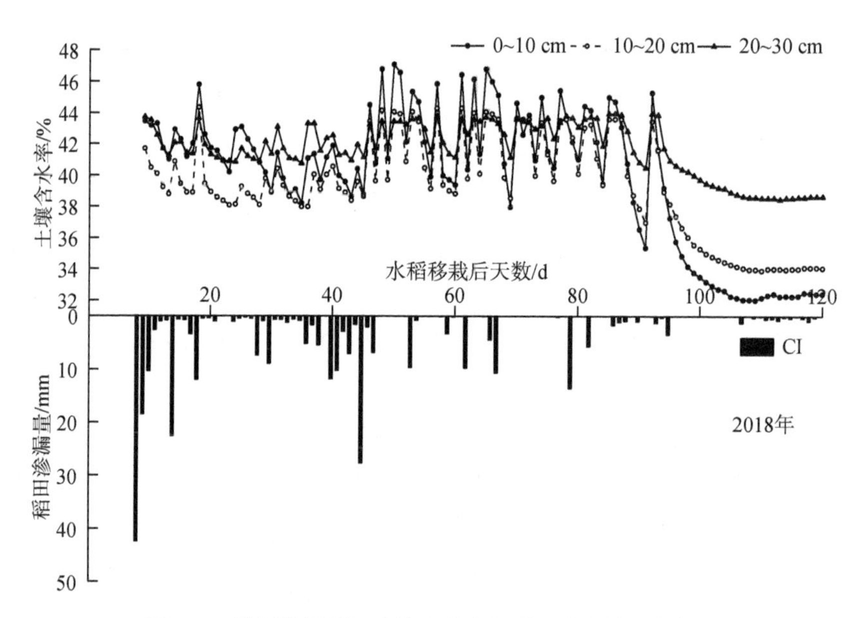

图 3.7 控制灌溉稻田土壤含水率与稻田渗漏量日变化图

控制灌溉稻田干湿循环过程中土壤含水率的变化是影响稻田渗漏强度的重要因素，根据 2017 年和 2018 年 0～20 cm 深度土壤含水率变化趋势和稻田渗漏强度对应关系，可将土壤含水率变化分为两类典型变化过程：第一类变化为完整的干湿循环过程，是指 0～20 cm 深度土壤含水率在灌水或降雨后达到最大值，在土壤含水率下降至灌水下限的过程中，几乎未受到降雨的影响，土壤含水率的整个变化过程表现为从最高值持续降至最低值；第二类变化为被打断的干湿循环过程，是指 0～20 cm 深度土壤含水率在灌水或降雨后达到最大值，而在土壤含水率下降过程中，出现连续几日降雨或强度较大的降雨使得田面保有水层，土壤含水率的整个变化过程表现为土壤含水率未降至最低时，便由于复水使得土壤含水率在一个较高水平内波动。

第一类土壤含水率变化过程，在土壤含水率下降的过程中，控制灌溉稻田几乎无渗漏，当土壤含水率降至灌水下限后灌水，稻田渗漏集中出现在灌水后的一天内。选取典型过程 2017 年 8 月 21 日—2017 年 9 月 3 日进行分析(表 3.4)。2017 年 8 月 20 日降雨达 14.8 mm，降雨后 0～20 cm 深度土壤达到饱和，随后 8 月 21 日—8 月 25 日土壤水分下降的过程中仅有两次微弱的降雨(累积降雨量 2.3 mm)，这两次降雨后累积稻田渗漏量 0.82 mm，而到 8 月 26 日土壤含水率降至灌水下限、灌水 34.6 mm 后，土壤重新达到饱和，灌水后稻田渗漏量达 14.80 mm。8 月 27 日—9 月 2 日土壤水分下降过程中，出现两次微弱降雨(累积降雨量 0.4 mm),这个过程中累积稻田渗漏量为 4.62 mm,而当 9 月 3 日土壤含水率降至灌水下限、灌水 41.0 mm 后,稻田渗漏量高达 30.92 mm。

选取的第一类土壤含水率变化典型过程中,经历了两次完整的干湿循环,稻田渗漏规律一致:完整的干湿循环稻田土壤水分下降过程中,控制灌溉稻田几乎无渗漏发生,这是由于随着水稻蒸腾及棵间蒸发,稻田表层土壤含水率及土壤水势逐渐降低,分散型通量面下移,表现为单一蒸发型水势分布,此时的土壤水分运动方向向上;而当土壤含水率降至灌水下限进行灌水后,土壤水在重力作用下向下进行运移,入渗型通量面不断下移,土壤水势分布变为单一入渗型,此时稻田产生渗漏。同时,由于灌水前土壤含水率已经降至灌水下限,稻田由此产生的干缩裂缝更是给了灌水后的土壤水一个优先渗漏通道,稻田土壤水分在完整的干湿循环中灌水后发生集中渗漏。

表 3.4　第一类典型稻田渗漏日变化表

日期	水稻移栽后天数/d	灌水量/mm	降雨量/mm	稻田渗漏量/mm
8 月 20 日	49	0	14.8	9.60
8 月 21 日	50	0	0.1	0.74
8 月 22 日	51	0	0	0
8 月 23 日	52	0	0	0
8 月 24 日	53	0	0	0
8 月 25 日	54	0	2.2	0.08
8 月 26 日	55	34.6	0	14.80
8 月 27 日	56	0	0	0.11
8 月 28 日	57	0	0	0
8 月 29 日	58	0	0.2	0
8 月 30 日	59	0	0	0.04
8 月 31 日	60	0	0	0
9 月 1 日	61	0	0	0.06
9 月 2 日	62	0	0.2	4.41
9 月 3 日	63	41	0.2	30.92

第二类土壤含水率变化过程,稻田在时段内持续渗漏。选取典型过程 2017 年 9 月 21 日—9 月 30 日进行分析(表 3.5)。时段内连续降雨导致干湿循环过程不断被打断,土壤含水率没有经历从稻田补水后的饱和状态一直连续下

降至灌水下限的过程，0～10 cm 深度土壤含水率变化范围为 37.40%～41.28%，均值为 39.80%，10～20 cm 深度土壤含水率变化范围为 37.58%～40.10%，均值为 38.61%，时段内土壤含水率始终高于田间持水率，降雨的不断补充使得土壤水不断入渗至地下水，表现为在连续的降雨过程中，稻田在时段内持续渗漏。

表 3.5　第二类典型稻田渗漏日变化表

日期	水稻移栽后天数/d	灌水量/mm	降雨量/mm	稻田渗漏量/mm
9 月 21 日	81	0	0.7	0.01
9 月 22 日	82	0	0.9	1.68
9 月 23 日	83	0	3.6	20.41
9 月 24 日	84	0	20	21.46
9 月 25 日	85	0	20	18.41
9 月 26 日	86	0	0.1	12.04
9 月 27 日	87	0	0.1	12.36
9 月 28 日	88	0	1.5	6.16
9 月 29 日	89	0	0.3	4.35
9 月 30 日	90	0	13.8	1.38

(2) 土壤水分变化与地下水补给过程的相互作用

①干湿循环过程中土壤含水率变化对地下水补给的影响

选取 CI 处理稻田 0～10 cm、10～20 cm、20～30 cm 深度的土壤体积含水率每日 8:00 记录值，绘制稻季稻田土壤含水率与地下水补给强度日变化图，如图 3.8 所示。

控制灌溉稻田干湿循环过程中，土壤含水率的变化是影响稻田地下水补给强度的重要因素(图 3.8)。农田土壤含水率的波动使得土壤水分运动状态不断变化，从而引起地下水补给作用呈现出抑制与加强交替发生的情况。控制灌溉稻田土壤含水率在各生育阶段的灌水上下限范围内波动，稻田地下水补给量随之不断波动。

选取四次典型干湿循环过程(典型过程 a:2017 年 8 月 26 日—9 月 3 日；b:2017 年 8 月 7 日—8 月 12 日；c:2018 年 8 月 10 日—8 月 13 日；d:2018 年 8 月 24 日—8 月 28 日)，各时段内稻田地下水补给量与土壤含水率日变化见图 3.9。

分析图 3.9a、3.9c，CI 处理稻田典型干湿循环过程中，稻田灌水后表层土壤含水率迅速上升，并在一定时间内达到饱和含水率，随后土壤水在重力作用

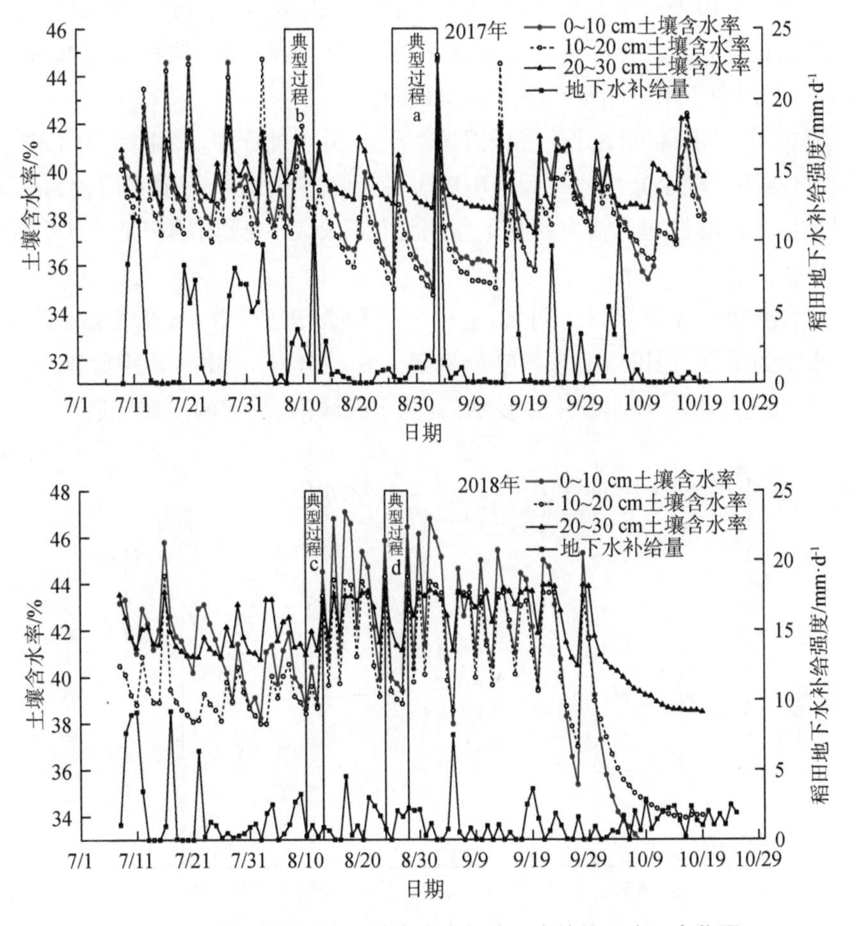

图 3.8 控制灌溉稻田土壤含水率与地下水补给强度日变化图

下向下运移[97]，所形成的入渗型通量面不断下移，土壤水势分布由聚合型变为单一入渗型[71]，其间稻田土壤水分运动动态以入渗为主导，地下水补给作用微弱。灌水入渗结束后，土壤水分在基质势梯度和重力梯度的作用下继续向下运动，上层接近饱和的水分逐渐向下迁移，补充初始干燥层中的水分[98]，同时伴随着水稻蒸腾及棵间蒸发，稻田表层土壤含水率及土壤水势逐渐降低，分散型通量面下移，逐渐又恢复到单一蒸发型水势分布[71]，深层土壤水分通过毛管上升作用间接补给表土因蒸发作用造成的水分缺失[98-100]，稻田地下水补给量随之逐渐增加。当土壤含水率降至灌水下限时，再次灌溉，地下水补给量大幅增加，且补给强度与初始含水率负相关[101,102]。笔者分析，这是因为在稻田灌水后表层土壤含水率迅速上升，使得表土蒸发强度增强[103-105]，且灌水过程虽然迅速增加了稻田表层土壤水分，但短时间内对深层土壤水分的影响较小，地下水依旧通过毛管上升作用补给土壤水。在表层土壤蒸发增强和毛管力的双重作用下，稻田地下水补给量在灌水后出现峰值。

分析图 3.9b、3.9d，CI 处理稻田典型干湿循环过程中，降雨后田面未产生水层时，稻田土壤水分变化过程和稻田表层土壤蒸发情况，与灌水后较为一致，表层土壤蒸发增强和毛管力的双重作用使得降雨后一天内稻田地下水补给量出现峰值。

综合分析图 3.8、图 3.9 可知，在稻田干湿循环过程中，随着稻田根系层土壤含水率的降低，稻田地下水补给量呈现上升趋势；当土壤含水率降至一定限度时，稻田地下水补给量在稻田复水后（灌水或降雨）一天内出现峰值。

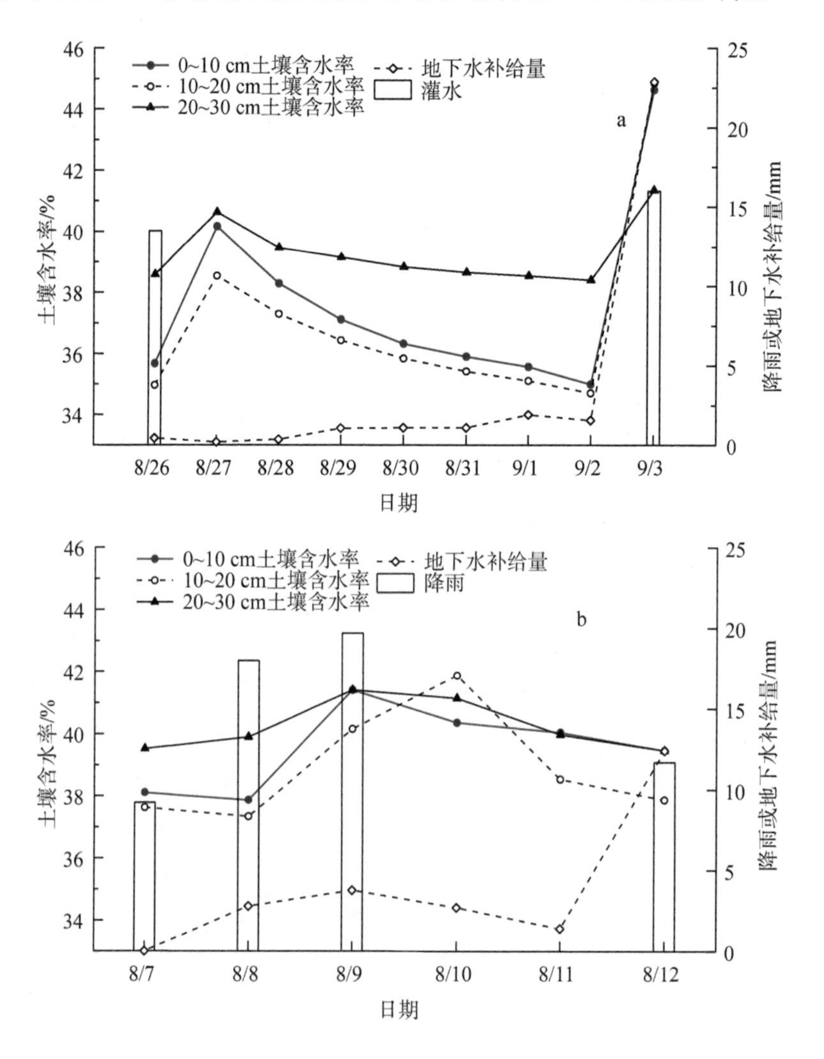

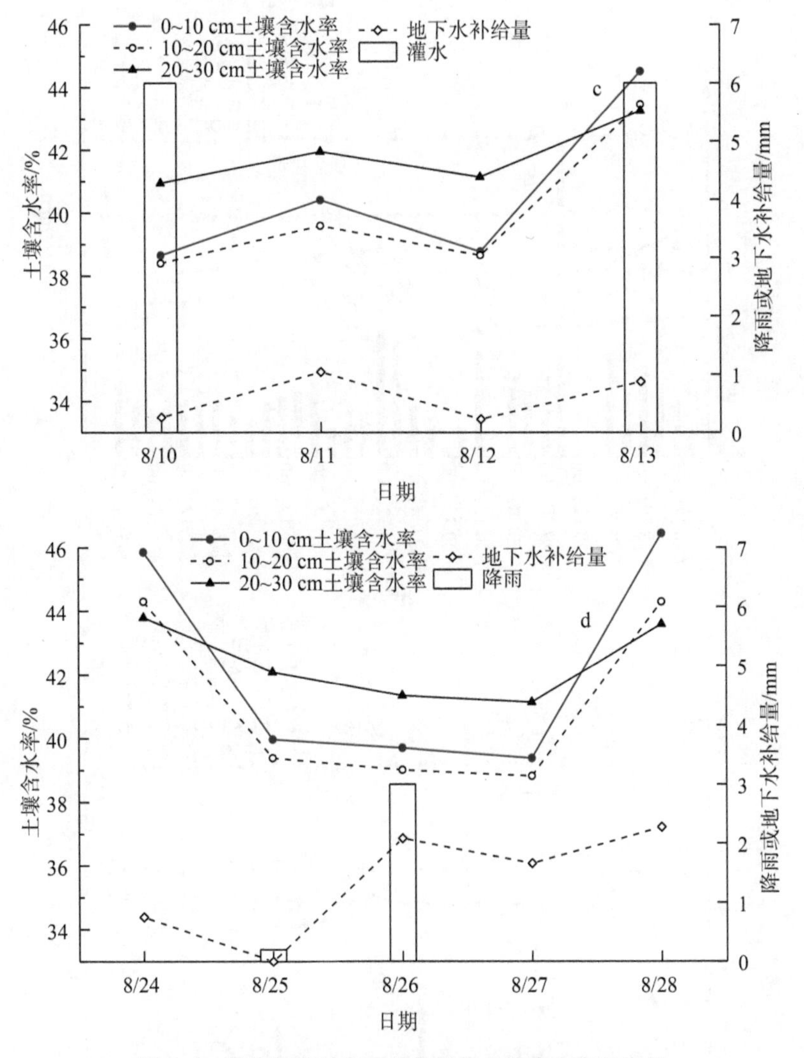

图 3.9　典型过程地下水补给量与土壤含水率日变化

②地下水补给过程与土壤剖面含水率变化的关系

为研究稻田地下水补给作用与不同剖面含水率分布的关系，选取典型干湿循环过程(2017 年 7 月 28 日—8 月 3 日，2018 年 8 月 20 日—8 月 24 日)，每隔 4 小时记录数据，绘制干湿循环过程土壤剖面含水率与地下水补给量关系图，如图 3.10 所示。

地下水浅埋深条件下，稻田地下水补给作用直接影响根系层土壤含水率的剖面分布(图 3.10)。稻田灌水后，稻田土壤含水率随时间进程总体呈下降趋

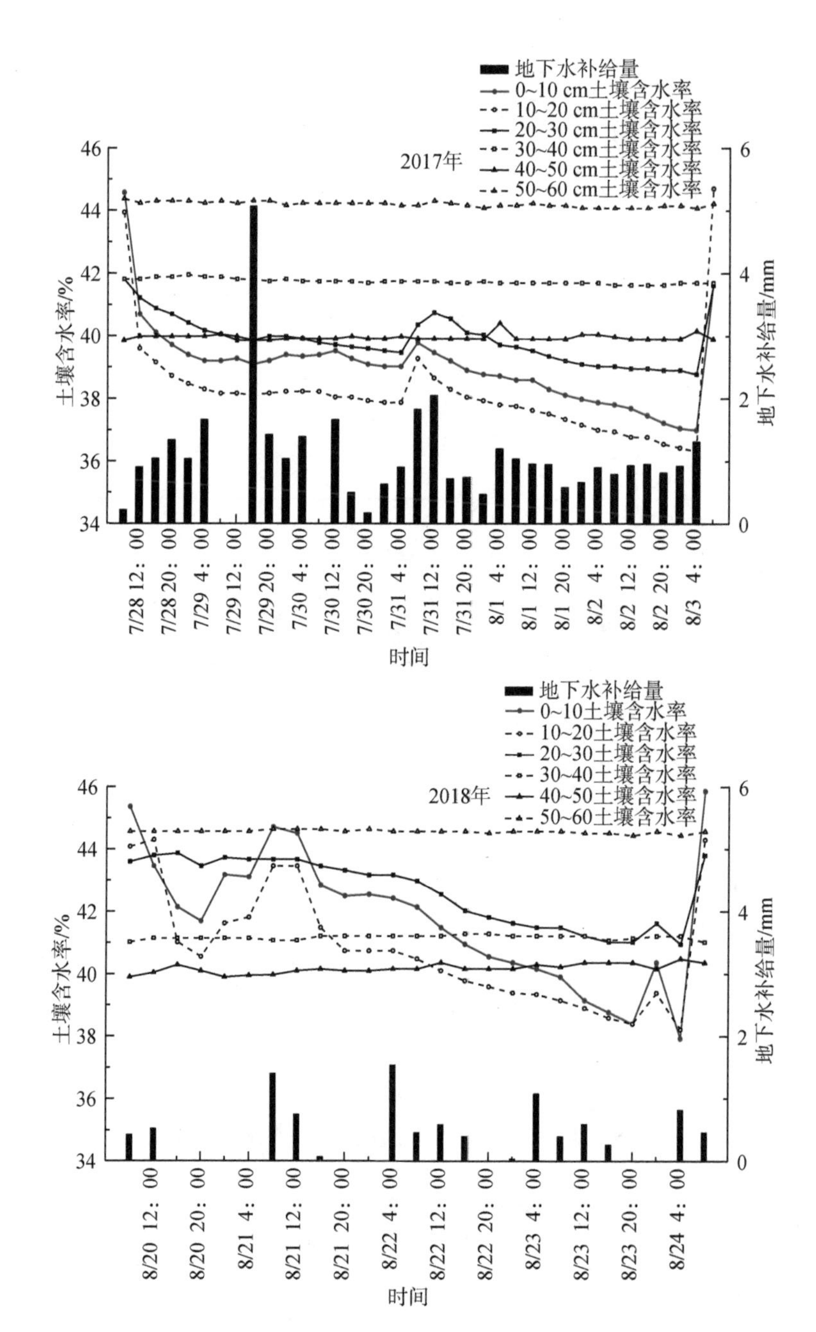

图 3.10　典型稻田干湿循环中土壤含水率与地下水补给量动态变化图

势，土壤水势剖面呈单一蒸发型水势分布，但是不同深度土壤含水率的变化幅度与过程又存在较大差异。30 cm 深度以下的土壤含水率在干湿循环中基本保持稳定，0～30 cm 深度土壤含水率呈下降趋势。典型时段内，稻田地下水补给强度均值为 4.46 mm·d^{-1}，占水稻蒸发蒸腾强度（7.06 mm·d^{-1}）的63.2%，稻田地下水补给过程直接影响 30 cm 深度以下的土壤水分变化，且稻田地下水补给量有效弥补了土壤水分消耗量，使得 30 cm 深度以下的土壤含水率保持稳定。而水稻蒸发蒸腾作用主要消耗 0～30 cm 深度的土壤水，同时地下水通过下层土壤对 0～30 cm 深度土壤的水分补给量较小，导致 0～30 cm 深度土壤含水率总体呈下降趋势。杨建锋等[75]开展冬小麦农田试验，结果表明地下水埋深 160 cm 时 0～50 cm 深度农田土壤含水率变化受蒸发、降雨与灌溉的影响最为明显，50 cm 深度以下的农田土壤含水率在地下水补给的影响下比较稳定，这与本研究中地下水补给过程对于土壤含水率剖面分布的影响趋势较为一致。此外，由于本试验中稻田地下水埋深为 50 cm，小于杨建锋等[75]的试验中冬小麦农田的地下水埋深，使得稻田干湿循环过程中地下水补给过程对于浅层（30 cm 左右）土壤水分的影响更为直接。

(3) 土壤水分变化与土壤水-地下水转化过程的相互作用

稻田干湿循环过程中土壤水-地下水转化极为复杂，土壤水入渗至地下水和地下水补给土壤水的过程大部分时间同时发生，土壤水-地下水转化方向取决于分析时段内稻田渗漏量和地下水补给量的对比。结合前文分析的土壤水分变化对稻田渗漏过程和地下水补给过程的影响，分三类情形讨论干湿循环过程中土壤水分变化对土壤水-地下水转化过程作用的一般规律。

第一类：干湿循环土壤含水率下降过程中，控制灌溉稻田土壤水-地下水转化以地下水补给土壤水为主。本小节前文中已经分析得出，一次完整的干湿循环土壤含水率下降过程中，控制灌溉稻田几乎不发生渗漏；随着稻田根系层土壤含水率的降低，稻田地下水补给量呈上升趋势。因此，在二者的综合作用下，干湿循环过程中土壤含水率的下降使地下水补给土壤水占主导。

选取 2017 年 8 月 27 日—9 月 1 日土壤水-地下水转化过程作为第一类典型过程进行分析（表 3.6）。8 月 27 日为灌水次日，0～10 cm 深度土壤含水率较高，随后典型时段内无灌水和降雨，0～10 cm 深度土壤含水率持续下降，土壤水势逐渐降低，分散型通量面下移，总体表现为单一蒸发型水势分布，深层土壤水分通过毛管上升作用间接补给表土因蒸发作用造成的水分缺失，其间稻田地下水补给量也随之逐日提升，累积地下水补给量为 5.69 mm；而在土壤含水率持续下降过程中，稻田渗漏量很小，累积稻田渗漏量仅有 0.21 mm。因此，第一类典型过程中土壤水-地下水转化总体表现为地下水补给土壤水。

表 3.6 第一类土壤水-地下水转化典型过程

日期	水稻移栽后天数/d	土壤含水率	地下水补给量/mm	渗漏量/mm	土壤水-地下水转化量/mm
8/27	56	40.16%	0.19	0.11	0.08
8/28	57	38.29%	0.35	0.00	0.35
8/29	58	37.11%	1.06	0.00	1.06
8/30	59	36.32%	1.09	0.04	1.05
8/31	60	35.90%	1.09	0.00	1.09
9/1	61	35.57%	1.91	0.06	1.85

第二类:土壤含水率持续处于较高水平时,控制灌溉稻田土壤水-地下水转化以土壤水入渗至地下水为主。本小节前文经过分析得出,连续降雨打断干湿循环过程,土壤含水率在较高水平波动的时段内,稻田持续渗漏,渗漏量大小与降雨强度有关。而这一时段,较高的土壤含水率抑制了控制灌溉稻田地下水补给,表现为无地下水补给或者较小的地下水补给。综合二者作用,干湿循环过程中连续降雨导致的持续较高土壤含水率会使土壤水入渗至地下水占主导。

选取 2017 年 9 月 22 日—9 月 30 日土壤水-地下水转化过程作为第二类典型过程进行分析(表 3.7)。由于典型时段内每日均有降雨,0～10 cm 深度土壤含水率始终保持较高水平,土壤含水率均值为 39.98%,始终高于田间持水率,土壤水在重力作用下向下运移,时段内累积稻田渗漏量为 96.87 mm,尤其 9 月 23 日和 9 月 24 日降雨量均高达 20 mm,当日渗漏量也随之增大,非饱和带内形成稳定的渗漏通道,持续影响后续渗漏过程。较高的土壤含水率抑制了地下水补给过程,时段内累积地下水补给量为 17.20 mm。因此第二类典型过程中土壤水-地下水转化总体表现为土壤水入渗至地下水。

表 3.7 第二类土壤水-地下水转化典型过程

日期	水稻移栽后天数/d	土壤含水率	地下水补给量/mm	渗漏量/mm	土壤水-地下水转化量/mm
9/22	82	40.41%	0.00	1.68	−1.68
9/23	83	39.64%	9.66	20.41	−10.75
9/24	84	41.28%	0.00	21.46	−21.46
9/25	85	40.81%	0.00	18.41	−18.41
9/26	86	41.02%	4.11	12.04	−7.93
9/27	87	39.59%	0.00	12.36	−12.36

续表

日期	水稻移栽后天数/d	土壤含水率	地下水补给量/mm	渗漏量/mm	土壤水-地下水转化量/mm
9/28	88	38.90%	3.43	6.16	−2.73
9/29	89	38.22%	0.00	4.35	−4.35

第三类:土壤含水率降至一定限度后稻田复水,此时控制灌溉稻田土壤水-地下水转化方向具有不确定性。本小节前文已经分析得出,完整的干湿循环中,当土壤含水率降至灌水下限后灌水,稻田渗漏集中出现在灌水后的一天内,且渗漏量一般较大。同时,当土壤含水率降至一定限度时,稻田地下水补给量在稻田复水后(灌水或降雨)一天内出现峰值。而影响峰值大小的因素很多,如灌水量、降雨强度、初始含水率等。所以暂时无法定量比较出这种情形下稻田渗漏量和地下水补给量之间的大小关系。例如,2017 年 8 月 3 日灌水后,稻田渗漏量为 8.72 mm,地下水补给量为 9.76 mm,土壤水-地下水转化量为 1.04 mm,总体表现为地下水补给土壤水;而 2017 年 9 月 3 日灌水后,稻田渗漏量为 30.92 mm,地下水补给量为 22.88 mm,土壤水-地下水转化量为 −8.04 mm,总体表现为土壤水入渗至地下水。

控制灌溉稻田稻季土壤含水率与土壤水-地下水转化日变化如图 3-11 所示。

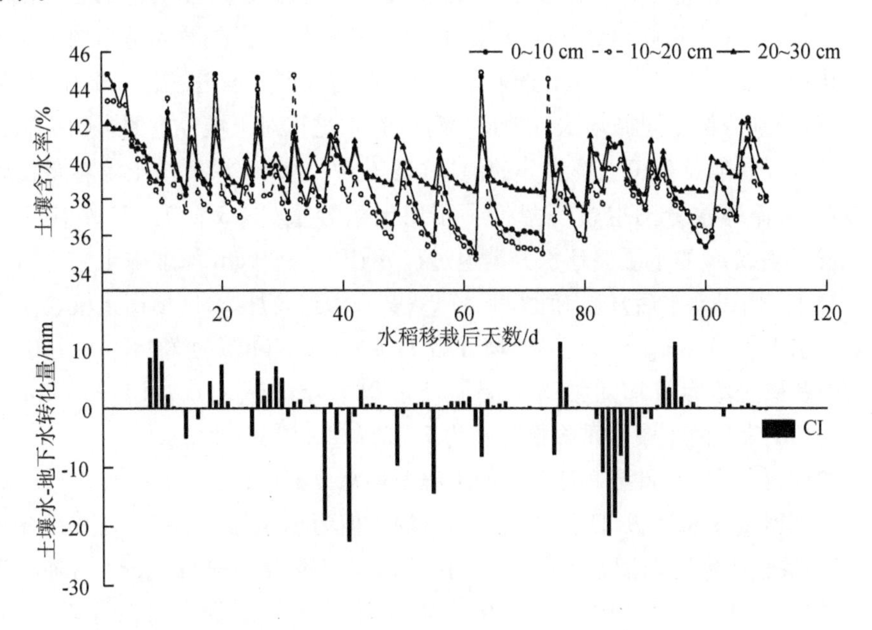

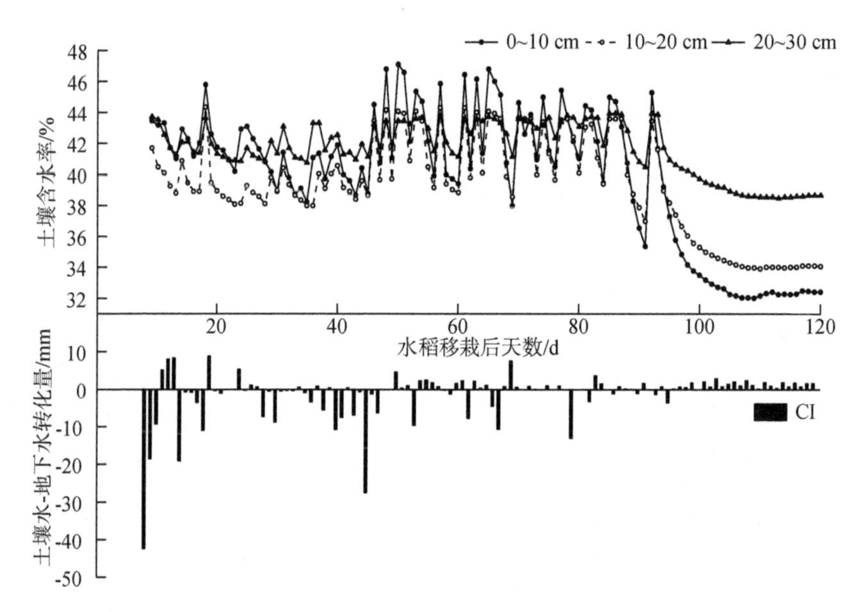

图 3.11　控制灌溉稻田土壤含水率与土壤水-地下水转化日变化图

3.2.2　土壤容重与稻田土壤水-地下水转化关系

容重作为土壤最基本的物理性质之一，对土壤的入渗性能、持水能力都有很大影响，因此也影响着稻田土壤水-地下水的转化。干湿循环是影响土壤容重变化的主要原因之一。本节选取了 2017 年土壤水分消退过程和 2018 年灌水过程，分别分析干湿循环水分消退过程和补水过程对土壤容重的影响机制。

随着控制灌溉稻田土壤水分的消退，稻田 0～30 cm 深度内土壤容重逐渐下降，干湿循环水分消退过程降低了稻田土壤容重(图 3.12)。2017 年 7 月 28 日至 8 月 2 日的干湿循环水分消退过程，稻田 0～30 cm 深度内土壤容重在 7 月 28 日(稻田灌水后)的均值为 1.47 $g \cdot cm^{-3}$，到 8 月 2 日(稻田土壤含水率降至灌水下限，1.36 $g \cdot cm^{-3}$)下降了 0.11 $g \cdot cm^{-3}$，降幅为 7.48%；0～30 cm 深度内各层土壤容重均随稻田干湿循环过程下降，0～10 cm、10～20 cm 与 20～30 cm 深度内土壤容重降幅分别为 7.35%、3.29%与 10.51%。

2017 年 8 月 26 日至 9 月 2 日的干湿循环水分消退过程，稻田 0～30 cm 深度内土壤容重在 8 月 26 日(稻田灌水后)的均值为 1.44 $g \cdot cm^{-3}$，到 9 月 2 日(稻田土壤含水率降至灌水下限，1.35 $g \cdot cm^{-3}$)下降了 0.09 $g \cdot cm^{-3}$，降幅为 6.25%；0～30 cm 深度内各层土壤容重均随稻田干湿循环过程下降，0～10 cm、10～20 cm 与 20～30 cm 深度内土壤容重降幅分别为 5.67%、4.31%

与 9.95%。

稻田土壤水分下降过程伴随着土壤干缩裂缝的发育，随土壤干缩裂缝在宽度及深度上的不断增长，土壤容重不断下降。且控制灌溉稻田干湿循环水分消散过程对于下层土壤容重的影响程度高于表层土壤，两次典型过程中 20～30 cm 深度土壤容重的下降幅度均值为 10.23%，大于 0～10 及 10～20 cm 深度(6.51%及 3.80%)。

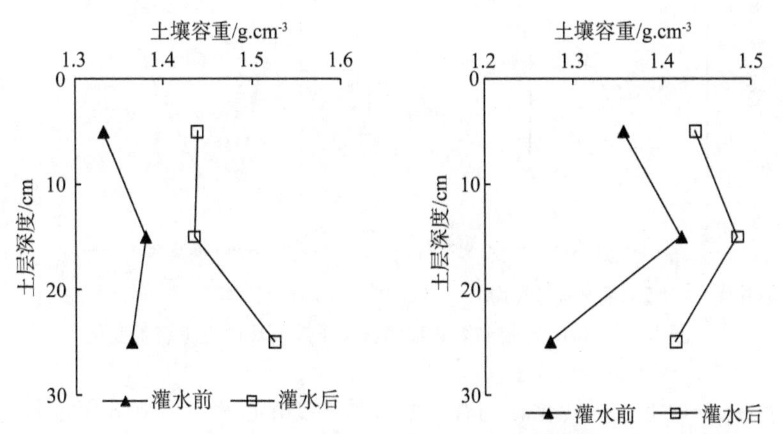

注：a—7 月 28 日灌水，8 月 2 日稻田土壤降至灌水下限；b—8 月 26 日灌水，9 月 2 日稻田土壤降至灌水下限。

图 3.12　2017 年控制灌溉稻田典型干湿循环内土壤容重变化

控制灌溉稻田灌水后，稻田 0～30 cm 深度内土壤容重均值较灌水前有所下降(图 3.13)。2018 年 8 月 5 日土壤含水率降至灌水下限，随后进行灌溉，稻田 0～30 cm 深度内土壤容重在 8 月 5 日灌水前均值为 1.39 g·cm^{-3}，灌水后(1.35 g·cm^{-3})下降了 0.04 g·cm^{-3}，降幅为 2.88%。2018 年 8 月 10 日土壤含水率降至灌水下限，随后进行灌溉，稻田 0～30 cm 深度内土壤容重在 8 月 10 日灌水前均值为 1.44 g·cm^{-3}，灌水后(1.37 g·cm^{-3})下降了 0.07 g·cm^{-3}，降幅为 4.86%。

控制灌溉稻田灌水后，0～10 cm 深度内土壤容重上升，而 10～20 cm 和 20～30 cm 深度内土壤容重有所下降(图 3.13)。2018 年 8 月 5 日稻田 0～10 cm 深度内土壤容重灌水后为 1.44 g·cm^{-3}，较灌水前(1.41 g·cm^{-3})上升了 2.13%，10～20 cm 和 20～30 cm 深度内土壤容重灌水后分别为 1.32 g·cm^{-3} 和 1.27 g·cm^{-3}，较灌水前(1.38 g·cm^{-3} 和 1.39 g·cm^{-3})降幅分别为 4.35% 和 8.63%。2018 年 8 月 10 日稻田 0～10 cm 深度内土壤容重灌水后为 1.56 g·cm^{-3}，较灌水前(1.53 g·cm^{-3})上升了 1.96%，10～20 cm 和 20～

30 cm 深度内土壤容重灌水后分别为 1.26 g·cm^{-3} 和 1.29 g·cm^{-3}，较灌水前(1.42 g·cm^{-3} 和 1.35 g·cm^{-3})降幅分别为 11.27%和 4.44%。

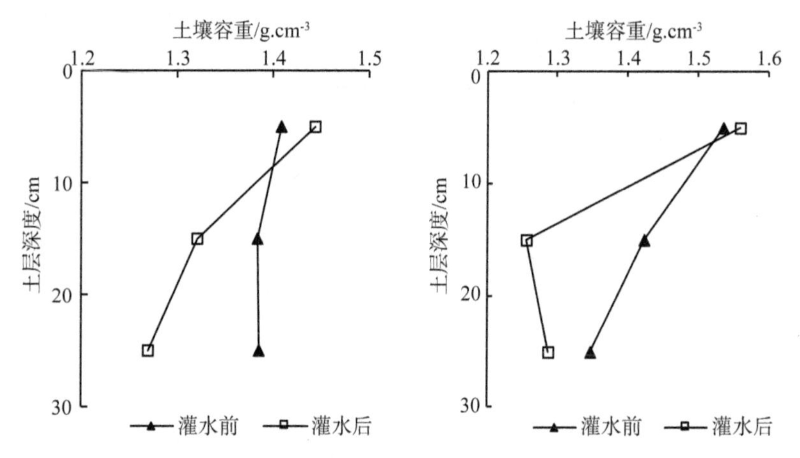

注：a—8 月 5 日灌水前与灌水后；b—8 月 10 日灌水前与灌水后。

图 3.13　2018 年控制灌溉稻田典型干湿循环内土壤容重变化

土壤水-地下水的转化影响着土壤容重的变化过程，以 2018 年 8 月 5 日灌水后 3 h 为典型过程进行分析(表 3.8)，灌水后 3 h 内土壤水-地下水转化累积值为负值，总体表现为渗漏过程。0～10 cm 深度土壤含水率在灌水后 2 h 内先上升，随后受渗漏和蒸发的影响逐渐下降，土壤失水收缩，加之灌水时水压会对表层土壤造成一定的压实作用，使得土壤容重稍有上升。灌水后 3 h 内稻田的渗漏使得 10～20 cm 和 20～30 cm 深度土壤含水率逐渐上升，土壤吸水膨胀，导致土壤容重下降。

田间水分管理改变节水灌溉稻田土壤容重，容重的变化进而影响土壤水-地下水转化过程。以 2018 年 8 月 5 日灌水后 3 h 为典型过程进行分析(表 3.8)，灌水后 0～10 cm 土壤容重逐渐增大，每 30 min 土壤入渗率从时段初的 2.54 mm·h^{-1} 逐渐降低至 0.82 mm·h^{-1}，降幅为 67.7%；每 30 min 土壤累积入渗量也逐渐降低。这可能是由于土壤孔隙率随着土壤容重的增加而降低，土壤水分的运动空间因此而减少，总体表现为土壤容重越大，入渗率和累积入渗量越低[76,77]。同样地，在土壤水分消退过程中，土壤容重的降低影响了稻田土壤水毛管上升作用，较低的土壤容重对于地下水补给过程起到了一定的促进作用。这是控制灌溉稻田地下水补给量在稻田复水后出现峰值的原因之一。但在本试验中变量较多，土壤水-地下水转化过程同时受土壤水分和土壤容重的影响。稻田干湿循环过程中土壤水分变化直接影响土壤水-地下水转化过程，因此入渗率和累积入渗量降低以及地下水补给作用加强的原因一部分是土壤容重的变化，最主要还是干湿循环过程中土壤水分的变化。

表 3.8　控制灌溉稻田典型干湿循环灌水后土壤水分变化表

时间/h	$\theta_{0\sim10}$/%	$\theta_{10\sim20}$/%	$\theta_{20\sim30}$/%	渗漏量/mm	地下水补给量/mm	土壤水-地下水转化量/mm
0～0.5	39.78	38.90	41.28	−1.27	0	−1.27
0.5～1	39.71	38.90	41.28	−1.3	0.03	−1.27
1～1.5	46.51	45.21	43.46	−1.18	0.07	−1.11
1.5～2	46.08	45.21	43.53	−0.79	0.06	−0.73
2～2.5	45.50	45.29	43.67	−0.47	0.04	−0.43
2.5～3	44.44	45.36	43.73	−0.41	0.06	−0.35

3.2.3　土壤干缩裂缝与稻田土壤水-地下水转化关系

稻田土壤随着水分消耗产生干缩裂缝是一种常见而又复杂的现象。土壤干缩裂缝在干湿循环过程的各个阶段发育状况不一，同时也直接影响土壤入渗性能的变化，进而影响稻田土壤水-地下水转化过程。

稻田干湿循环中，随着土壤含水率的下降，土壤产生干缩裂缝，并且不同土壤含水率下土壤裂缝网络几何形态特征不同。在典型干湿循环过程中（2018 年 8 月 8 日—8 月 10 日），每日 8:00 定点获取土壤干缩裂缝发展图像，将进行灰度处理后的图像（图 3.14），通过 matlab 进行二值化处理，去除杂质后提取干缩裂缝线条（图 3.15）。

图 3.14　干湿循环中土壤干缩裂缝灰度图像

干湿循环过程影响土壤干缩裂缝发展的形状与宽度（图 3.15）。2018 年 8 月 8 日上午 8:00 稻田表层土壤含水率为 30.7%，接近灌水下限，土壤表层产生土壤干缩裂缝且干缩裂缝较宽。8 月 8 日至 8 月 9 日降雨 4.6 mm，降雨后 8 月 9 日上午 8:00 稻田表层土壤含水率上升至 37.1%，已经形成的土壤干缩裂缝宽度逐渐缩小，表层土壤团粒结构得到改善，土层变得平整。随着土壤水分的消耗，稻田表层土壤含水率在 8 月 10 日上午 8:00 降至 30.6%，已形成的土壤干缩裂缝宽度逐渐变大，干缩裂缝深度加深，主体发展方向与原干缩裂缝一致，在干缩裂缝发展边缘产生新的细小干缩裂缝。

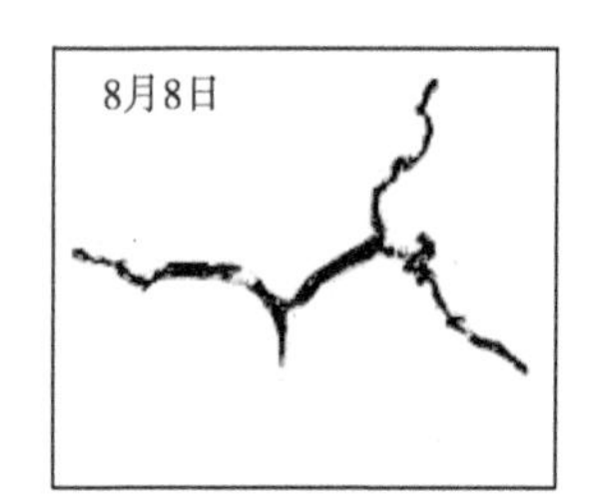

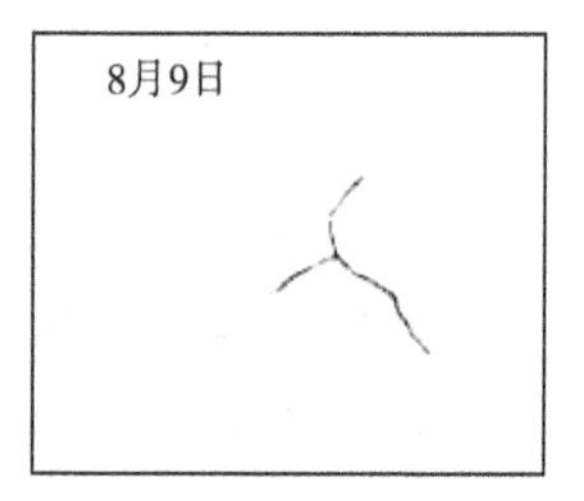

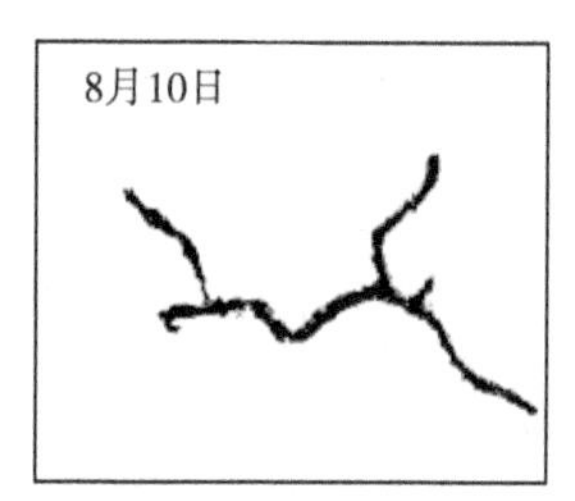

图 3.15　干湿循环中土壤干缩裂缝二值化图像

控制灌溉稻田稻季内往往经历多级干湿循环，下文结合多级干湿循环控制灌溉稻田土壤水分状况（表 3.9）和土壤干缩裂缝发展影像图（图 3.16），分析多级干湿循环对土壤干缩裂缝发展及其土壤水-地下水转化的影响。

表 3.9　多级干湿循环控制灌溉稻田土壤水分状况表

日期	灌水量/mm	降雨量/mm	渗漏量/mm	地下水补给量/mm	土壤水-地下水转化量/mm
7 月 27 日	0.0	0.0	0.89	0.49	−0.40
7 月 28 日	0.0	15.0	8.93	0.16	−8.77
7 月 29 日	0.0	0.0	0.70	0.29	−0.41
7 月 30 日	0.0	0.0	0.67	0.45	−0.22
7 月 31 日	0.0	6.2	1.22	0.91	−0.31
8 月 1 日	0.0	0.0	0.59	1.17	0.58
8 月 2 日	0.0	13.4	5.19	1.92	−3.27
8 月 3 日	0.0	7.2	0.84	0.00	−0.84
8 月 4 日	0.0	0.0	1.68	2.54	0.86
8 月 5 日	12.8	0.0	5.42	0.00	−5.42
8 月 6 日	12.8	5.6	0.00	0.42	0.42
8 月 7 日	0.0	0.0	11.80	1.10	−10.70
8 月 8 日	0.0	4.6	10.20	2.73	−7.47

续表

日期	灌水量/mm	降雨量/mm	渗漏量/mm	地下水补给量/mm	土壤水-地下水转化量/mm
8月9日	0.0	0.0	2.88	3.28	0.40
8月10日	15.4	0.0	7.04	0.26	−6.77

控制灌溉稻田多级干湿循环中，表层土壤含水率低于40%时出现干缩裂缝，无降雨和灌水的影响时，干缩裂缝宽度随着土壤含水率的降低而扩宽。2018年7月30日和8月9日，表层土壤含水率分别为39.7%和38.9%，此时稻田出现细小的干缩裂缝。次日表层土壤含水率分别降至35.3%和34.1%，已形成的土壤干缩裂缝宽度逐渐变大，干缩裂缝深度加深，主体发展方向与原干缩裂缝一致，在干缩裂缝发展边缘产生新的细小干缩裂缝。

控制灌溉稻田多级干湿循环中，降雨能有效闭合土壤干缩裂缝。2018年7月27日—8月10日多级干湿循环过程中，出现5次降雨，降雨量范围为4.6～15.0 mm，降雨前土壤均产生干缩裂缝，随着降雨进程土壤干缩裂缝宽度逐渐缩小，降雨后次日土层变得平整，降雨有效地闭合了干缩裂缝。

控制灌溉稻田多级干湿循环中，土壤干缩裂缝主体位置基本不变，发育过程中伴随着少量裂缝的闭合与形成，但裂缝总体形态保持相似。比较7月31日—8月10日干缩裂缝影像图，时段内受多级干湿循环影响，干缩裂缝经历数次开闭，8月1日、8月3日、8月4日和8月7日更受降雨和灌水影响，裂缝完全闭合，但其余时期出现干缩裂缝时主体位置均与原先一致，总体形态也保持不变，重新出现的干缩裂缝仅在裂缝发展边缘具有随机性。

土壤干缩裂缝导致的空间变异性影响土壤水分入渗，进而影响稻田土壤水-地下水转化。7月28日，土壤干缩裂缝较宽，在随后的降雨过程中土壤裂缝能够提供入渗优先通道，渗漏量提高至8.93 mm，使当天土壤水-地下水转化总体表现为土壤水入渗至地下水。干缩裂缝在降雨过程中逐渐吸水闭合，土壤水入渗速率也随之减小，7月29日渗漏量降低至0.7 mm，土壤水-地下水转化量也减小。7月31日、8月2日和8月3日的降雨过程中，土壤干缩裂缝对稻田土壤水-地下水转化的影响也表现出相同的规律。

干湿循环土壤干缩裂缝的发育过程，均伴随着地下水补给过程的发生，但尚未发现地下水补给量大小与裂缝发育程度有直接关联。目前国内外学者较少研究干缩裂缝对地下水补给的影响，本试验中7月28日—8月10日多级干湿循环过程中，观测到的地下水补给量数量级差异不显著。7月28日与8月8日干缩裂缝发育状况相似，但地下水补给量分别为0.16 mm和2.73 mm；而

8 月 3 日和 8 月 7 日干缩裂缝均因为降雨而闭合，但地下水补给量分别为 0 和 1.10 mm。可见干缩裂缝对地下水补给过程虽有影响，但干缩裂缝发育对地下水补给影响的关系尚不明确，可能干湿循环中地下水补给更多受田间水分变化的影响。

综上所述，干缩裂缝在稻田土壤水-地下水转化过程中主要改变稻田渗漏过程。土壤干缩裂缝导致的空间变异性能够提供入渗优先通道，提高渗漏量；而地下水补给受干缩裂缝的影响弱于受土壤水分变化的影响。

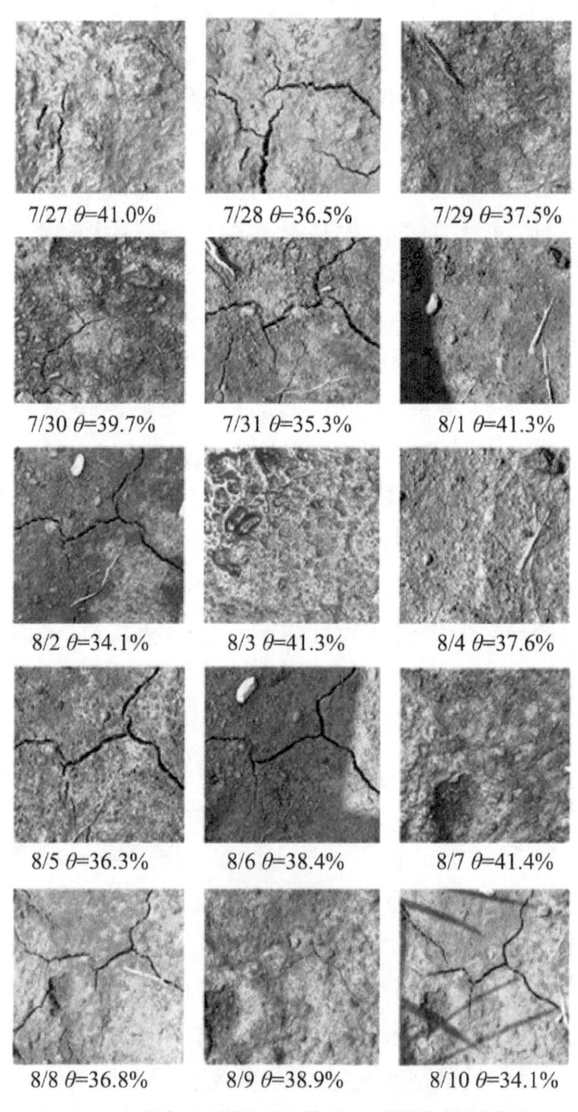

图 3.16　多级干湿循环土壤干缩裂缝发展影像图

3.3 本章小结

本章通过定地下水埋深的蒸渗仪试验，研究了控制灌溉稻田地下水补给过程及土壤水-地下水转化特征，分析了控制灌溉稻田土壤含水率、土壤容重和土壤干缩裂缝与土壤水-地下水转化的关系。主要结果与结论如下：

(1) 控制灌溉模式改变稻田渗漏和地下水补给变化过程，有效减小稻田渗漏强度和渗漏量，大幅增加稻田地下水补给强度和地下水补给量。

控制灌溉稻田渗漏呈现多峰状，在稻田灌水或较大降雨后1～2天出现渗漏量峰值。控制灌溉模式稻季稻田渗漏强度均值和渗漏量均值分别为2.94 mm·d^{-1}和302.94 mm，较浅湿灌溉分别减小3.10 mm·d^{-1}和320.50 mm，降幅分别为51.32%和51.41%。控制灌溉稻田地下水补给强度均值为1.90 mm·d^{-1}，是浅湿灌溉稻田的6.33倍，地下水补给量为203.6 mm，较浅湿灌溉稻田显著增加171.6 mm。

(2) 控制灌溉稻田地下水补给过程有效补给了水稻需水，地下水补给作用直接影响水稻根区土壤含水率的变化。

2017—2018年，控制灌溉稻田稻季地下水补给量均值约占水稻蒸发蒸腾量的36.2%，地下水补给量成了水稻蒸发蒸腾量的重要来源。控制灌溉稻田在地下水补给与水稻需水的综合作用下，30 cm深度以下的土壤含水率基本保持稳定，0～30 cm深度土壤含水率在稻季内波动较为明显。

(3) 控制灌溉模式显著改变稻田土壤水-地下水转化过程，两水转化关系总体表现为土壤水入渗至地下水，水稻分蘖期、抽穗开花期及黄熟期的土壤水-地下水转化能够有效调节时段内水稻需水过程。

2017—2018年，控制灌溉和浅湿灌溉稻田稻季土壤水-地下水转化量均值分别为−99.31 mm和−589.76 mm，均总体表现为土壤水入渗至地下水。控制灌溉稻田在稻季56.5%的时间内，以地下水补给土壤水为主，土壤水-地下水转化量均值为118.94 mm，主要出现在水稻分蘖期、抽穗开花期及黄熟期；在稻季32.9%的时间内，土壤水入渗至地下水占主导作用，土壤水—地下水转化量均值为−218.25 mm；在另外10.6%的时间内，土壤水-地下水转化保持平衡。

(4) 节水灌溉稻田干湿循环过程中土壤含水率的变化对稻田地下水补给量及土壤水-地下水转化量有显著影响。

控制灌溉稻田地下水补给随着土壤含水率的波动呈现出抑制与加强交替

发生的状况。在稻田干湿循环过程中，随着稻田根系层土壤含水率的降低，稻田地下水补给量呈现上升趋势；当土壤含水率降至一定限度时，稻田地下水补给量在稻田复水后(灌水或降雨)一天内出现峰值。在控制灌溉稻田干湿循环土壤含水率下降过程中，稻田土壤水-地下水转化以地下水补给土壤水为主；土壤含水率持续处于较高水平时，稻田土壤水-地下水转化以土壤水入渗至地下水为主；土壤含水率降至一定限度后稻田复水，稻田土壤水-地下水转化方向由稻田渗漏量和地下水补给量共同决定。

(5) 控制灌溉稻田干湿循环过程降低了稻田表层土壤容重，增加下层土壤容重，从而影响毛管上升作用；稻田土壤干缩裂缝导致的空间变异性影响土壤水分入渗，进而影响稻田土壤水-地下水转化过程。

控制灌溉稻田干湿循环水分消退过程降低了稻田土壤容重，稻田0～30 cm深度内土壤容重逐渐下降。控制灌溉稻田灌水后，0～10 cm深度内土壤容重上升，而10～20 cm和20～30 cm深度内土壤容重有所下降。土壤容重的变化影响了稻田土壤水毛管上升作用，较低的土壤容重对于地下水补给过程起到了一定的促进作用。这是控制灌溉稻田地下水补给量在稻田复水后出现峰值的原因之一。在控制灌溉稻田干湿循环中，随着土壤含水率的下降，土壤产生干缩裂缝，不同土壤含水率下土壤裂缝网络几何形态特征不同。多级干湿循环中，表层土壤含水率低于40%时出现干缩裂缝，无降雨和灌水的影响时，裂缝宽度随着土壤含水率的降低而增加，降雨能有效闭合土壤干缩裂缝。多级干湿循环中，土壤干缩裂缝主体位置基本不变，发育过程中伴随着少量裂缝的闭合与形成。土壤干缩裂缝导致的空间变异性影响土壤水分入渗，进而影响稻田土壤水-地下水转化。

4 控制灌溉与暗管排水协同调控稻田水氮流失规律

灌排协同调控引起稻田根系活动层土壤水分和地下水埋深在水稻生育期内的变化，改变了暗管排水过程，从而引起稻田灌溉补水过程的变化。为此，本章通过分析暗管控制排水下控制灌溉稻田暗管排水量、灌溉水量的变化特征，揭示灌排协同调控模式的节水机制；分析全生育期、典型灌溉排水过程与典型降雨排水过程农沟与暗管控制排水规律，揭示明暗组合控制排水下控制灌溉稻田的排水规律与氮素流失规律，探究明暗组合控制排水对稻田排水过程的影响及对减轻稻田非点源污染的作用。

4.1 暗管控制排水下稻田水分转化特征

4.1.1 暗管控制排水下稻田排水量动态变化特征

(1) 不同灌溉处理对稻田暗管排水量动态变化的影响

相同排水处理条件下，不同灌溉处理显著影响了稻田暗管排水过程的变化特征(图 4.1)。自由排水或控制排水条件下，不同灌溉处理稻田均是在田面水层存在时暗管排水强度较高。控制灌溉稻田在稻季的部分时段内保持田面无水层状态，使得稻田暗管排水量在稻季的部分时段内保持在较低水平。而对应排水处理的浅湿灌溉稻田在稻季均有明显的暗管排水过程发生。

与相同排水处理的浅湿灌溉稻田相比，控制灌溉稻田暗管排水强度大幅降低。自由排水与控制排水条件下，控制灌溉稻田暗管排水强度均值分别为 1.96 $mm \cdot d^{-1}$、1.25 $mm \cdot d^{-1}$，对应排水处理的浅湿灌溉稻田暗管排水强度均值分别为 2.95 $mm \cdot d^{-1}$、1.94 $mm \cdot d^{-1}$。自由排水与控制排水条件下，控制灌溉稻田暗管排水强度均值较浅湿灌溉稻田分别降低 33.6%、35.6%，平均降低了 34.6%。控制灌溉模式通过减少稻田田面水层的存在时间，有效减少了稻田暗管排水强度，平均降幅为 34.6%。

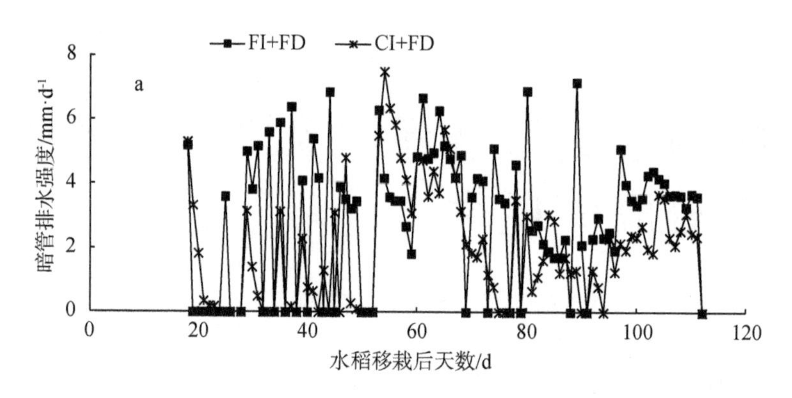

(a) 自由排水

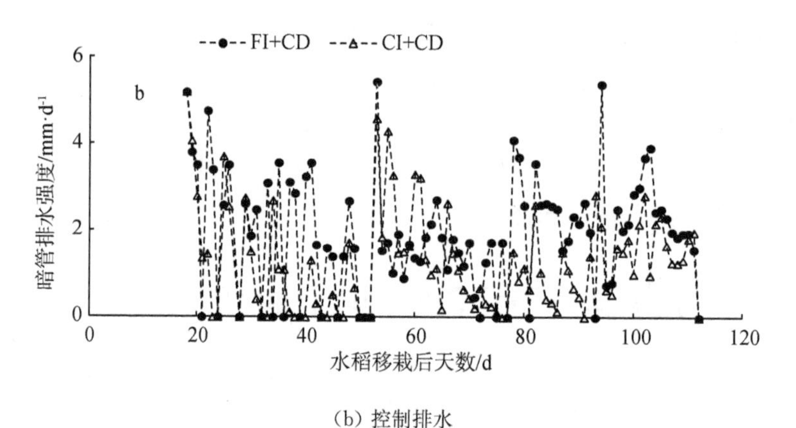

(b) 控制排水

图 4.1　不同灌溉处理对稻田暗管排水量动态变化的影响

(2) 不同排水处理对稻田暗管排水量动态变化的影响

相同灌溉处理条件下，不同排水处理稻田暗管排水过程较为一致，但控制排水大幅降低了稻田暗管排水强度的峰值与均值(图 4.2)。

与相同灌溉处理的自由排水稻田相比，控制排水稻田暗管排水强度大幅降低。浅湿灌溉与控制灌溉条件下，控制排水稻田暗管排水强度均值较自由排水稻田分别降低 34.3%、35.9%，平均降低了 35.1%。

在同时段的水分变化过程内，控制排水稻田暗管排水峰值出现不同程度的降低。例如，2017 年 8 月 9 日暴雨后，CI＋FD、CI＋CD 稻田水层迅速上升，暗管排水量随着升高，时段内 CI＋FD、CI＋CD 稻田暗管排水量峰值分别为 7.50 mm · d^{-1}、3.82 mm · d^{-1}，控制排水稻田暗管排水峰值较自由排水稻田下降了 49.1%。FI＋FD、FI＋CD 稻田在 8 月 18 日出现了暗管排水峰值，数值分别为 6.28 mm · d^{-1}、2.71 mm · d^{-1}，控制排水稻田暗管排水峰值较自由排水稻田下降了 56.8%。由于控制排水提高了排水系统出口高程，在田面水分状况相同时降低了暗管排水的水头，从而大幅降低了稻田暗管排水量的峰值与均值。

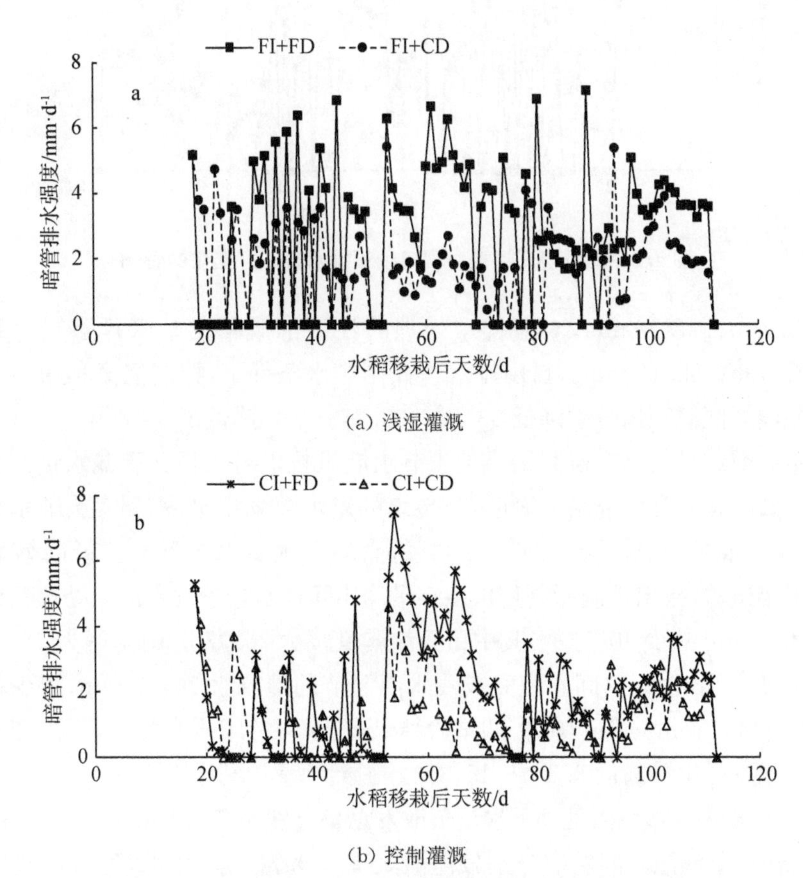

(a) 浅湿灌溉

(b) 控制灌溉

图 4.2　不同排水处理对稻田暗管排水量动态变化的影响

(3) 灌排协同调控对稻田暗管排水量动态变化的影响

灌排协同调控显著影响了稻田暗管排水过程，大幅降低稻田暗管排水强度(图 4.3)。灌排协同调控稻田暗管排水量在稻季的部分时段内保持在较低水平，稻田暗管排水强度均值较常规灌排处理稻田下降了 57.5%。其中灌溉、排水处理对于稻田暗管排水强度的降低程度基本一致。研究结果表明，将控制排水直接应用于控制灌溉稻田，可以进一步降低稻田暗管排水强度。

(4) 不同灌溉处理对各生育阶段稻田暗管排水量的影响

相同排水处理条件下，控制灌溉处理大幅降低了稻季稻田暗管排水量(表 4.1)。自由排水与控制排水条件下，控制灌溉稻田暗管排水量分别为

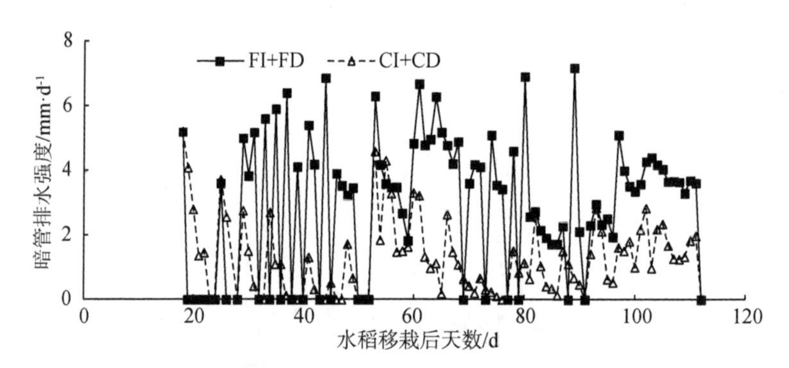

图 4.3　灌排协同调控对稻田暗管排水量动态变化的影响

184.02 mm、117.96 mm，对应排水处理的浅湿灌溉稻田暗管排水量分别为 277.28 mm、182.16 mm。自由排水与控制排水条件下，控制灌溉稻田暗管排水量较浅湿灌溉稻田分别降低 33.6%、35.2%，平均降低了 34.4%。

本研究结果与已有研究结果关于节水灌溉技术对于稻田渗漏水量的影响较为一致。国内外研究结果表明，与传统的淹水灌溉相比，水稻实施节水灌溉时，稻田渗漏量一般可减少 30%～40%，高的可达 60%～70%。彭世彰等[18]通过多年试验，指出控制灌溉稻田多年平均田间耗水量较浅水灌溉处理稻田减少 393.9 mm(减少 40.7%)，其中田间渗漏量减少 263.7 mm，降幅为 48.6%。李远华等[20]研究指出，间歇灌溉较浅水灌溉节约灌溉水 107.8 mm，减少稻田渗漏量 114.7 mm。Tan 等[111]的试验结果表明，与持续淹水相比，干湿交替灌溉可以减少稻田渗漏量 8.3%～15.3%。王笑影等[14]利用田测法得到北方稻田在淹灌、间歇灌和湿润灌处理下水稻蒸散发总量分别为 889.1 mm、775.9 mm 和 635.9 mm，湿润灌和间歇灌分别较淹灌处理节水 28.5%和 12.7%，其进一步试验表明，间歇灌溉条件下稻田渗漏量减少了 24%。本研究中控制灌溉稻田暗管排水量的降低幅度低于彭世彰等人的研究成果，这是由于本研究小区试验条件下未进行降雨的隔绝，且在 2017 年 8 月 12 日—8 月 20 日、9 月 20 日—10 月 5 日时段内遭遇连续高强度的降雨，控制灌溉处理稻田田面水层均维持在较高水平，增加了时段内稻田暗管排水量，最终使得稻季暗管排水量的降幅下降。

相同排水处理条件下，除分蘖前期，控制灌溉降低了水稻各生育阶段稻田暗管排水量(表 4.1)。在水稻分蘖中期、分蘖后期、拔节孕穗期、抽穗开花期与乳熟期，控制灌溉稻田暗管排水量较浅湿灌溉稻田的平均降幅分别为 66.3%、49.9%、12.6%、48.8%与 32.6%。

表 4.1　灌排协同调控稻田各生育阶段暗管排水量　　单位：mm

处理	苗期	分蘖期			拔节孕穗期	抽穗开花期	乳熟期	黄熟期	合计
		前期	中期	后期					
FI+FD	—	8.79	52.44	14.12	100.69	41.32	59.92	—	277.28
FI+CD	—	23.29	33.26	7.09	45.80	35.14	37.59	—	182.16
CI+FD	—	11.20	13.39	8.30	90.14	22.18	38.83	—	184.02
CI+CD	—	18.63	13.92	2.93	39.07	17.11	26.30	—	117.96

(5) 不同排水处理对各生育阶段稻田暗管排水量的影响

相同灌溉处理条件下，控制排水大幅降低了稻田暗管排水量，且控制排水对于控制灌溉稻田暗管排水量的减排效果略优于浅湿灌溉稻田(表 4.1)。浅湿灌溉与控制灌溉条件下，控制排水稻田稻季暗管排水量较自由排水稻田分别降低 34.3%、35.9%，平均降低了 35.1%。

本研究结果与国内外学者关于旱地控制排水的研究成果较为一致，农田采用控制排水技术后，暗管排水量明显降低。袁念念等[52]通过棉田暗管控制排水与自由排水的对比试验，指出自由排水田块排水量较控制排水田块增加 61.2%～87.0%。国外学者进行的水位管理和排水管理研究，也表明旱地采用控制排水后，农田暗管排水量大幅下降，降低幅度受作物种类与土壤质地等因素的影响。Wesström 等[47]在瑞典南部壤质砂土地区进行了 4 年春播作物的控制排水试验，结果表明，控制排水较自由排水减少农田暗管排水量 79%～94%。Drury 等[48]研究了控制排水在连续种植玉米和大豆-玉米轮作条件下的应用效果，指出控制排水较传统的排水方式减少农田暗管排水量 26%～38%。Valero 等人[54]在加拿大魁北克进行的试验结果也表明，控制排水田块的暗管排水量较自由排水田块降低 27%。但也有研究认为控制排水增加了田块暗管排水量，如 Ng 等[50]在加拿大安大略西南部壤质砂土地区进行的试验结果显示，控制排水田块暗管排水量较自由排水田块小幅增加 8%。

(6) 灌排协同调控对各生育阶段稻田暗管排水量的影响

灌排协同调控大幅降低稻田稻季暗管排水量(图 4.3)。灌排协同调控稻田暗管排水量较常规灌排处理稻田下降了 57.5%。研究结果表明，节水灌溉技术与控制排水的联合运用可以进一步降低稻田暗管排水量，有效防止排水过程引发的土壤氮素等营养物质损失问题。

除水稻分蘖前期，灌排协同调控模式均降低了水稻各生育阶段稻田暗管排水量(表 4.1)。在水稻分蘖中期、分蘖后期、拔节孕穗期、抽穗开花期与乳熟期，灌排协同调控稻田暗管排水量较常规灌排稻田分别平均降低 73.5%、79.2%、61.2%、58.6%与 56.1%。

4.1.2 暗管控制排水下稻田各生育阶段灌溉水量

相同排水处理条件下，控制灌溉处理大幅降低了稻季稻田灌溉水量(附图 4)。自由排水与控制排水条件下，控制灌溉稻田灌溉水量分别为 484.91 mm、457.77 mm，对应排水处理的浅湿灌溉稻田灌溉水量分别为 819.38 mm、609.66 mm。自由排水与控制排水条件下，控制灌溉稻田灌溉水量较浅湿灌溉稻田分别降低 334.47 mm、151.89 mm，降低幅度分别为 40.8%、24.9%，平均降低了 32.9%。

不同灌溉处理条件下，控制排水对于稻田灌溉水量的影响不完全相同(附图 4)。浅湿灌溉与控制灌溉条件下，控制排水稻田灌溉水量较自由排水稻田分别降低 209.72 mm、27.14 mm，降幅分别为 25.6%、5.6%。浅湿灌溉条件下，组合控制排水技术的节水效果更为突出。这是因为控制灌溉是以稻田土壤饱和含水率的百分比作为灌溉控制指标，较为严格的水分调控措施是影响稻田灌溉水量的主要因素。控制排水直接影响稻田土壤水分消退过程，而 CI+FD、CI+CD 稻田土壤水分变化过程较为一致，未呈现明显的水分消退过程的差别。因此，水分调控措施对于灌溉水量的影响大于排水过程对灌溉水量的影响，最终使得控制灌溉条件下，控制排水稻田灌溉水量较自由排水稻田小幅下降。而浅湿灌溉稻田在稻季均维持一定田面水层，稻季暗管排水强度较高，直接影响田面水层的变化过程，使得 FI+FD 稻田灌溉水量较 FI+CD 稻田大幅上升。

灌排协同调控大幅降低稻田灌溉水量。灌排协同调控稻田暗管排水量较常规灌排处理稻田下降了 361.61 mm，降幅为 44.1%。研究结果表明，节水灌溉技术与控制排水的联合运用可以进一步降低稻田灌溉水量。

4.2 暗管控制排水下稻田氮素流失规律

4.2.1 暗管控制排水下稻田排水中氮素浓度变化规律

(1) 稻田暗管排水中总氮浓度变化规律

各处理稻田暗管排水中 TN 浓度在稻季的变化特征较为一致，均于水稻生育阶段前期在较高水平波动，且在基肥、分蘖肥施用后 2～5 d 内达到浓度峰值，在水稻移栽后 40 d 后稳定在较低水平，穗肥后未出现 TN 浓度峰值(图 4.4)。

在水稻生育前期，稻田氮肥施用量较大，而此时水稻植株群体较小，根系吸水吸氮量较小，大量氮肥随稻田暗管排水过程流失，导致稻田暗管排水中氮素浓度较高。随着水稻生育期的进程，水稻根系对土壤中氮素的吸收能力不断增强，穗肥后各处理稻田暗管排水中 TN 浓度未出现峰值。稻田基肥施用后，FI＋FD、FI＋CD、CI＋FD、CI＋CD 稻田暗管排水中 TN 浓度肥后第 5 d 分别出现浓度峰值 31.20 mg・L^{-1}、32.90 mg・L^{-1}、31.60 mg・L^{-1} 与 32.45 mg・L^{-1}，之后各处理稻田暗管排水中 TN 浓度均迅速下降，并在水稻分蘖肥施用后重新上升，在肥后第 2 天分别出现第二次浓度峰值 26.80 mg・L^{-1}、25.60 mg・L^{-1}、36.20 mg・L^{-1} 与 39.83 mg・L^{-1}，此后稻田暗管排水中 TN 浓度迅速下降并保持在较低水平。

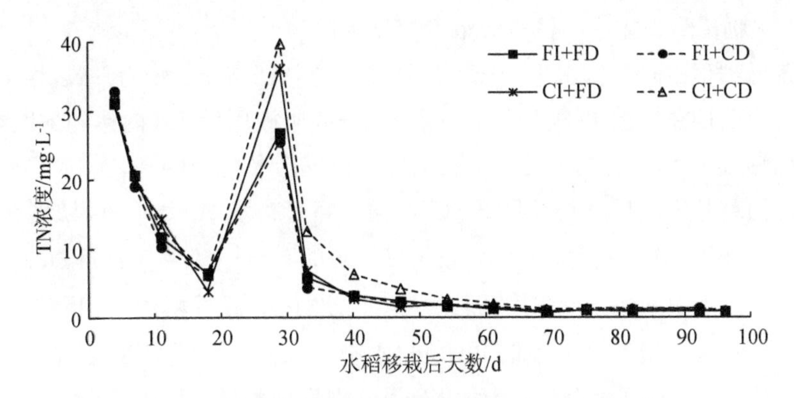

图 4.4　灌排协同调控稻田暗管排水中 TN 浓度变化

在相同排水处理条件下，控制灌溉稻田暗管排水中 TN 浓度略高于浅湿灌溉稻田(图 4.4)。CI＋FD、CI＋CD 处理稻田暗管排水中 TN 浓度均值分别为 8.29 mg・L^{-1}、9.77 mg・L^{-1}，分别高于 FI＋FD、FI＋CD 处理稻田的 7.77 mg・L^{-1}、7.54 mg・L^{-1}，增加幅度分别为 6.7%和 29.6%，平均增加 18.2%。本结论与已有研究结果较为一致，Tan 等[39]研究表明，干湿交替灌溉稻田沉积层中 TN 浓度较持续淹水灌溉稻田增加 9.7%～32.1%。崔远来等[38]研究表明间歇灌溉稻田渗漏水中 NH_4^+-N 和 NO_3^--N 浓度均高于长期淹水灌溉稻田。

排水处理对于不同灌溉处理稻田暗管排水中 TN 浓度的影响不同，排水处理未对浅湿灌溉稻田暗管排水中 TN 浓度产生一致的影响，而在控制灌溉条件下，控制排水增加了稻田暗管排水中 TN 浓度(图 4.4)。CI＋CD 处理稻田暗管排水中 TN 浓度均值较 CI+FD 处理稻田增加了 1.48 mg·L^{-1}，增加幅度为 17.8%。且 CI+CD 处理稻田暗管排水中 TN 浓度在稻季的大部分时段内均高于 CI+FD 处理稻田。已有研究结果表明稻田频繁的干湿交替，改善了土壤通气状况。土壤微生物硝化-反硝化作用是造成稻田氮素损失的主要途径。控制排水作用下，控制灌溉稻田土壤硝化作用受到一定抑制，使得土壤硝化-反硝化造成的氮素损失量减少，稻田暗管排水中 TN 浓度随之增加。同时，CI+CD 处理稻田暗管排水量低于 CI+FD 处理稻田，减弱了对氮素含量的稀释作用，这也在一定程度上增加了稻田暗管排水中 TN 浓度。

灌排协同调控下，稻田暗管排水中 TN 浓度出现较大程度的增加(图 4.4)。CI+CD 处理稻田暗管排水中 TN 浓度较 FI+FD 处理稻田增加 25.8%，控制灌溉与控制排水措施均在一定程度上增加了稻田暗管排水中 TN 浓度。

(2) 稻田暗管排水中铵态氮浓度变化规律

各处理稻田暗管排水中 NH_4^+-N 浓度变化特征与 TN 较为一致，均于水稻生育阶段前期在较高水平波动，且在基肥、分蘖肥施用后 7 d 内达到浓度峰值，在水稻移栽后 40 d 后至生育期结束均稳定在较低水平(图 4.5)。

稻田基肥施用后，FI+FD、FI+CD 稻田暗管排水中 NH_4^+-N 浓度在肥后第 5 d 分别出现浓度峰值 16.49 mg·L^{-1}、19.00 mg·L^{-1}，CI+FD、CI+CD 稻田暗管排水中 NH_4^+-N 浓度在肥后第 8 d 分别出现浓度峰值 15.45 mg·L^{-1}、16.10 mg·L^{-1}，之后各处理稻田暗管排水中 NH_4^+-N 浓度均迅速下降，并在水稻分蘖肥施用后重新上升，在肥后第 2 天分别出现第二次浓度峰值 18.95mg·L^{-1}、18.50 mg·L^{-1}、22.60 mg·L^{-1} 与 30.80 mg·L^{-1}，此后稻田暗管排水中 NH_4^+-N浓度迅速下降并保持在较低水平。

NH_4^+-N 是本研究中各处理稻田暗管排水中氮素流失的主要形式(图 4.4、图 4.5)。各处理稻田暗管排水中 NH_4^+-N 浓度均值为 5.18 mg·L^{-1}，TN 浓度均值为 8.34 mg·L^{-1}，NH_4^+-N 浓度占到 TN 浓度的 62.1%。

关于稻田氮素淋失形态，已有研究存在较大的分歧，部分研究认为 NO_3^--N是稻田氮素淋失的主要形态。王少平等[108]利用渗漏池试验，指出淹灌稻田氮素淋失的主要形式是 NO_3^--N。王家玉等[35]采用大型原状土柱渗漏计研究了双季稻田土壤中氮素淋失规律，结果表明，长期淹水稻田中氮素淋失的基本形态是 NO_3^--N。Yoon 等[33]在韩国南部淹灌稻田的试验结果表明，NO_3^--N 是稻田土壤氮素淋失的主要形式。但也有研究结果表明 NH_4^+-N 是稻田氮素淋失的主要形式。刘培斌等[36]研究了排水条件下淹灌稻田氮素淋失特征，试验结果表明，NH_4^+-N 是氮素淋失的主要形式。吴建富等[106]在江西红壤土稻田的试验结果表明，浅湿灌溉模式下稻田氮素淋失的主要形式是 NH_4^+-N。本研究中各处理稻田暗管排水中氮素流失的主要形式为 NH_4^+-N，与吴建富等人的研究结果较为一致。一般认为 NH_4^+-N 的迁移半径较小，通过下渗迁移至下层的可能性很小，而本试验结果表明，稻田暗管排水中 NH_4^+-N 浓度占到 TN 浓度的 62.1%，可以推断稻田暗管排水中的 NH_4^+-N 主要来源于下层土壤中尿素等有机氮的缓慢矿化与分解。

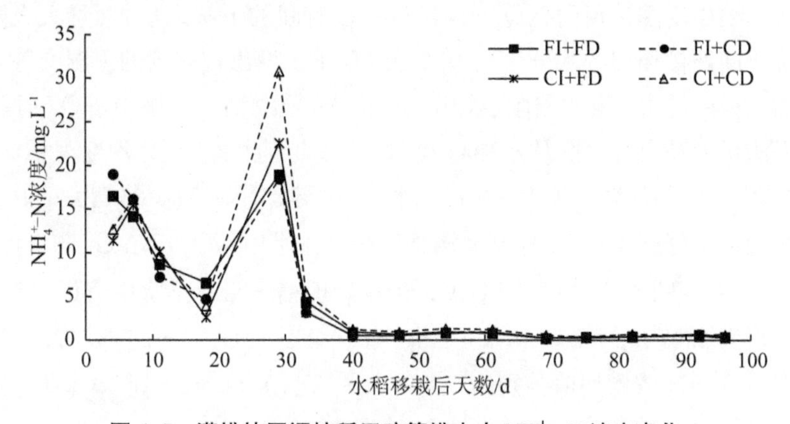

图 4.5 灌排协同调控稻田暗管排水中 NH_4^+-N 浓度变化

不同排水处理作用下，控制灌溉对于稻田暗管排水中 NH_4^+-N 浓度的影响不同(图 4.5)。自由排水条件下，控制灌溉稻田暗管排水中 NH_4^+-N 浓度均值略低于浅湿灌溉稻田。而控制排水条件下，控制灌溉稻田暗管排水中 NH_4^+-N 浓度均值较浅湿灌溉稻田增加了 16.9%。这与 Tan 等[39]认为干湿交替灌溉稻田沉积层中 NH_4^+-N 浓度高于持续淹水灌溉稻田的结果较为一致。

排水处理对于不同灌溉处理稻田暗管排水中 NH_4^+-N 浓度的影响不同(图 4.5)。浅湿灌溉条件下，各排水处理稻田暗管排水中 NH_4^+-N 浓度均值较为接近，且在稻季内互有高低。控制灌溉条件下，控制排水增加了稻田暗管排水中 NH_4^+-N 浓度(图 4.5)。CI+CD 处理稻田暗管排水中 NH_4^+-N 浓度均值较 CI+FD 处理稻田增加了 1.32 $mg \cdot L^{-1}$，增加幅度为 23.3%。

灌排协同调控稻田暗管排水中 NH_4^+-N 浓度较常规灌排稻田出现较大程度的增加(图 4.5)。灌排协同调控稻田暗管排水中 NH_4^+-N 浓度较 FI+FD 处理稻田增加 15.8%。

(3) 稻田暗管排水中硝态氮浓度变化规律

各处理稻田暗管排水中 NO_3^--N 浓度变化特征较为一致，均在水稻前期较大，随着水稻生育期的进程，稻田暗管排水中 NO_3^--N 浓度逐渐下降，从水稻移栽后 50 d 至水稻生育期结束均维持在很低水平(图 4.6)。

由于在前茬麦季耕作中，降雨量减少和地下水位下降，土壤通气状况改善，有利于土壤氮素矿化和硝化作用的进行，使得稻季初始阶段土壤中累积大量 NO_3^--N。泡田及苗期的稻田存在较长时段的田面水层，稻田暗管排水量增加，从而引起麦季残留 NO_3^--N 的大量排出，增加了稻田暗管排水中 NO_3^--N 浓度。土壤中麦季残留的 NO_3^--N 经过一段时间的下移之后，含量大大降低，而灌排协同调控稻田的水分管理模式导致稻田土壤出现连续的干湿交替，施入稻田的肥料氮经由硝化-反硝化作用大量损失，导致稻田土壤中 NO_3^--N 经淋失后无法得到补充，因此，从水稻移栽 50 天后直到生育期末，各处理稻田暗管排水中 NO_3^--N 浓度一直维持在很低水平，这与已有研究结果较为一致。

相同排水处理条件下，控制灌溉稻田暗管排水中 NO_3^--N 浓度与浅湿灌溉稻田较为接近(图 4.6)。CI+FD、CI+CD 处理稻田暗管排水中 NO_3^--N 浓度均值分别为 0.47 $mg \cdot L^{-1}$ 和 0.44 $mg \cdot L^{-1}$，FI+FD、FI+CD 处理稻田暗管排水中 NO_3^--N 浓度均值分别为 0.46 $mg \cdot L^{-1}$、0.44 $mg \cdot L^{-1}$。不同灌溉模式未对稻田暗管排水中 NO_3^--N 浓度产生明显的影响。

Tan 等[39]指出干湿交替灌溉稻田渗漏水中 NO_3^--N 较长期淹水灌溉稻田增加 64.0%，Tan 等认为长期淹水灌溉稻田土壤长期处于强还原状态，土壤硝化作用被抑制的同时反硝化作用被加强，在这种状态下，土壤中 NO_3^--N 大量消耗，而干湿交替灌溉模式改变了稻田土壤的还原状态，增加了稻田土壤通气量，土壤硝化作用随之增强，因此干湿交替灌溉稻田渗漏水中 NO_3^--N 高于长期淹水灌溉稻田。考虑到本研究中控制灌溉稻田暗管排水量远小于浅湿灌溉稻田，在 Tan 等的试验中干湿交替灌溉稻田渗漏水量与长期淹水灌溉稻田差别较小(368.6 mm 和 416.1 mm)，本研究两种灌溉模式下稻田暗管排水量的差别远高于 Tan 等试验中渗漏水量的差别。浅湿灌溉稻田暗管排水量的大幅增加，增强了对排水中 NO_3^--N 的稀释作用，降低了 NO_3^--N 浓度，最终使得控制灌溉稻田暗管排水中 NO_3^--N 浓度与浅湿灌溉稻田较为接近。

控制排水降低了各灌溉处理稻田暗管排水中 NO_3^--N 浓度。FI+CD、CI+CD 处理稻田暗管排水中 NO_3^--N 浓度均值分别较 FI+FD、CI+FD 处理稻田减少 4.9%和 7.2%。本研究结果与已有研究较为一致，但控制排水对于

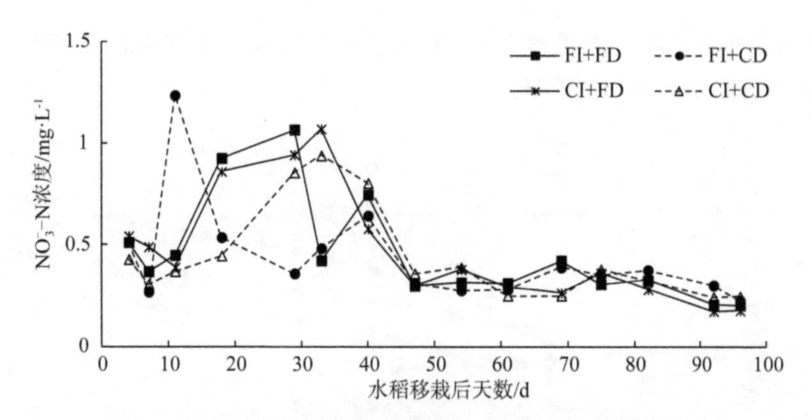

图 4.6　灌排协同调控稻田暗管排水中 NO_3^--N 浓度变化

稻田暗管排水中 NO_3^--N 浓度的控制效果小于旱地研究的结果。Wesström 等[55]通过旱地控制排水试验指出，控制排水农田暗管排水中 NO_3^--N 浓度(5.9 mg·L^{-1})远小于自由排水农田(20.3 mg·L^{-1})。Elmi 等[66]研究表明，控制排水农田排水中 NO_3^--N 浓度较自由排水农田减少 16.0%～42.0%。控制排水抬升了稻田地下水位，增强了土壤反硝化作用，减少了稻田土壤中 NO_3^--N 含量，稻田暗管排水中 NO_3^--N 浓度随之降低。

灌排协同调控下，稻田暗管排水中 NO_3^--N 浓度出现小幅度的降低(图 4.7)。灌排协同调控处理稻田暗管排水中 NO_3^--N 浓度均值较常规灌排处理稻田降低 4.3%，主要是由于控制排水的影响。

4.2.2　暗管控制排水下稻田氮素流失量变化规律

根据测定的稻田暗管排水中氮素浓度和计量的稻田暗管排水量，按照式(4-1)计算稻田稻季及肥后一周内的暗管排水氮素流失量。

$$L=\sum_{i=0}^{n}Q_{i+1}\cdot C_{i+1}\cdot 10^{-2} \tag{4-1}$$

式中：L 为稻田暗管排水氮素流失量，kg·hm^{-2}；Q_{i+1} 为第 i 次与第 $i+1$ 次取样之间的稻田暗管排水量，mm；C_{i+1} 为第 $i+1$ 次取样时稻田暗管排水中氮素浓度，mg·L^{-1}。

(1) 稻田暗管排水氮素流失累积过程

由于本研究中未对苗期稻田灌溉排水的控制指标进行设置，各处理稻田在水稻苗期的暗管排水氮素流失量不在研究范围内。

各处理稻田暗管排水 TN 流失量累积特征较为一致，稻田暗管排水 TN 流失量均在分蘖肥施用后迅速上升，累积速度随着水稻生育进程不断下降(图 4.7)，且各处理间未出现明显差别。

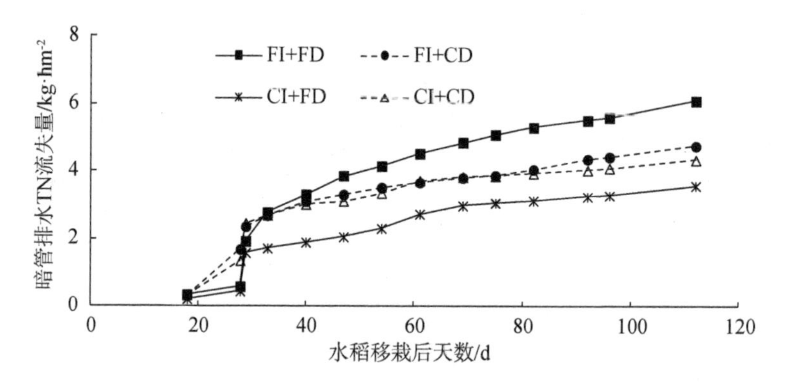

图 4.7　灌排协同调控稻田暗管排水 TN 流失量累积过程

各处理稻田暗管排水 NH_4^+-N 流失量累积特征与 TN 较为一致，稻田暗管排水 NH_4^+-N 流失量均在分蘖肥施用后迅速上升，随着水稻生育进程累积速度不断下降，FI+FD 处理稻田暗管排水 NH_4^+-N 流失量累积速度在水稻生育中后期高于其余处理稻田(图 4.8)。

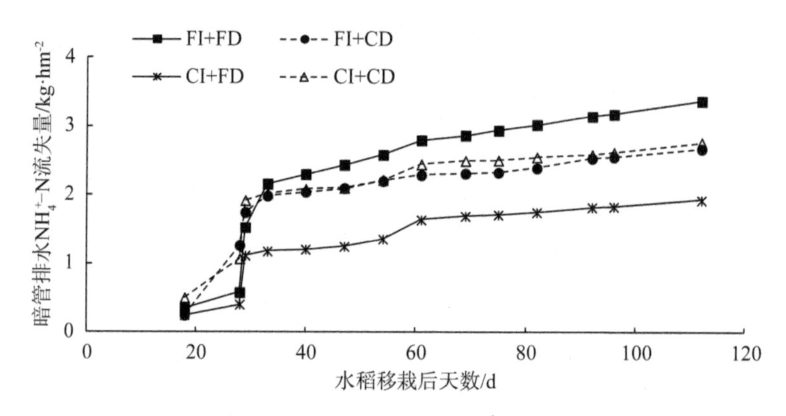

图 4.8　灌排协同调控稻田暗管排水 NH_4^+-N 流失量累积过程

稻田施肥后一周内是暗管排水中氮素流失控制的关键时期，加强时段内稻田的水分管理有助于稻田减排节污。

各处理稻田暗管排水 NO_3^--N 流失量累积特征存在较大差别，FI+FD 处理稻田暗管排水 NO_3^--N 流失量累积速度最快，CI+CD 处理稻田暗管排水 NO_3^--N 流失量累积速度最慢，FI+CD 与 CI+FD 处理稻田 NO_3^--N 流失量累积变化过程较为一致(图 4.9)。

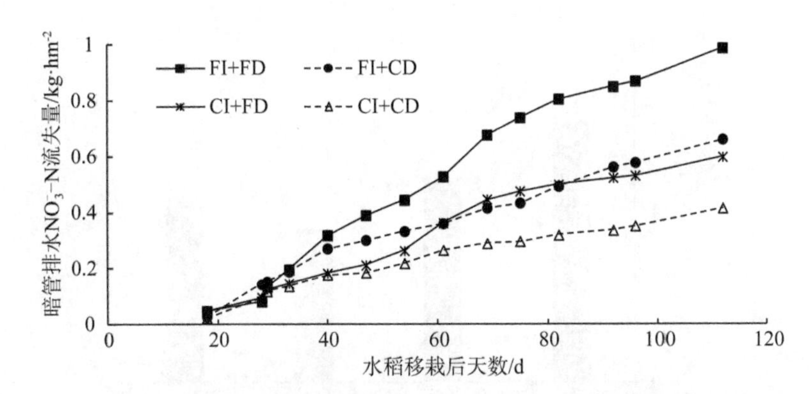

图 4.9　灌排协同调控稻田暗管排水 NO_3^--N 流失量累积过程

(2) 稻田暗管排水 TN 流失量

相同排水条件下，控制灌溉减少了稻田暗管排水 TN 流失量（图 4.10）。CI＋FD 处理稻田暗管排水 TN 流失量为 3.57 kg·hm^{-2}，较 FI＋FD 处理稻田（6.08 kg·hm^{-2}）下降了 2.51 kg·hm^{-2}，降幅为 41.3%；CI＋CD 处理稻田暗管排水 TN 流失量为 4.34 kg·hm^{-2}，较 FI＋CD 处理稻田（4.75 kg·hm^{-2}）下降了 0.41 kg·hm^{-2}，降幅为 8.6%。相同排水条件下，控制灌溉稻田暗管排水 TN 流失量较浅湿灌溉稻田的平均降幅为 24.9%。稻田暗管排水量的大幅减少是控制灌溉稻田暗管排水 TN 流失量减少的原因。

排水处理对于不同灌溉处理稻田暗管排水 TN 流失量的影响不同（图 4.10）。浅湿灌溉条件下，各排水处理稻田暗管排水中 TN 浓度均值较为接近，但 FI＋CD 处理稻田暗管排水量远小于 FI＋FD 处理稻田，最终使得 FI＋CD 处理稻田暗管排水 TN 流失量较 FI＋FD 处理稻田减少 1.33 kg·hm^{-2}，降幅为 21.9%。控制灌溉条件下，控制排水增加了稻田暗管排水 TN 流失量，CI＋CD 处理稻田暗管排水 TN 流失量较 CI＋FD 处理稻田增加了 0.77 kg·hm^{-2}。本研究结果与 Lalonde[46] 和 Wesström 等[55] 在旱地控制排水的研究结果不一致，控制排水下控制灌溉稻田暗管排水量下降，但同时排水中 TN 浓度出现了上升，综合作用下稻田暗管排水 TN 流失量增加。控制灌溉稻田暗管排水量保持在较低水平，对氮素流失量的影响程度低于对排水中 TN 浓度的影响。

灌排协同调控下，稻田暗管排水 TN 流失量较常规灌排处理稻田下降 1.74 kg·hm^{-2}，降幅为 28.6%。控制灌溉是稻田暗管排水 TN 流失量下降的主要原因，控制排水存在增加控灌稻田暗管排水 TN 流失量的风险，应对控制排水的指标进行优化，减少对稻田暗管排水 TN 流失量的不利影响。

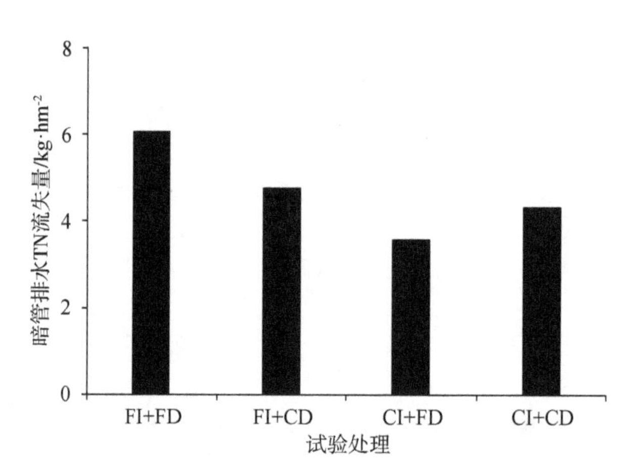

图 4.10　灌排协同调控稻田暗管排水 TN 流失量

(3) 稻田暗管排水 NH_4^+-N 流失量

灌溉处理对于不同排水处理稻田暗管排水 NH_4^+-N 流失量的影响不同(图 4.11)。自由排水条件下,控制灌溉模式大幅减少了稻田暗管排水 NH_4^+-N 流失量。CI+FD 处理稻田暗管排水 NH_4^+-N 流失量较 FI+FD 处理稻田下降了 1.44 kg·hm^{-2},降幅为 42.8%。稻田暗管排水量的大幅减少是控制灌溉稻田暗管排水 NH_4^+-N 流失量减少的原因。控制排水条件下,控制灌溉模式增加了稻田暗管排水 NH_4^+-N 流失量。CI+CD 处理稻田暗管排水 NH_4^+-N 流失量较 FI+CD 处理稻田增加了 0.09 kg·hm^{-2},增加幅度为 3.5%。控制排水条件下,控制灌溉稻田暗管排水量低于浅湿灌溉稻田,但排水中 NH_4^+-N 浓度出现上升,最终使得稻田暗管排水 NH_4^+-N 流失量小幅度增加。

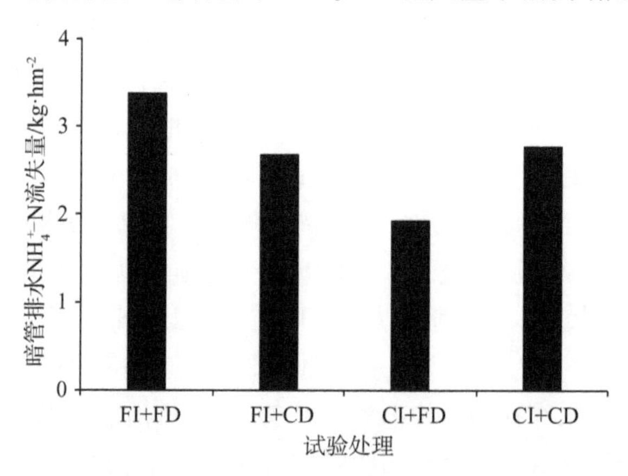

图 4.11　灌排协同调控稻田暗管排水 NH_4^+-N 流失量

排水处理对于不同灌溉处理稻田暗管排水 NH_4^+-N 流失量的影响不同(图 4.11)。浅湿灌溉条件下,各排水处理稻田暗管排水中 NH_4^+-N 浓度较为接近,但 FI+CD 处理稻田暗管排水量远小于 FI+FD 处理稻田,最终使得 FI+CD 处理稻田暗管排水 NH_4^+-N 流失量较 FI+FD 处理稻田减少 0.70 kg · hm^{-2},降幅为 20.8%。控制灌溉条件下,控制排水增加了稻田暗管排水 NH_4^+-N 流失量,CI+CD 处理稻田暗管排水 NH_4^+-N 流失量较 CI+FD 处理稻田增加了 0.83 kg · hm^{-2}。控制排水下控制灌溉稻田暗管排水量下降,但同时排水中 NH_4^+-N浓度出现了上升,综合作用下稻田暗管排水 NH_4^+-N 流失量增加。

灌排协同调控下,稻田暗管排水 NH_4^+-N 流失量较常规灌排处理稻田降低了 0.61 kg · hm^{-2},降幅为 18.0%,小于灌排协同调控下稻田暗管排水 TN 流失量的降幅。稻田暗管排水量的大幅减少是灌排协同调控稻田暗管排水 NH_4^+-N 流失量减少的原因。

(4) 稻田暗管排水 NO_3^--N 流失量

相同排水条件下,控制灌溉减少了稻田暗管排水 NO_3^--N 流失量(图 4.12)。CI+FD 处理稻田暗管排水 NO_3^--N 流失量为 0.60 kg · hm^{-2},较 FI+FD 处理稻田(0.99 kg · hm^{-2}),下降了 0.39 kg · hm^{-2},降幅为 39.4%;CI+CD 处理稻田暗管排水 NO_3^--N 流失量为 0.42 kg · hm^{-2},较 FI+CD 处理稻田(0.66 kg · hm^{-2}),下降了 0.24 kg · hm^{-2},降幅为 36.4%。相同排水条件下,控制灌溉稻田暗管排水 NO_3^--N 流失量较浅湿灌溉稻田的平均降幅为 37.9%。稻田暗管排水量的大幅减少是控制灌溉稻田暗管排水 NO_3^--N 流失量减少的主要原因。

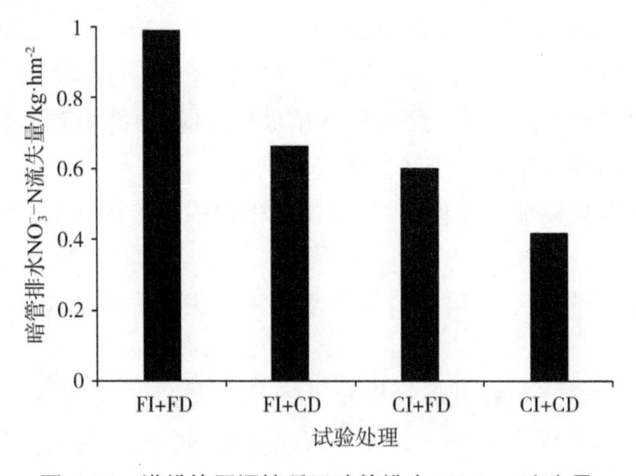

图 4.12　灌排协同调控稻田暗管排水 NO_3^--N 流失量

相同灌溉条件下，控制排水减少了稻田暗管排水 NO_3^--N 流失量（图4.12）。FI+CD、CI+CD 处理稻田暗管排水 NO_3^--N 流失量分别较 FI+FD、CI+FD 处理稻田下降了 0.33 kg·hm^{-2}、0.18 kg·hm^{-2}，降幅分别为33.3%、30.0%，平均减少 31.7%。控制排水降低了各灌溉处理稻田暗管排水中 NO_3^--N 浓度，同时减少了稻田暗管排水量，最终大幅减少了稻田暗管排水 NO_3^--N 流失量。

灌排协同调控下，稻田暗管排水 NO_3^--N 流失量较常规灌排处理稻田下降0.57 kg·hm^{-2}，降幅为 57.6%。控制灌溉、控制排水措施均减少了稻田暗管排水 NO_3^--N 流失量。

4.3 本章小结

本章综合运用水稻节水灌溉与暗管控制排水技术于稻田水管理，研究灌排协同调控对于天然降雨条件下稻田水氮流失变化特征的影响，分析了灌排协同调控稻田暗管排水量、灌溉水量的变化特征，明确了灌排协同调控模式的节水减排机制。主要结论与结果如下：

（1）灌排协同调控显著改变了稻田稻季暗管排水量变化过程，大幅降低了稻田暗管排水量与灌溉水量。

灌排协同调控稻田暗管排水量在稻季的部分时段内保持在较低水平，稻季稻田暗管排水强度均值为 1.25 mm·d^{-1}，较常规灌排处理稻田（2.95 mm·d^{-1}）下降了 57.6%，控制灌溉、控制排水处理均降低了稻田暗管排水强度。

灌排协同调控稻田稻季暗管排水量为 117.96 mm，较常规灌排处理稻田（277.28 mm）下降了 57.5%；灌溉水量为 457.77 mm，较常规灌排处理稻田（819.38 mm）下降了 361.61 mm，降幅为 44.1%。

（2）控制排水大幅降低了稻田暗管排水量，且控制排水对于控制灌溉稻田暗管排水量的减排效果略优于浅湿灌溉稻田。

浅湿灌溉与控制灌溉条件下，控制排水稻田稻季暗管排水量较自由排水稻田分别降低 34.3%、35.9%。

（3）灌排协同调控下，稻田暗管排水氮素流失量大幅下降，取得了显著的环境效应。

灌排协同调控下，稻田暗管排水 TN 流失量较常规灌排处理稻田下降1.74 kg·hm^{-2}，降幅为 28.6%。其中 NH_4^+-N、NO_3^--N 流失量分别较常规灌排处理稻田降低了 0.61 kg·hm^{-2}、0.57 kg·hm^{-2}，降幅分别为

18.0%、57.6%。

稻田暗管排水量的大幅减少是灌排协同调控稻田暗管排水 TN、NH_4^+-N 流失量减少的原因，NO_3^--N 流失量的减少同时受到了排水中 NO_3^--N 浓度下降的影响。

(4) 控制排水对于不同灌溉处理稻田暗管排水 TN、NH_4^+-N 流失量的影响不同，大幅减少了稻田暗管排水 NO_3^--N 流失量。

浅湿灌溉条件下，控制排水处理减少了稻田暗管排水 TN、NH_4^+-N 流失量，降幅分别为 21.9%、20.8%。控制灌溉条件下，控制排水稻田暗管排水 TN、NH_4^+-N 流失量较自由排水处理稻田增加了 0.77 $kg \cdot hm^{-2}$、0.83 $kg \cdot hm^{-2}$，控制排水下控制灌溉稻田暗管排水量下降，但同时排水中 TN、NH_4^+-N 浓度出现了上升，综合作用下稻田暗管排水 TN、NH_4^+-N 流失量增加。控制灌溉稻田暗管排水量保持在较低水平，对氮素流失量的影响程度低于对排水中 TN 浓度的影响。

FI+CD、CI+CD 处理稻田暗管排水 NO_3^--N 流失量分别较 FI+FD、CI+FD 处理稻田下降了 0.33 $kg \cdot hm^{-2}$、0.18 $kg \cdot hm^{-2}$，降幅分别为 33.3%、30.0%，平均减少 31.7%。控制排水降低了各灌溉处理稻田暗管排水中 NO_3^--N 浓度，同时减少了稻田暗管排水量，最终大幅减少了稻田暗管排水 NO_3^--N 流失量。

(5) 灌排协同调控下，稻田暗管排水中 TN、NH_4^+-N 浓度出现较大幅度的增加，NO_3^--N 浓度降低。排水处理对于不同灌溉处理稻田暗管排水中 TN、NH_4^+-N 浓度的影响不同，降低了各灌溉处理稻田暗管排水中 NO_3^--N 浓度。

CI+CD 处理稻田暗管排水中 TN、NH_4^+-N 浓度分别较 FI+FD 处理稻田增加 25.8%、15.8%，NO_3^--N 浓度均值较 FI+FD 处理稻田降低 4.3%。

控制排水未对浅湿灌溉稻田暗管排水中 TN、NH_4^+-N 浓度产生一致的影响，在控制灌溉条件下，控制排水增加了稻田暗管排水中 TN、NH_4^+-N 浓度，增加幅度分别为 17.8%、23.3%。FI+CD、CI+CD 处理稻田暗管排水中 NO_3^--N 浓度均值分别较 FI+FD、CI+FD 处理稻田减少 4.9%和 7.2%。

5 灌排协同调控下稻田-沟道系统水分侧渗特征及响应机制

5.1 稻田-沟道区域土壤含水率变化特征

5.1.1 稻田土壤含水率变化特征

控制灌溉模式下，稻田不断出现干湿循环过程，浅层土壤(0～20 cm)含水率不断波动，中层深度土壤(20～30 cm)水分波动相对浅层土壤较小，深层土壤(40～50 cm)在干湿循环中基本保持稳定(图 5.1)。由于田间存在犁底层，稻田内 30 cm 以下深度在灌水后的短时间内受到的影响较小，其土壤含水率往往受地下水作用保持在较稳定的水平，所以本试验以 40～50 cm 深度的土壤含水率反映稻田深层含水率变化情况，试验结果也表明 40～50 cm 深度土壤含水率变化较为平稳，对灌排措施的响应过程没有 20～30 cm 深度明显，对水氮侧渗过程的影响较小。

2020 年和 2021 年试验期内，CI＋CD 处理下，稻田干湿交替过程中，0～10 cm 深度土壤含水率波动范围分别为 34.48%～41.75%和 38.63～45.22%，平均差值为 6.93%；10～20 cm 深度土壤含水率波动范围分别为 35.71%～40.57%和 34.81%～41.66%，平均差值为 5.86%；20～30 cm 深度土壤含水率波动范围分别为 35.21%～38.95%和 37.84%～41.42%，平均差值为 3.66%；40～50 cm 深度土壤含水率波动范围分别为 38.33%～39.14%和 40.93%～42.91%，平均差值为 1.40%。CI＋FD 处理下，稻田干湿交替过程中，0～10 cm 深度土壤含水率波动范围分别为 34.67%～43.64%和 30.64%～44.96%，平均差值为 11.65%；10～20 cm 深度土壤含水率波动范围分别为 34.57%～40.72%和 36.26%～42.22%，平均差值为 6.06%；20～30 cm 深度土壤含水率波动范围分别为 34.53%～38.15%和 34.73%～40.32%，平均差值为 4.61%；40～50 cm 深度土壤含水率波动范围分别为 46.88%～47.95%和 44.89%～47.84%，平均差值为 2.01%。

沟道排水方式影响了控制灌溉稻田各深度土壤含水率差值及深层土壤含

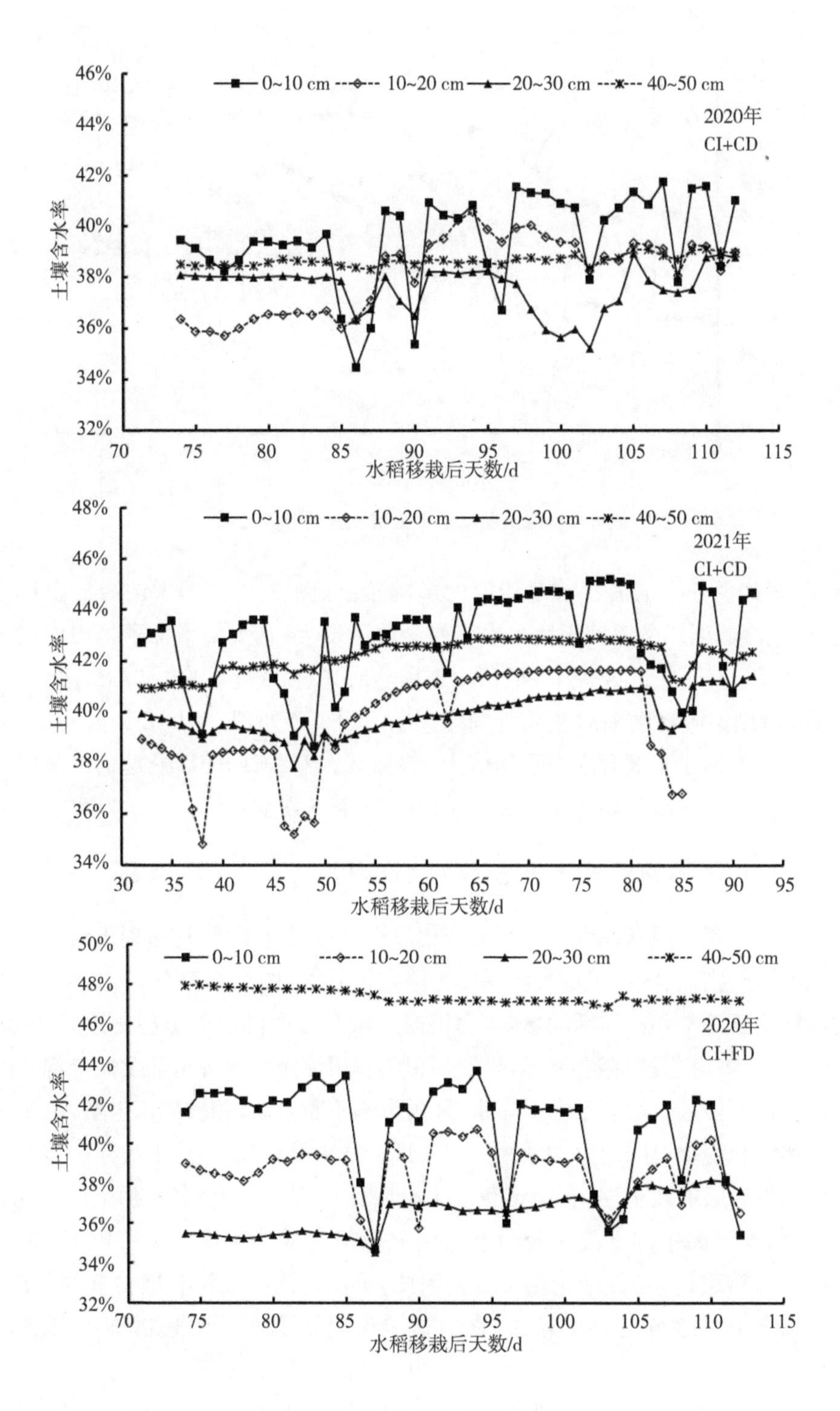
0~10 cm
10~20 cm
20~30 cm
40~50 cm
2020年
CI+CD
土壤含水率
水稻移栽后天数/d
2021年
CI+CD
2020年
CI+FD

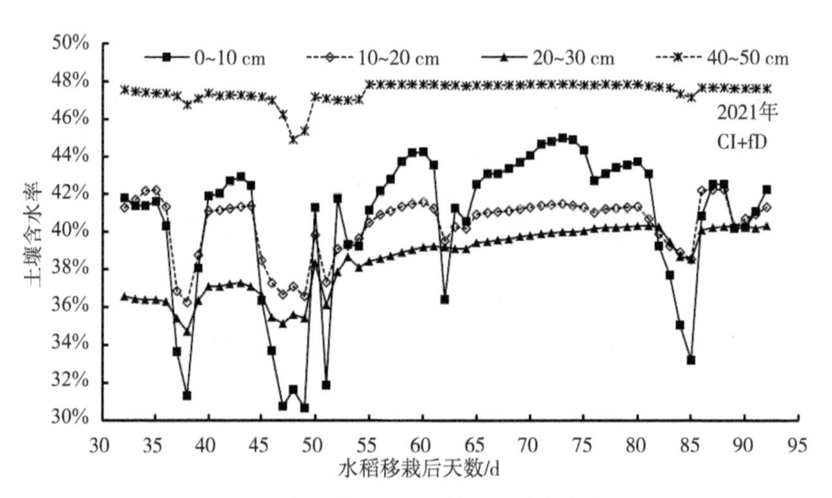

图 5.1　控制灌溉稻田土壤水分动态变化图

水率，对其余各层土壤含水率均值的影响较小(图 5.1)。排水沟为自由排水时，控制灌溉稻田各深度土壤含水率变动范围增大，且大幅增加了稻田深层土壤含水率。CI＋FD 处理下，稻田 0～10 cm、10～20 cm、20～30 cm 及 40～50 cm 深度土壤含水率的变动范围均大于 CI＋CD 处理。CI＋FD 处理下，稻田深层土壤两年土壤含水率平均值为 47.42％，相较 CI＋FD 处理稻田深层土壤两年土壤含水率平均值 40.82％高出 6.60 个百分点。

5.1.2　田埂不同深度土壤含水率变化特征

不同处理田埂各深度土壤水分变化过程存在明显差异，均呈现出浅层土壤含水率波动剧烈、深层土壤含水率较为稳定的状态(图 5.2 至图 5.5)。由于田内浅层土壤受常年耕作活动影响，稻田内土壤与田埂浅层土壤理化性质(有机质含量、土壤容重等)存在差异，导致稻田内和田埂土壤水分运动及保持特征的不同。田埂表层土壤含水率受灌水、降雨影响不断波动，相较稻田土壤，田埂表层土壤水分变化对降雨更加敏感。相关试验结果显示，田埂内土壤存在类似于稻田内犁底层的硬土层，在一定程度上会降低田间水分通过田埂内土壤的垂直下渗，本试验中的土壤水分动态监测显示田埂深层土壤(40～50 cm)含水率总体保持稳定，与其结论相符合。因此，虽然该深度上没有试验框的约束，但其横向上的水分迁移比较小，在本试验所设置的水分管理措施下可忽略不计。

2020 年和 2021 年试验期内，CI＋CD 处理下，田埂 0～10 cm、10～20 cm、

20～30 cm、40～50 cm 深度土壤含水率最大值与最小值的平均差值分别为 9.66%、5.54%、1.05%、0.95%，土壤含水率均值分别为 38.78%、42.21%、38.35%、39.99%。CI＋FD 处理下，田埂 0～10 cm、10～20 cm、20～30 cm、40～50 cm 深度土壤含水率最大值与最小值的平均差值分别为 9.41%、12.00%、4.04%、2.52%，土壤含水率均值分别为 35.03%、37.26%、36.41%、38.26%。FI＋CD 处理下，田埂 0～10 cm、10～20 cm、20～30 cm、40～50 cm 深度土壤含水率最大值与最小值的平均差值分别为 6.54%、1.44%、1.49%、0.49%，土壤含水率均值分别为 38.97%、39.36%、37.98%、40.62%。FI＋FD 处理下，田埂 0～10 cm、10～20 cm、20～30 cm、40～50 cm 深度土壤含水率最大值与最小值的平均差值分别为 6.24%、2.58%、2.31%、0.76%，土壤含水率均值分别为 41.06%、44.51%、41.32%、40.54%。

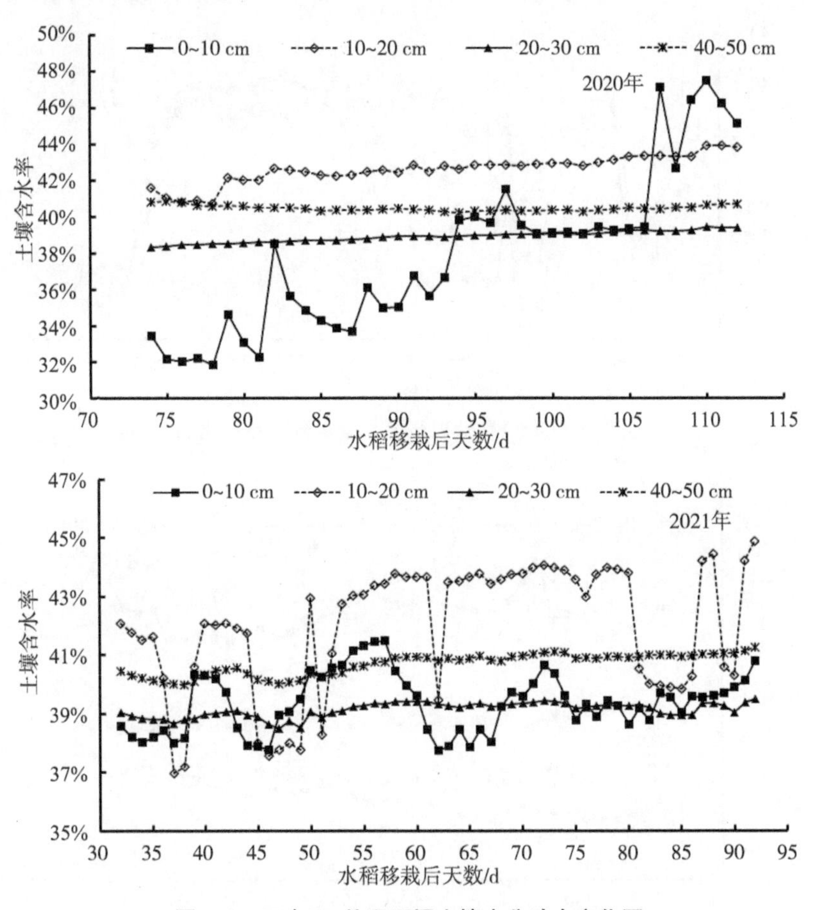

图 5.2　CI＋CD 处理田埂土壤水分动态变化图

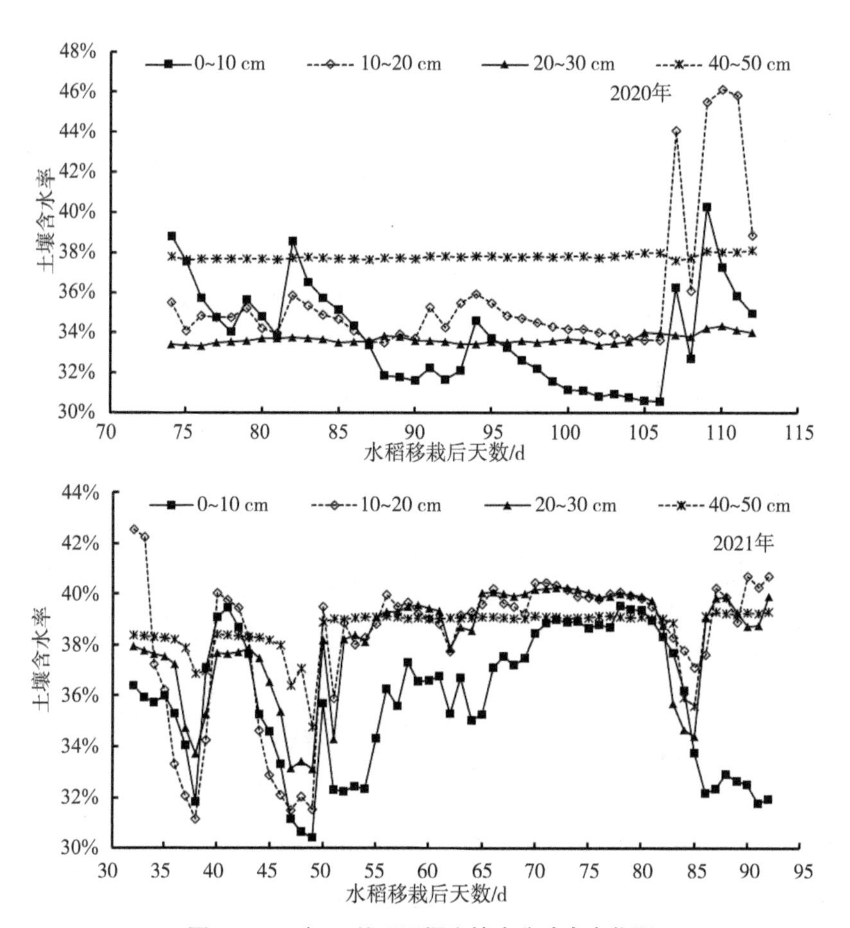

图 5.3　CI+FD 处理田埂土壤水分动态变化图

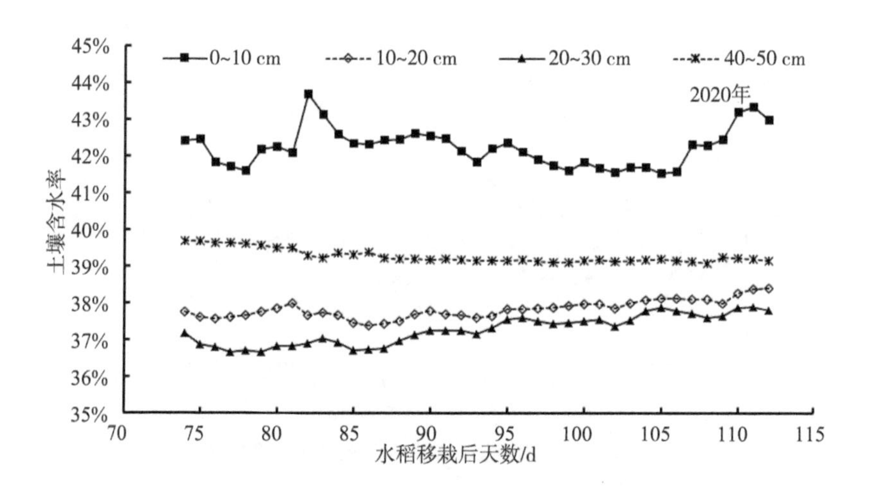

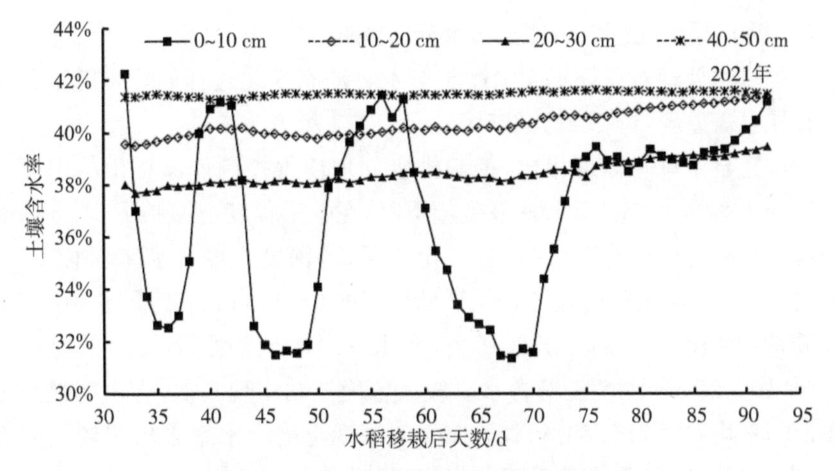

图 5.4　FI+CD 田埂土壤水分动态变化图

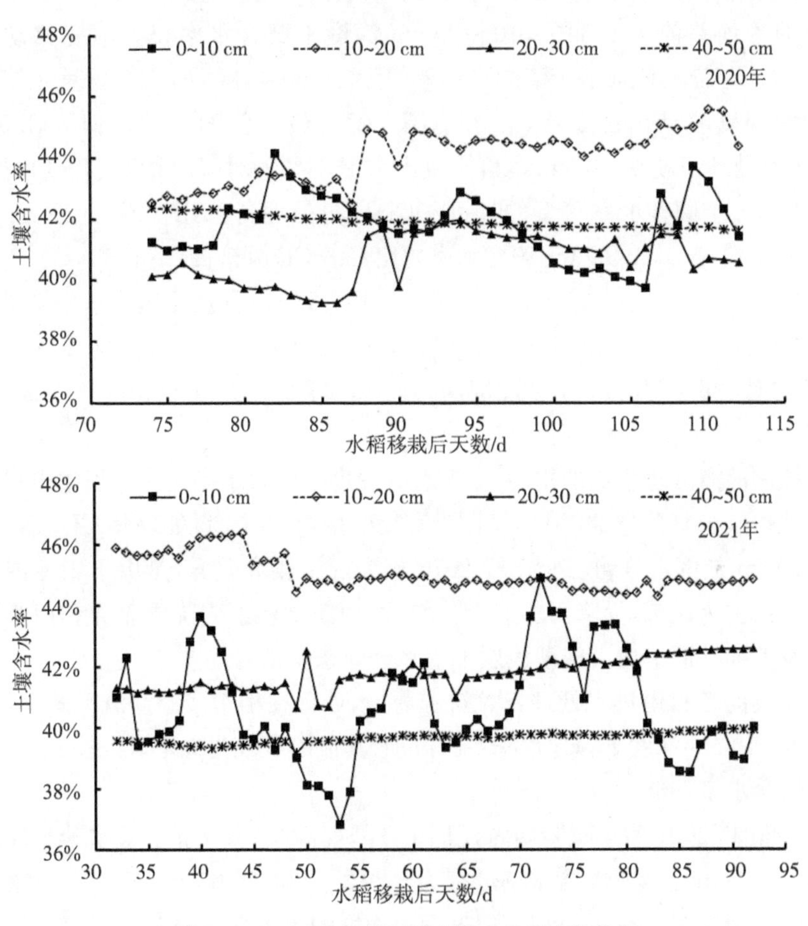

图 5.5　FI+FD 处理田埂土壤水分动态变化图

(1) 沟道排水处理对田埂土壤水分的影响

不同排水处理对田埂不同深度土壤水分动态变化过程的影响随稻田灌溉模式存在显著差异(图 5.2 至图 5.5)。

与沟道自由排水处理相比,控制排水处理使得控制灌溉稻田的田埂区域 0～30 cm 土壤含水率波动频次及变幅下降,在一定程度上抑制了 0～30 cm 深度土壤含水率的变动,使之保持在一定水平,各深度土壤含水率均有所升高。2020 年和 2021 年试验期内,CI+CD 处理田埂 0～10 cm 深度土壤含水率较大幅度波动(差值 2%以上)出现 9 次,含水率最大值与最小值的平均差值为 9.66%,10～20 cm 深度土壤含水率较大幅度波动出现 6 次,含水率最大值与最小值的平均差值为 5.54%,20～30 cm 深度土壤含水率未出现较大幅度波动,含水率最大值与最小值的平均差值为 1.05%;CI+FD 处理田埂 0～10 cm 深度土壤含水率较大幅度波动(差值 2%以上)出现 11 次,含水率最大值与最小值的平均差值为 9.41%,10～20 cm 深度土壤含水率较大幅度波动出现 9 次,含水率最大值与最小值的平均差值为 12.00%,20～30 cm 深度土壤含水率较大幅度波动出现 5 次,含水率最大值与最小值的平均差值为 4.04%。CI+CD 处理田埂 0～10 cm 深度土壤含水率 84%的时间内高于 CI+FD 处理,10～20 cm 土壤含水率 93%的时间内 CI+CD 处理高于 CI+FD 处理,而 20～30 cm 和 40～50 cm 深度土壤含水率均比 CI+CD 处理高(图 5.1),CI+CD 处理田埂 0～10 cm、10～20 cm、20～30 cm、40～50 cm 深度土壤含水率均值分别为 38.78%、42.21%、38.35%、39.99%,分别较 CI+FD 处理同深度的土壤含水率均值 35.03%、37.26%、36.41%、38.26% 提升了 10.71%、13.29%、5.33%、4.52%。

控制灌溉处理稻田的田埂 0～10 cm 深度土壤含水率变化过程中出现迅速升高往往是由降雨导致,2021 年同生育期时段内 CI+CD 处理及 CI+FD 处理 10～20 cm 土壤水分动态变化较 2020 年表现出较大差异,是由于田埂内含水率对降雨更为敏感,受降雨影响变化较大,两年试验期内降雨差异和由其引起的灌溉差异共同造成了田埂浅层土壤水分动态变化的差异。

相较沟道自由排水处理,沟道控制排水处理在稻田浅湿灌溉模式下,仅有田埂 0～10 cm 深度土壤含水率不断波动,其他深度较为稳定,且 10～30 cm 深度土壤含水率偏低。

2020 和 2021 两年试验期内,FI+CD 处理仅 0～10 cm 土壤水分表现出波动;10～20 cm 土壤平均含水率分别为 37.82%、40.34%,20～30 cm 土壤平均含水率分别为 37.26%、38.44%,这两个深度的土壤含水率试验期内均呈现稳定的缓慢升高趋势，增加的数值都在2%以内；40～50 cm深度土壤含水率两年平均值分别为39.26%、41.63%。FI+FD处理0～10 cm土壤含水率波动最为剧烈，10～20 cm土壤含水率小幅波动且总体水平高于其他3个深度，20～30 cm土壤含水率在41%上下波动，40～50 cm土壤含水率保持稳定，但2020年稳定在41.92%左右，2021年稳定在39.66%左右。2021年试验期间FI+CD处理3次高峰值是受较大降雨影响迅速升高，在移栽后75天以后主要受田面水层影响趋于稳定，与2020年趋势近似，FI+CD处理的10～20 cm、20～30 cm土壤含水率两年平均含水率分别为39.08%、37.85%，低于FI+FD处理（分别为44.54%、41.23%）（表5.1）。

表5.1 各处理试验期内田埂不同深度土壤平均含水率

(a) 2020年试验期内

处理	2020-08-15—2020-09-20			
	0～10 cm	10～20 cm	20～30 cm	40～50 cm
CI+CD	37.88%	42.61%	38.90%	40.47%
CI+FD	33.87%	35.77%	33.64%	37.77%
FI+CD	42.22%	37.82%	37.26%	39.27%
FI+FD	41.79%	44.04%	40.70%	41.92%

(b) 2021年试验期内

处理	2021-07-19—2021-09-17			
	0～10 cm	10～20 cm	20～30 cm	40～50 cm
CI+CD	39.37%	41.96%	39.13%	41.27%
CI+FD	35.78%	38.22%	38.17%	38.55%
FI+CD	36.89%	40.34%	38.44%	41.63%
FI+FD	40.63%	45.03%	41.76%	39.66%

(2) 稻田灌溉处理对田埂土壤水分的影响

稻田控制灌溉模式下，田埂土壤含水率波动较浅湿灌溉更加剧烈；在沟道控制排水时，田埂20～50 cm深度土壤含水率与浅湿灌溉较为一致；沟道自由排水时，各深度土壤含水率总体均低于浅湿灌溉。CI+CD处理田埂0～10 cm、10～20 cm土壤含水率随稻田干湿循环过程不断波动；FI+CD处理除0～10 cm土壤不断波动外，其余各深度土层均保持稳定。2020—2021年，CI+CD和FI+CD处理田埂20～30 cm土壤含水率均值分别为39.02%、37.85%，40～50 cm土壤含水率均值分别为40.87%、40.45%，差异均较小。沟道自由排水处理下，CI+FD 处理各深度土壤含水率总体均低于 FI+FD 处理(表 5.1)。

(3) 典型时段控制灌溉处理田埂土壤水分变化特征

选取 2021 年 8 月 6 日—8 月 9 日作为典型时刻，分析 CI+CD 处理、CI+FD 处理的田埂土壤水分动态变化特征，记录每 4 小时的各层土壤含水率，绘制典型时段内田埂土壤含水率动态变化图，如图 5.6 所示。8 月 6 日、8 月 8 日、8 月 9 日，两处理均在稻田耕作层含水率下探至灌水下限后灌水，田埂内表层含水率随之发生波动。控制灌溉模式下，灌水对控制排水处理、自由排水处理的影响差别明显。灌水主要影响 CI+CD 处理的 0～10 cm 和 10～20 cm 深度土壤的含水率，对 CI+FD 处理的影响则包括 0～10 cm，10～20 cm 和 20～30 cm 深度土壤的含水率。两种处理的 40～50 cm 深度土壤含水率均保持稳定，不受灌水影响。

典型时段内，CI+CD 处理在 8 月 6 日上午 8 点灌水后 0～10 cm 深度土壤含水率由 8:00 的 40.00%小幅升高，在 12:00 达到 40.48%，随后在下午开始下降，在 16:00 降至 39.68%，在夜间有小幅升高，白天小幅下降。8 月 8 日、8 月 9 日灌水后趋势与 8 月 6 日类似，波动范围为 39.24%～41.04%；10～20 cm 深度土壤含水率在 8 月 6 日上午 8:00 灌水后迅速升高，从 37.85%至 12:00 达到 42.96%，升幅为 5.11 个百分点，随后开始下降，在 8 月 7 日上午 8:00 降至 38.41%后下降速率放缓，到 8 月 8 日灌水前稳定在 37.88%，与前日最高点相比降幅为 4.55 个百分点，8 月 8 日灌水后趋势与 8 月 6 日类似，而 8 月 9 号由于灌水时间早于 8:00，所以含水率升高过程也随之提前，波动范围在 37.96%～42.96%。CI+FD 处理 0～30 cm 深度土壤在 8 月 6 号上午 8:00 灌水后土壤含水率均迅速提升，到中午 12:00 达到峰值，0～10 cm 为 35.71%，10～20 cm 为 39.47%，20～30 cm 为 38.18%，升幅分别为 5.19 个百分点、4.73 个百分点、5.68 个百分点，随后开始下降，到 8 月 8 日凌晨 4:00 降至最低值，降幅分别为 5.24 个百分点、3.30 个百分点、5.00 个百分点，8 月 8 日和 8 月 9 日灌水均早于 8:00，0～30 cm 深度土壤含水率升高过程提前，但 0～10 cm 深度和 20～30 cm 深度的土壤含水率仍在中午 12:00 达到峰值，0～10 cm、10～20 cm、20～30 cm 深度土壤含水率波动范围分别为 30.20%～35.71%、34.47%～39.47%、32.50%～38.61%。CI+CD 处理 40～50 cm 深度土壤含水率平均值为 40.24%，CI+FD 处理 40～50 cm 深度土壤含水率平均值为 38.87%，CI+CD 处理相较 CI+FD 处理高 1.37 个百分点。

CI+CD 处理相较 CI+FD 处理 0～10 cm 深度土壤含水率变化趋势不明

显，是由于CI+CD处理所处田埂区域离田面高度较CI+FD处理稍高出2～3 cm，稻田内侧渗来水影响有限。而CI+CD处理相较CI+FD处理10～20 cm深度土壤含水率变化幅度较小，20～30 cm深度土壤含水率基本稳定，同时CI+CD处理各层土壤含水率值均高于CI+FD处理，说明在控制灌溉模式下，控制排水处理排水沟道内保持高水位对田埂内土壤含水率变化有抑制作用，使得控制排水处理田埂内水分含量更高。因此，控制灌溉模式下，不同沟道排水处理的稻田-田埂-沟道区域水分侧渗主要发生在10～20 cm深度土壤，20～30 cm及更深层土壤的水分侧渗过程较为微弱。

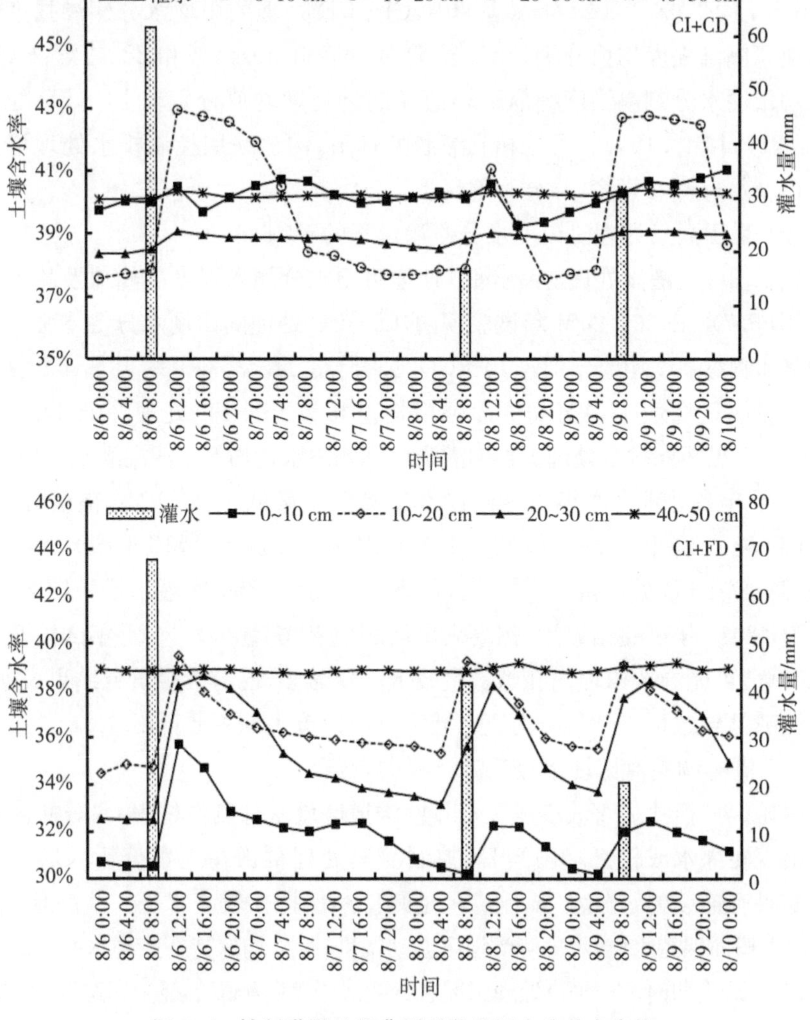

图5.6 控制灌溉处理典型时段田埂水分动态变化

5.2 稻田-沟道水分侧渗特征

5.2.1 稻田-田埂-沟道水分侧渗变化过程

灌排调控显著改变了稻田-田埂-沟道区域的水分侧渗过程，各处理田埂水分侧渗过程如图 5.7 所示。

(1) 沟道排水处理对田埂水分侧渗过程的影响

较沟道自由排水处理，控制排水处理降低了田埂水分侧渗强度的峰值及均值(图 5.7)。2020—2021 年试验期内，CI+CD 处理的田埂水分侧渗强度峰值平均值和侧渗强度均值分别较 CI+FD 处理降低 30.44%和 28.49%；FI+CD 处理的田埂水分侧渗强度峰值平均值和侧渗强度均值分别较 FI+FD 处理降低 44.21%和 43.15%。可见相同灌溉处理下，沟道采用控制排水处理可大幅降低田埂水分侧渗强度，并显著削峰。

(2) 稻田灌溉处理对田埂水分侧渗过程的影响

较稻田浅湿灌溉处理，控制灌溉处理田埂水分侧渗强度的峰值及均值大幅下降(图 5.7)。2020—2021 年试验期内，CI+CD 处理的田埂水分侧渗强度峰值平均值和侧渗强度均值分别较 FI+CD 处理降低 11.43%和 39.49%；CI+FD 处理的侧渗水量峰值平均值和侧渗强度均值相较 FI+FD 处理降低 43.97%和 51.90%，可见相同排水处理下控制灌溉处理侧渗水量均低于浅湿灌溉处理。

2020 年各处理在两年内的侧渗水量峰值均略低于 2021 年，幅度分别为：CI+CD 处理偏小 11.82%，CI+FD 处理偏小 21.00%，FI+CD 处理偏小 12.60%，FI+FD 处理偏小 8.03%，这是由于 2021 年每次灌水量相较 2020 年偏大，且 2020 年试验结束后，田埂表层区域重新覆盖杂草，2021 年试验开始前清除杂草，可能导致田埂内孔隙数量较上一年偏多，已有大量研究结果表明，田埂内孔隙是导致稻田-田埂-沟道区域水分快速流失的主要原因。

(3) 灌排调控对田埂水分侧渗过程的影响

灌排调控模式显著改变稻田-田埂-沟道区域水分侧渗过程，水分侧渗强度峰值出现在灌水或较大降雨当日，控制灌溉处理稻田在无水分输入后迅速降低。如果有连续的水分输入，侧渗水量则持续保持在较高水平。浅湿灌溉处理稻田由于田面保持水位，水分侧渗强度波动幅度较小，均保持在较高水平。2020 年和 2021 年试验期内，CI+CD 处理田埂水分侧渗强度随稻田干湿循环过程而波动明显，水分侧渗强度均值分别为 2.58 $mm \cdot m^{-1} \cdot d^{-1}$、2.22 $mm \cdot m^{-1} \cdot d^{-1}$，分别较

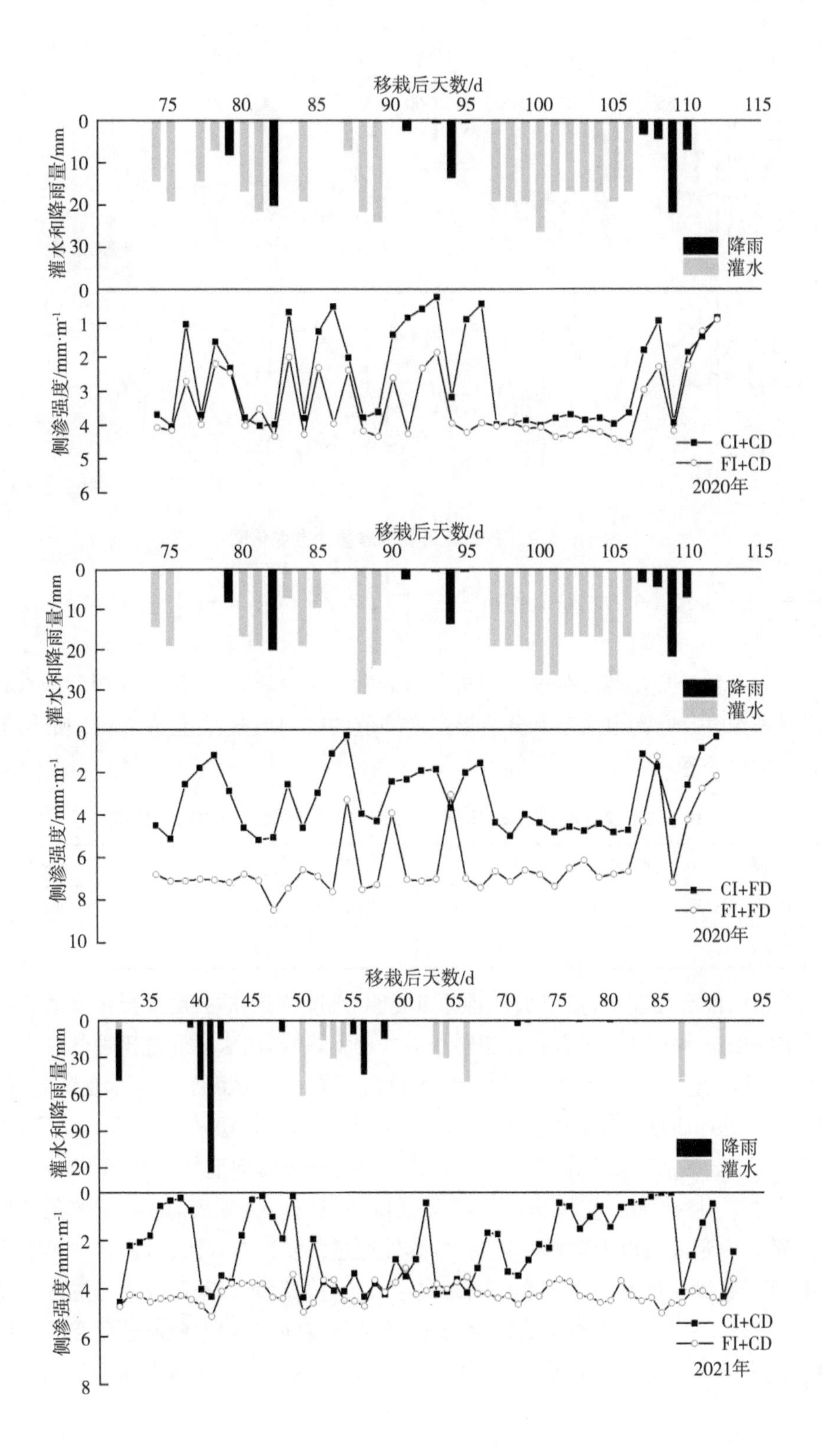
移栽后天数/d
灌水和降雨量/mm
降雨
灌水
侧渗强度/mm·m⁻¹
CI+CD
FI+CD
2020年
移栽后天数/d
灌水和降雨量/mm
降雨
灌水
侧渗强度/mm·m⁻¹
CI+FD
FI+FD
2020年
移栽后天数/d
灌水和降雨量/mm
降雨
灌水
侧渗强度/mm·m⁻¹
CI+CD
FI+CD
2021年

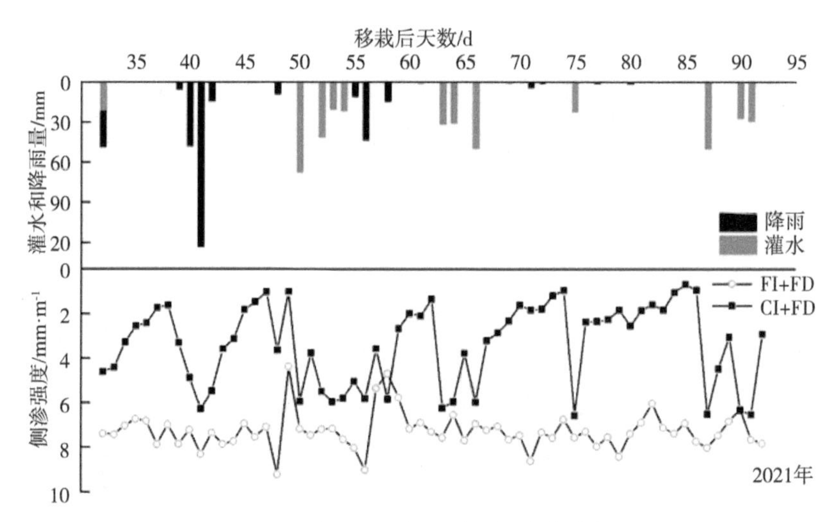

图 5.7　各处理田埂侧渗量动态变化图

FI＋FD 处理（6.23 mm · m^{-1} · d^{-1}、7.26 mm · m^{-1} · d^{-1}）降低了 58.59%、69.42%。

对四种处理的侧渗强度均值进行多因素方差分析，可知灌溉处理和排水处理对稻田-田埂-沟道区域水分侧渗强度均值的影响均显著，且灌溉处理的影响大于排水处理(表 5.2)。

表 5.2　灌排调控稻田-田埂-沟道区域侧渗强度均值主效应分析

源	自由度 df	均方	F	显著性 Sig	偏 Eta 平方
灌溉处理	1	18.253	159.348	1.45617E-06	0.952
排水处理	1	11.175	97.553	9.30991E-06	0.924

相同排水处理下，稻田水分通过田埂侧渗进入沟道的强度差异由灌溉差异导致的稻田水分输入量引起。相同灌溉处理下，稻田内水分通过田埂侧渗进入沟道的强度差异由排水处理引起，即沟道内不同水位导致了侧渗水量的差异。CI＋CD 处理田埂内各深度土壤含水率均高于 CI＋FD 处理，从而导致 CI＋CD 处理田埂内土壤水势较高，抑制了稻田内水分通过田埂侧向迁移。而 FI＋FD 处理田埂内各深度土壤含水率相较 FI＋CD 更高，是由于在浅湿灌溉不断补水的情况下，稻田内犁底层以上含水率较高，持续性通过田埂侧渗入沟道，而自由排水沟道水面低，稻田淹水与沟道水位的高差较大，水势差增大，稻田内水分进入田埂后沿田埂 0～30 cm 垂直下渗作用明显，重力势较强，对田埂侧渗过程有促进作用，故 FI＋FD 侧渗水量更大，导致 FI＋FD 田埂内各深度土壤含水率偏高。

5.2.2 稻田-田埂-沟道水分侧渗总量特征

灌排调控显著减少稻田-田埂-沟道侧渗水量(表5.3)。2020年试验期内,CI+CD处理的田埂侧渗水量较FI+FD处理大幅降低,降幅为58.57%;2021年试验期内,CI+CD处理的田埂侧渗水量较FI+FD处理显著降低,降幅为68.40%。两年平均降幅为63.49%。

较沟道自由排水处理,控制排水处理使得田埂侧渗水量显著下降。2020年试验期内,CI+CD处理的田埂侧渗水量较CI+FD处理明显降低,降幅为19.55%;FI+CD处理的田埂侧渗水量较FI+FD处理明显降低,降幅为44.79%。2021年试验期内,CI+CD处理的田埂侧渗水量较CI+FD处理显著降低,降幅为33.90%,两年平均降幅为26.73%;FI+CD处理的田埂侧渗水量较FI+FD处理显著降低,降幅为40.31%,两年平均降幅为42.55%。

较稻田浅湿灌溉处理,控制灌溉处理使得田埂侧渗水量显著下降。2020年试验期内,CI+CD处理的田埂侧渗水量较FI+CD处理的明显降低,降幅为24.95%;CI+FD处理的田埂侧渗水量较FI+FD处理明显降低,降幅为48.50%。2021年试验期内,CI+CD处理的田埂侧渗水量较FI+CD处理的显著降低,降幅为47.07%,两年平均降幅为36.01%;CI+FD处理的田埂侧渗水量较FI+FD处理显著降低,降幅为52.20%,两年平均降幅为50.35%。

2020年和2021年侧渗水量的差异主要由试验期时长造成。2021年各处理间田埂侧渗水分总量相差幅度较2020年有所提升,主要是由于2020年试验期处于稻田需水旺盛期,灌溉下限较高,灌水次数较多,各处理间水分输入量差异小于2021年。2020年和2021年试验期内,CI+CD处理、CI+FD处理、FI+CD处理、FI+FD处理的田埂侧渗水量总量占到稻田水分输入总量(灌水、降雨)的32.27%、41.21%、23.32%、28.91%。

表5.3 各处理稻田-田埂-沟道侧渗水量 单位:mm

处理	侧渗水量	
	2020-08-15—2020-09-20	2021-07-19—2021-09-17
CI+CD	150.99a	203.39a
CI+FD	187.68b	307.72b
FI+CD	201.19c	384.26c
FI+FD	364.44d	643.73d

注:同年内同列数字后字母相同,表示各处理间无显著性差异($p>0.05$)。

5.3 灌排协同调控下稻田水分侧渗对土壤水分的响应机制

选取控制灌溉处理田埂 0～10 cm、10～20 cm、20～30 cm 深度土壤体积含水率记录值，绘制出水分侧渗强度与田埂土壤含水率日变化图，如图 5.8 所示。

试验期内控制灌溉处理稻田-田埂-沟道区域侧渗水量日变化同田埂 10～20 cm 深度土壤水分变化有较好的同步性，日侧渗水量的升降伴随着土壤含水率的升降，两者具有正相关关系。2021 年试验期拉长，水分输入差异较 2020 年更加明显，田埂 10～20 cm 深度土壤含水率波动和田埂侧渗水量的变化趋势更加明显。

(1) 完整干湿循环过程中田埂水分侧渗强度与 0～20 cm 深度土壤含水率的关系

由于 2020 年试验期较短，2021 年干湿循环过程更加明显，采用 2021 年稻田控制灌溉处理干湿循环过程中田埂水分侧渗强度和同期田埂 10～20 cm 深度土壤含水率数据进行回归分析(图 5.9)。分析表明，田埂水分侧渗强度和田埂 10～20 cm 深度土壤含水率有极显著的正相关关系($p<0.01$)。控制灌溉稻田田埂水分主要通过田埂 10～20 cm 深度土壤进入沟道，灌水或较大降雨当日，水分侧渗强度出现峰值，随即导致田埂 10～20 cm 深度土壤含水率的上升，无水分输入后水分侧渗强度下降，田埂 10～20 cm 深度土壤含水率伴随其回落。

选取典型时段 2021 年 7 月 30 日—8 月 2 日(移栽后 43～46 天)进行分析(表 5.4)。

2021 年 7 月 30 日是降雨次日，此前已连续降雨 4 天，田面存在积水。7 月 30 日 CI+CD 处理的侧渗水量为 3.71 $mm \cdot m^{-1} \cdot d^{-1}$，CI+FD 处理的侧渗水量为 3.58 $mm \cdot m^{-1} \cdot d^{-1}$，随后，日侧渗水量由于无水分输入开始下降，至 8 月 2 日，CI+CD 处理的田埂侧渗水量降至 0.13 $mm \cdot m^{-1} \cdot d^{-1}$，CI+FD 处理的田埂侧渗水量降至 1.47 $mm \cdot m^{-1} \cdot d^{-1}$。田埂土壤水分在经历随降雨迅速上升后，表土蒸发强度迅速增强[104-110]，随即在重力作用下开始向深层运移，其形成的入渗通量面随之不断下移，土壤水势分布从聚合型变为单一入渗型，田埂表层土壤含水率不断下降。

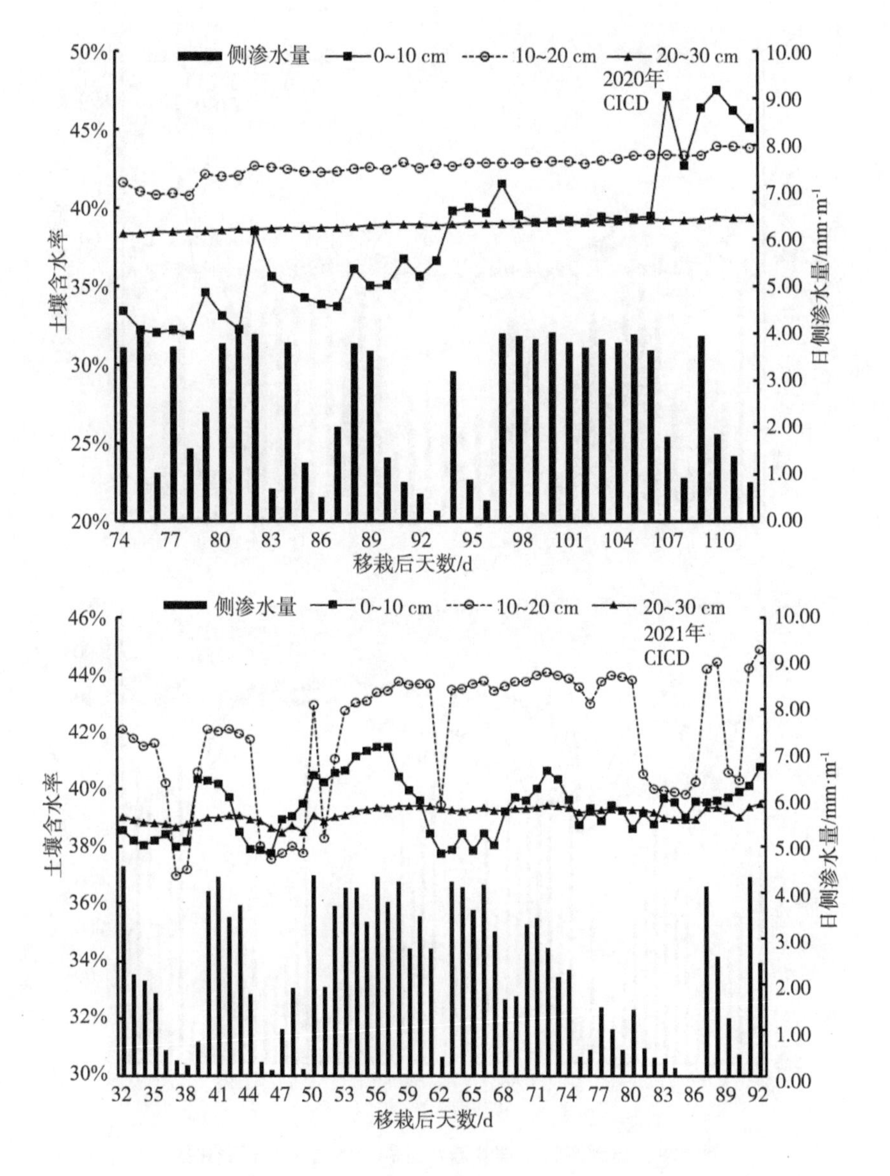

侧渗水量
0~10 cm
10~20 cm
20~30 cm
2020年
CICD
土壤含水率
日侧渗水量/mm·m⁻¹
移栽后天数/d
2021年
CICD

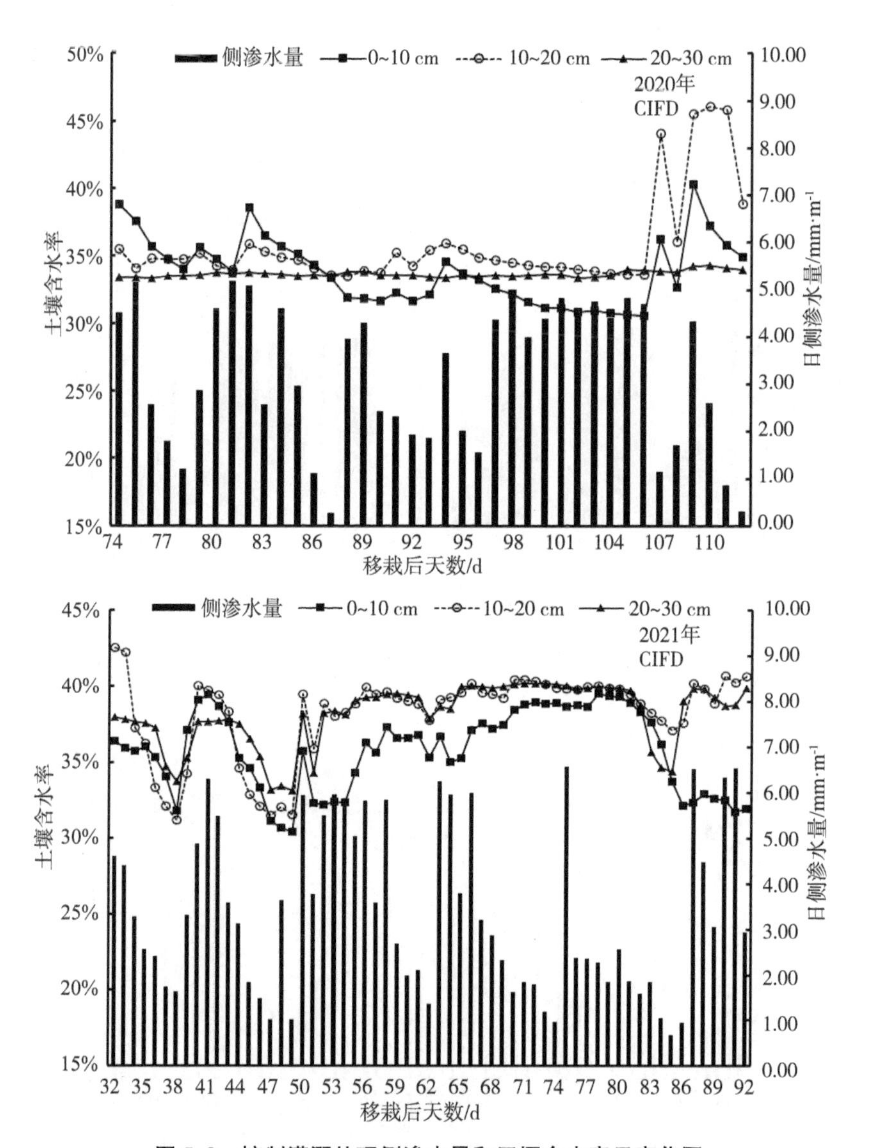

图 5.8　控制灌溉处理侧渗水量和田埂含水率日变化图

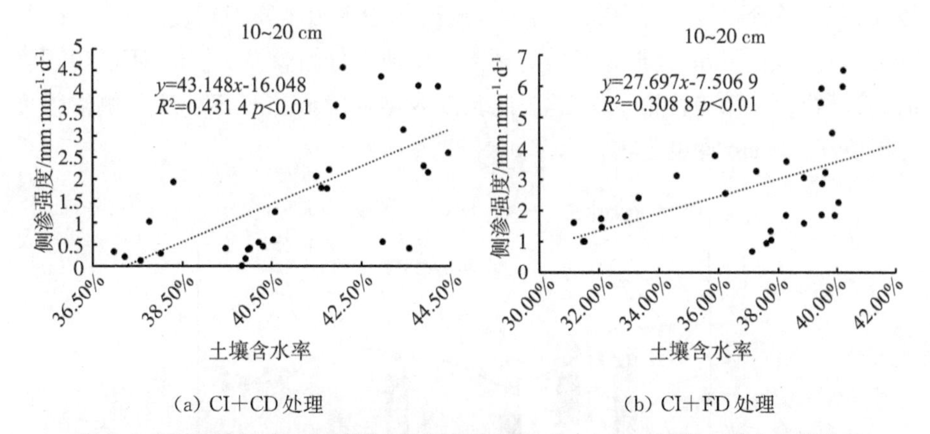

(a) CI+CD 处理　　(b) CI+FD 处理

图 5.9　干湿循环过程中田埂水分侧渗强度与 10～20 cm 深度土壤含水率关系

表 5.4　无水分输入典型时段控制灌溉处理侧渗水量和田埂含水率日变化表

(a) CI+CD 处理

日期	移栽后天数	CI+CD			
		土壤含水率			侧渗水量/ $mm \cdot m^{-1} \cdot d^{-1}$
		0～10 cm	10～20 cm	20～30 cm	
7/30	43	38.51%	41.93%	39.10%	3.71
7/31	44	37.91%	41.74%	38.95%	1.79
8/1	45	37.89%	38.01%	38.89%	0.3
8/2	46	37.77%	37.56%	38.64%	0.13

(b) CI+FD 处理

日期	移栽后天数	CI+FD			
		土壤含水率			侧渗水量/ $mm \cdot m^{-1} \cdot d^{-1}$
		0～10 cm	10～20 cm	20～30 cm	
7/30	43	37.62%	38.30%	37.82%	3.58
7/31	44	35.25%	34.62%	37.47%	3.12
8/1	45	34.58%	32.89%	36.53%	1.83
8/2	46	33.30%	32.10%	35.35%	1.47

（2）微弱降雨影响下田埂水分侧渗强度与 0～20 cm 深度土壤含水率的关系

田埂表层土壤水分对降雨较为敏感，微弱降雨时，田埂表层土壤含水率上升，但降雨量不足以使田埂水分侧渗强度出现明显上升，此时便会出现一种趋势较为不同的情况，即有微弱降雨时呈现出侧渗水量下降但田埂 0～20 cm 深度土壤有小幅上升的情形。微弱降雨当日田埂水分侧渗强度较低，不会出现峰值，或仍处于下降趋势中。2021 年试验期内微弱降雨当日田埂水分侧渗强度与田埂 0～20 cm 深度土壤含水率如图 5.10 所示。

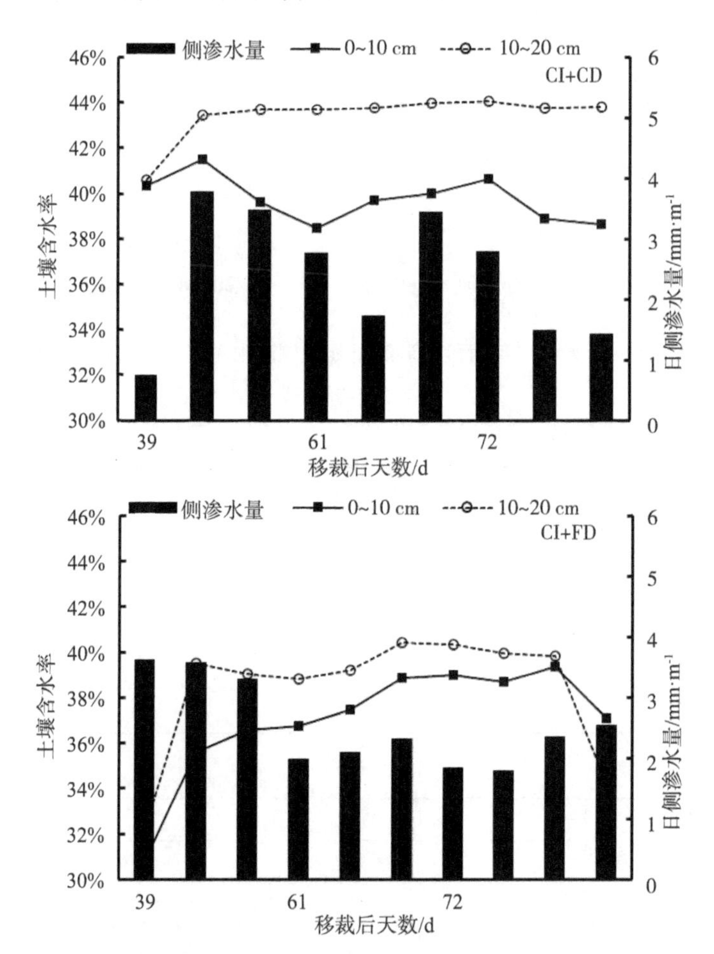

图 5.10 微弱降雨时田埂水分侧渗强度与 0～20 cm 深度土壤含水率

选取典型时段 2020 年 8 月 29 日—9 月 1 日(移栽后 90～93 天)进行分析(表 5.5)。

2020 年 8 月 29 日是灌水次日，时段内 CI＋CD 处理和 CI＋FD 处理均未再发生灌水，侧渗水量迅速下降，至 9 月 1 日，CI＋CD 处理侧渗水量从 1.35 $mm \cdot m^{-1} \cdot d^{-1}$ 降至 0.23 $mm \cdot m^{-1} \cdot d^{-1}$，CI＋FD 处理侧渗水量从 2.42 $mm \cdot m^{-1} \cdot d^{-1}$ 降至 1.85 $mm \cdot m^{-1} \cdot d^{-1}$。但由于 8 月 30 日和 9 月 1 日分别发生

2.42 mm 和 0.59 mm 降雨，而田埂浅层土壤对降雨较为敏感，所以出现了侧渗水量逐日降低但田埂 0～20 cm 深度含水率有所上升的现象，其中 CI+CD、CI+FD 两处理在 8 月 30 日、9 月 1 日 0～20 cm 土壤含水率均出现了小幅度上升。

表 5.5　微弱降雨影响下典型时段控制灌溉处理侧渗水量和田埂含水率日变化表

日期	移栽后天数	降雨/mm	CI+CD			CI+FD		
			土壤含水率		侧渗水量/mm·m−1·d^{-1}	土壤含水率		侧渗水量/mm·m^{-1}·d^{-1}
			0～10 cm	10～20 cm		0～10 cm	10～20 cm	
8/29	90	—	35.06%	42.43%	1.35	31.62%	33.72%	2.42
8/30	91	2.42	36.77%	42.88%	0.85	32.23%	35.25%	2.32
8/31	92	—	35.64%	42.50%	0.59	31.63%	34.26%	1.93
9/1	93	0.59	36.64%	42.81%	0.23	32.11%	35.44%	1.85

5.4　本章小结

本章分析了不同灌排调控模式下稻田-田埂-沟道区域的水分侧渗特征，阐述了各处理稻田、田埂土壤含水率变化特征，探明了侧渗过程与田埂土壤水分的响应关系，结果表明：

(1) 在田间灌溉模式和沟道排水方式综合影响下，田埂 0～20 cm 深度土壤含水率波动剧烈，20～50 cm 深度较为稳定，其中控制灌溉稻田水分侧渗主要发生在田埂 10～20 cm 深度土壤内。沟道控制排水处理较自由排水处理抑制了田埂土壤含水率变化，稻田控制灌溉处理的田埂土壤含水率波动较浅湿灌溉更剧烈。

不同灌排调控处理田埂 0～20 cm 深度土壤含水率平均差值为 6.68%，20～50 cm 深度土壤含水率平均差值仅为 1.70%。稻田控制灌溉模式下，与沟道自由排水处理相比，控制排水处理使得田埂区域 0～30 cm 土壤含水率波动频次及变幅下降，在一定程度上抑制了田埂 0～30 cm 深度土壤含水率的变动，各深度土壤含水率均有所升高。相同沟道排水处理时，稻田控制灌溉模式的田埂土壤含水率波动较浅湿灌溉更加剧烈。沟道控制排水时，稻田控制灌溉模式下田埂 20～50 cm 深度土壤含水率与浅湿灌溉较为一致；沟道自由排水时，稻田控制灌溉模式下各深度土壤含水率总体低于浅湿灌溉。

(2) 灌排调控显著改变了稻田-田埂-沟道区域水分侧渗过程特征,稻田灌溉处理和沟道排水处理均对水分侧渗强度产生显著影响,且灌溉处理的影响效应更强。沟道控制排水处理、稻田控制灌溉处理分别较自由排水处理、浅湿灌溉处理降低了田埂水分侧渗强度的峰值和均值。

田埂水分侧渗峰值出现在灌水或较大降雨当日,若无后续水分输入则迅速下降。较沟道自由排水处理,控制排水处理的田埂水分侧渗强度峰值降低,日均值降低,CI+CD处理的田埂水分侧渗强度峰值平均值和侧渗强度均值相较CI+FD处理分别降低30.44%和28.49%,FI+CD处理的田埂水分侧渗强度峰值平均值和侧渗强度均值相较FI+FD处理分别降低44.21%和43.15%。灌溉处理和排水处理对其影响均显著(F 分别为159.348和97.553),灌溉处理的影响效应强于排水处理。

(3) 灌排调控显著降低了稻田-田埂-沟道区域水分侧渗总量,沟道控制排水处理、稻田控制灌溉处理分别较自由排水处理、浅湿灌溉处理显著降低了田埂水分侧渗总量,且灌溉处理影响效应更强。

节水灌溉稻田和控制排水沟道组合模式下水分侧渗总量相较常规浅湿灌溉自由排水处理降低63.49%。较沟道自由排水处理,控制排水处理的田埂水分侧渗总量显著降低,两年试验期内平均降幅为34.64%。较稻田浅湿灌溉处理,控制灌溉稻田的田埂水分侧渗总量显著降低,两年试验期内平均降幅为43.18%。

(4) 控制灌溉处理稻田干湿循环过程中,稻田-田埂-沟道区域水分侧渗强度变化同田埂10~20 cm土壤水分变化基本同步,两者有正相关关系。

控制灌溉稻田水分输入主要影响田埂浅层土壤含水率,使得水分输入后田埂水分侧渗峰值的出现伴随着田埂10~20 cm深度土壤含水率的升高,相关性极显著。田埂表层土壤对降雨较为敏感,所以微弱降雨会导致田埂表层土壤含水率上升但水分侧渗强度下降。

6 灌排协同调控稻田-沟道系统氮素侧渗特征

6.1 田埂区域土壤氮素浓度动态变化特征

6.1.1 不同深度土壤总氮浓度动态变化特征

不同灌排调控模式下，田埂各深度的土壤溶液中TN浓度在稻田施肥后1～4天内出现峰值，随后迅速下降，在稻季的其余时段保持在较低水平（图6.1、图6.2）。各处理田埂10～20 cm深度土壤溶液中TN浓度峰值均出现在肥后第1天，说明在稻田水分侧渗影响下，田埂氮素侧向迁移主要发生在10～20 cm深度土壤中。水稻生育前期根系对氮素吸收能力较弱，随着生长进程推进吸氮能力逐渐变强，所以2021年第2次施肥后田埂及田内各深度土壤溶液中TN浓度相较第1次施肥均下降较快，峰值也较第1次施肥后的峰值偏低。

各处理田埂不同深度土壤溶液中TN浓度峰值均低于对应的稻田，且峰值出现时间较稻田有所滞后（图6.1、6.2）。以2021年CI+CD处理为例详细说明。稻田2次肥后，田埂0～10 cm、10～20 cm、20～40 cm及40～60 cm深度土壤溶液中TN浓度峰值的均值分别为3.80 mg·L^{-1}、6.20 mg·L^{-1}、3.59 mg·L^{-1}及2.60 mg·L^{-1}，稻田对应深度土壤溶液中TN浓度峰值的均值分别为40.71 mg·L^{-1}、27.74 mg·L^{-1}、16.82 mg·L^{-1}、11.43 mg·L^{-1}，田埂各深度土壤溶液中TN浓度峰值的均值仅分别为稻田的9.33%、22.35%、21.34%及22.75%。田埂各深度土壤溶液中TN浓度峰值多出现在肥后1～4天，稻田各深度土壤溶液中TN浓度峰值基本出现在肥后第1天，田埂各深度土壤溶液中TN浓度峰值出现时间较稻田峰值推后1～2天。

稻田内的土壤溶液中TN浓度峰值是随着土壤深度的增加而减小的（图6.1、图6.2），这是由于田内土壤中的NH_4^+-N在向下迁移过程中被土壤颗粒吸附截留，从而导致深层土壤溶液中TN浓度低于浅层土壤溶液。稻田内肥后土壤溶液中TN浓度基本表现为控制灌溉处理高于浅湿灌溉处理，该现象是由于控制灌溉处理灌水少且灌溉后不保留水层，施肥后氮素难以向下迁移，且控制灌溉稻田浅层土壤含水率低，温度相较浅湿灌溉稻田更高，使得输入的水分易于土壤裂隙中产生优先流，降低氮素淋溶，使氮素富集在浅层土壤内。

(1) 沟道排水处理对田埂土壤 TN 浓度动态变化的影响

相同稻田灌溉处理下，沟道排水处理对田埂内土壤溶液的 TN 浓度变化过程及峰值无显著影响(图 6.1、图 6.2)。稻田控制灌溉处理下，CI＋CD 和 CI＋FD 处理各深度 TN 浓度峰值基本出现在同一天，CI＋CD 处理 3 次肥后田埂

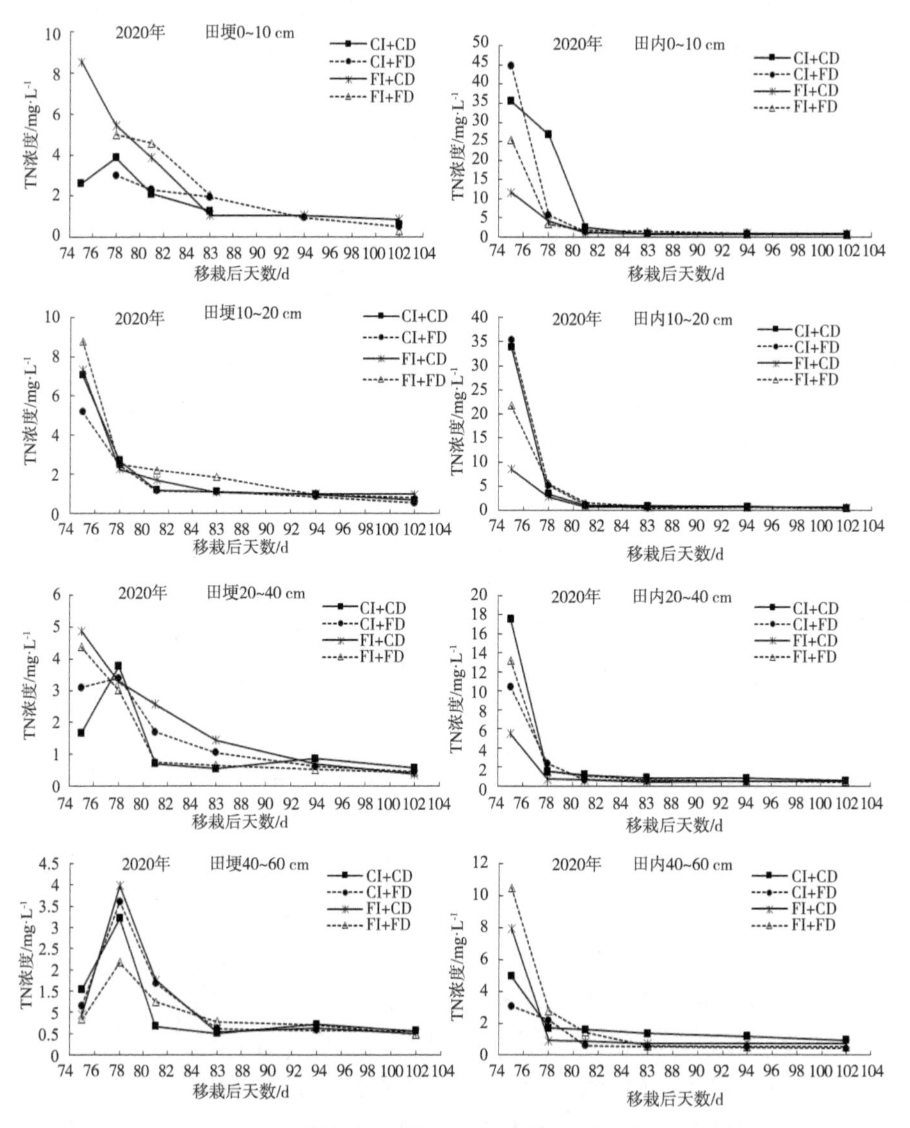

图 6.1 2020 年各处理田埂及稻田不同深度土壤 TN 浓度

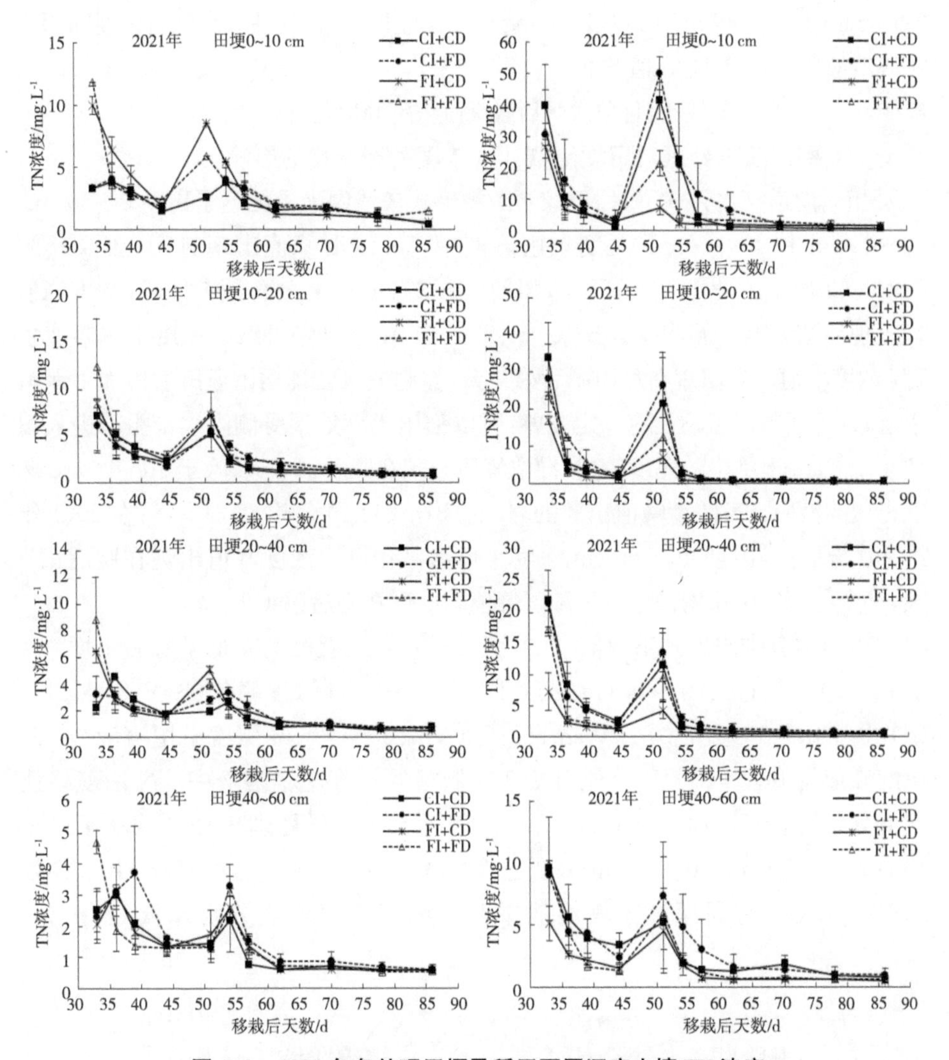

图 6.2　2021 年各处理田埂及稻田不同深度土壤 TN 浓度

0～10 cm、10～20 cm、20～40 cm、40～60 cm 深度土壤溶液中 TN 浓度峰值均值分别为 3.82 mg·L^{-1}、6.49 mg·L^{-1}、3.65 mg·L^{-1}、2.80 mg·L^{-1}，与 CI+FD 处理 3 次肥后田埂同深度土壤溶液中 TN 浓度峰值均值(3.71 mg·L^{-1}、5.65 mg·L^{-1}、3.34 mg·L^{-1}、3.54 mg·L^{-1})差异较小，且单次肥后各深度浓度峰值互有高低。

稻田浅湿灌溉处理下，FI+CD 和 FI+FD 处理各深度土壤溶液中 TN 浓度峰值基本出现在同一天，FI+CD 处理 3 次肥后田埂 0～10 cm、10～20 cm、20～40 cm、40～60 cm 深度土壤溶液中 TN 浓度峰值均值分别为 9.03 mg·L^{-1}、

7.72 mg·L^{-1}、5.49 mg·L^{-1}、3.24 mg·L^{-1}，与FI+FD处理3次肥后田埂同深度土壤溶液中TN浓度峰值均值(7.57 mg·L^{-1}、9.62 mg·L^{-1}、5.76 mg·L^{-1}、3.16 mg·L^{-1})差异较小，且单次肥后各深度浓度峰值互有高低。

(2) 稻田灌溉处理对田埂土壤TN浓度动态变化的影响

相同沟道排水方式下，稻田控制灌溉模式较浅湿灌溉推迟了田埂0～10 cm、20～40 cm和40～60 cm深度土壤溶液中TN浓度峰值出现时间(图6.1、图6.2)。CI+CD、CI+FD处理下，仅田埂10～20 cm深度土壤溶液中TN浓度峰值均出现在肥后第1天，田埂0～10 cm、20～40 cm和40～60 cm深度土壤溶液中TN浓度峰值基本出现在稻田肥后第4天，控制灌溉处理稻田灌溉后田面不保留水层，且田面与田埂顶层有一定高差，所以稻田土壤氮素受侧渗水量驱动进入田埂0～10 cm土壤中的速度较慢，导致峰值出现在肥后第4天，晚于10～20 cm深度土壤溶液中TN浓度峰值出现的时间。FI+CD、FI+FD处理下，仅在2021年第2次施肥后，田埂40～60 cm深度土壤溶液中TN浓度峰值出现在肥后第4天，其余各深度土壤溶液中TN浓度峰值均出现在肥后第1天。

相同沟道排水方式下，稻田控制灌溉模式较浅湿灌溉降低了肥后田埂0～10 cm、10～20 cm、20～40 cm深度土壤溶液中TN浓度峰值(图6.3)。CI+CD处理田埂3次肥后0～10 cm、10～20 cm、20～40 cm深度土壤溶液中TN浓度峰值均值较FI+CD处理田埂3次肥后同深度土壤溶液中TN浓度峰值均值分别降低57.70%、15.93%、33.52%。CI+FD处理田埂3次肥后0～10 cm、10～20 cm、20～40 cm深度土壤溶液中TN浓度峰值均值较FI+FD处理田埂3次肥后同深度土壤溶液中TN浓度峰值均值分别降低50.99%、41.27%、42.01%。

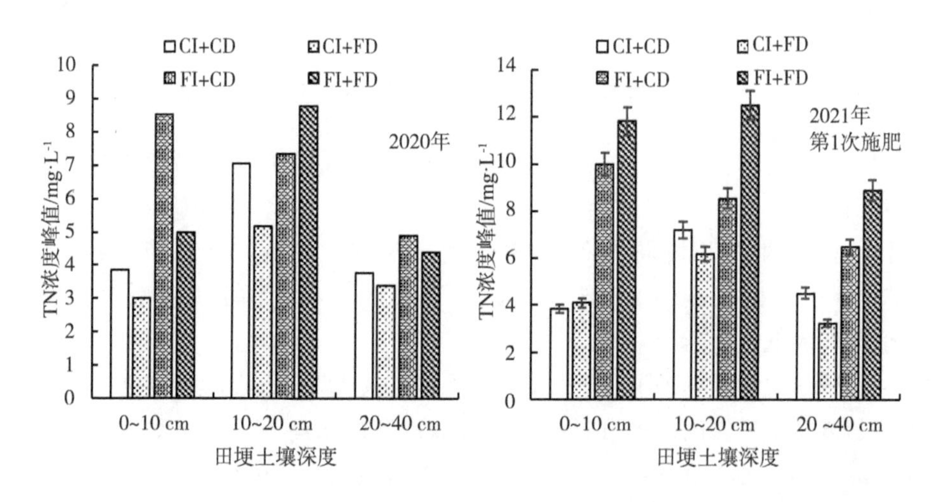

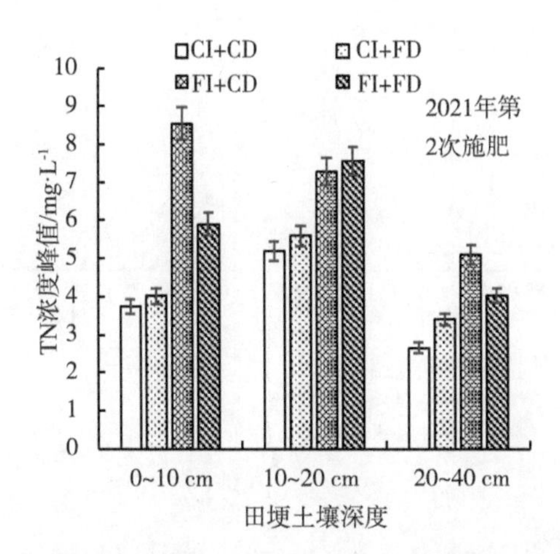

图 6.3　各处理肥后田埂 0～40 cm 深度土壤溶液中 TN 浓度峰值

(3) 灌排调控对田埂土壤 TN 浓度动态变化的影响

节水灌溉稻田与沟道控制排水组合处理相较常规浅湿灌溉稻田与沟道自由排水组合处理，田埂土壤溶液中 TN 浓度变化特征具有显著差异。相较 FI＋FD 处理，CI＋CD 处理田埂在 0～10 cm、20～40 cm 深度土壤溶液中 TN 浓度峰值出现时间推迟 1～2 天，CI＋CD 处理 3 次肥后田埂 0～10 cm、10～20 cm、20～40 cm 深度土壤溶液中 TN 浓度峰值均低于 FI＋FD 处理 3 次肥后田埂同深度土壤溶液中 TN 浓度峰值，平均降幅分别为 49.54%、32.54%、36.63%。灌排调控模式相较常规灌排处理显著降低了田埂侧渗水量，由此导致了田埂土壤溶液中 TN 浓度峰值出现时间及峰值大小的差异。

6.1.2　不同深度土壤铵态氮浓度动态变化特征

不同灌排调控模式下，田埂各深度的土壤溶液中 NH_4^+-N 浓度变化特征与 TN 相似。稻田施肥后，各处理田埂不同深度土壤溶液 NH_4^+-N 浓度均在肥后 1～4 天出现峰值，随后迅速下降至较低水平并保持稳定(图 6.4、图 6.5)。

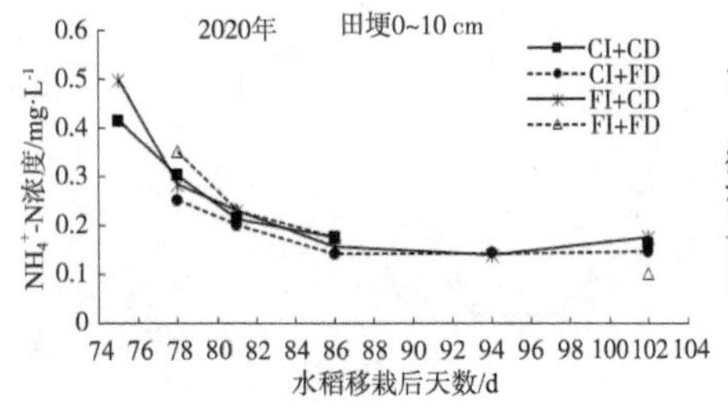

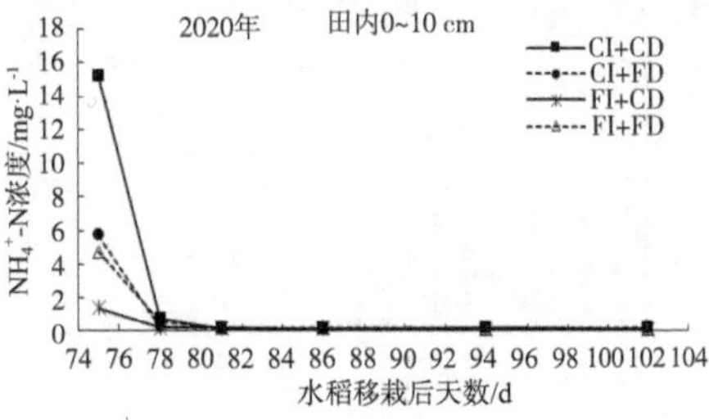

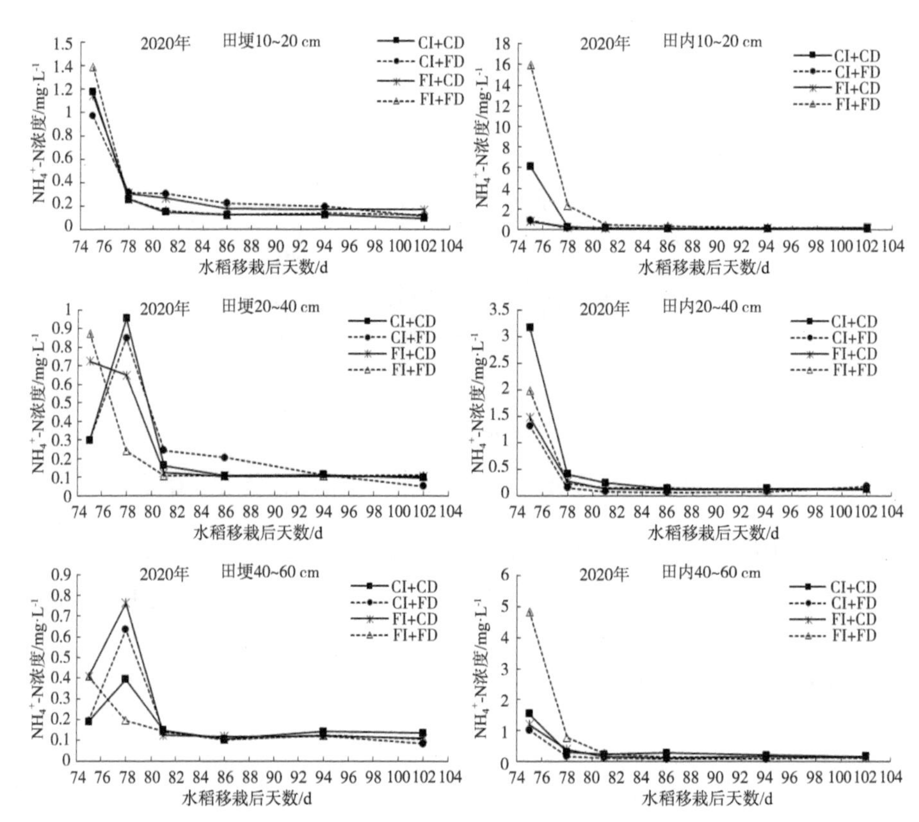

图 6.4　2020 年各处理田埂及稻田不同深度土壤 NH_4^+-N 浓度

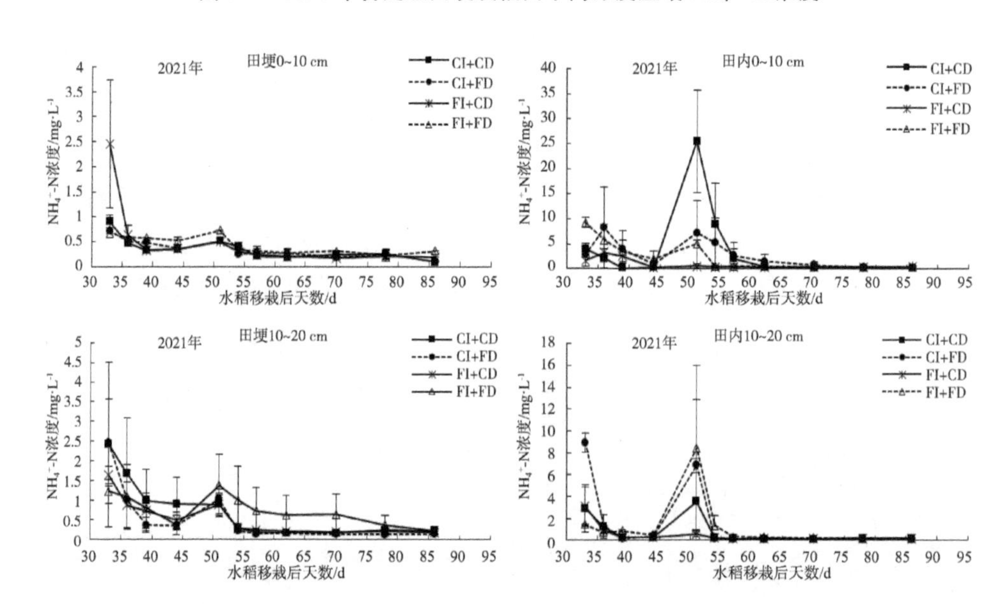

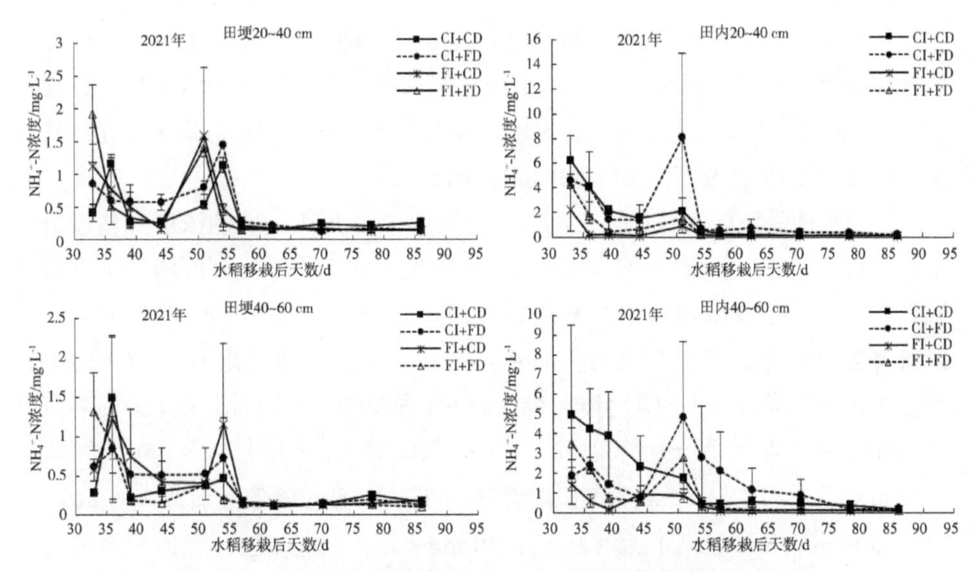

图 6.5 2021 年各处理田埂及稻田不同深度土壤 NH_4^+-N 浓度

(1) 沟道排水处理对田埂土壤 NH_4^+-N 浓度动态变化的影响

相同稻田灌溉处理下，沟道排水处理对田埂内土壤溶液中 NH_4^+-N 浓度变化过程及峰值无明显影响(图 6.4、图 6.5)。以 2021 年为例详细说明。稻田控制灌溉处理下，CI+CD 处理和 CI+FD 处理田埂各深度土壤溶液中 NH_4^+-N 浓度峰值出现时间基本一致；CI+CD 处理 2 次肥后田埂 0～10 cm、10～20 cm、20～40 cm、40～60 cm 深度土壤溶液中 NH_4^+-N 浓度峰值均值分别为 0.71 mg・L^{-1}、1.66 mg・L^{-1}、1.15 mg・L^{-1}、0.98 mg・L^{-1}，较 CI+FD 处理田埂同深度土壤溶液中 NH_4^+-N 浓度峰值均值(0.50 mg・L^{-1}、1.75 mg・L^{-1}、1.15 mg・L^{-1}、0.78 mg・L^{-1})差异较小，且单次肥后峰值互有高低，没有一致规律。稻田浅湿灌溉处理下，FI+CD 处理和 FI+FD 处理田埂各深度土壤溶液中 NH_4^+-N 浓度峰值出现时间基本一致；FI+CD 处理 2 次肥后田埂 0～10 cm、10～20 cm、20～40 cm、40～60 cm 深度土壤溶液中 NH_4^+-N 浓度峰值均值分别为 1.48 mg・L^{-1}、1.27 mg・L^{-1}、1.36 mg・L^{-1}、1.19 mg・L^{-1}，较 FI+FD 处理田埂同深度土壤溶液中 NH_4^+-N 浓度峰值均值(0.70 mg・L^{-1}、1.30 mg・L^{-1}、1.66 mg・L^{-1}、0.85 mg・L^{-1})差异较小，且单次肥后峰值互有高低，没有一致规律。

(2) 稻田灌溉处理对田埂土壤 NH_4^+-N 浓度动态变化的影响

相同沟道排水方式下，稻田控制灌溉模式较浅湿灌溉推迟了田埂 20～40 cm、40～60 cm 深度土壤溶液中 NH_4^+-N 浓度峰值出现时间(图 6.4、图

6.5)。2020年和2021年试验期施肥后，各处理田埂0～10 cm、10～20 cm深度土壤溶液中NH_4^+-N浓度峰值均出现在肥后第1天，CI+CD及CI+FD处理下，田埂20～40 cm、40～60 cm土壤溶液中NH_4^+-N浓度峰值均出现在肥后第4天，较FI+CD及FI+FD处理推迟3天。

不同稻田灌溉模式对田埂不同深度土壤溶液中NH_4^+-N的浓度峰值没有明显影响。2020年和2021年试验期内，各处理田埂3次肥后不同深度土壤溶液中NH_4^+-N浓度峰值大小互有高低，没有一致的规律(图6.4、图6.5)。以2021年第2次肥后田埂不同深度土壤溶液中NH_4^+-N的变化为例。CI+CD处理、CI+FD处理、FI+CD处理、FI+FD处理田埂0～10 cm深度土壤溶液中NH_4^+-N浓度峰值分别为0.52 mg·L^{-1}、0.25 mg·L^{-1}、0.50 mg·L^{-1}、0.73 mg·L^{-1}，10～20 cm深度土壤溶液中NH_4^+-N浓度峰值分别为0.90 mg·L^{-1}、1.04 mg·L^{-1}、0.90 mg·L^{-1}、1.38 mg·L^{-1}，20～40 cm深度土壤溶液中NH_4^+-N浓度峰值分别为1.14 mg·L^{-1}、1.45 mg·L^{-1}、1.59 mg·L^{-1}、1.40 mg·L^{-1}，40～60 cm深度土壤溶液中NH_4^+-N浓度峰值分别为0.46 mg·L^{-1}、0.72 mg·L^{-1}、1.16 mg·L^{-1}、0.39 mg·L^{-1}。

(3) 灌排调控对田埂土壤NH_4^+-N浓度动态变化的影响

节水灌溉稻田与沟道控制排水组合处理相较常规浅湿灌溉稻田和沟道自由排水组合处理，仅在20～40 cm深度土壤溶液中NH_4^+-N浓度峰值出现推迟，但浓度峰值大小没有一致的差异。CI+CD处理田埂20～40 cm深度土壤溶液中NH_4^+-N浓度峰值均出现在肥后第4天，而FI+FD处理均出现在肥后第1天。其余各深度土壤溶液中NH_4^+-N浓度峰值出现时间基本相同，各层深度土壤溶液中NH_4^+-N浓度峰值互有高低。

不同灌溉处理和不同排水处理均未对峰值表现出明显的影响，但各处理田埂0～10 cm土壤溶液中NH_4^+-N峰值均是不同深度中的最小值，由于NH_4^+-N进入田埂主要是由水分侧渗驱动的，因此可以说明由田埂0～10 cm深度土壤侧渗的水量较少；与控制灌溉处理中TN浓度在田埂0～10 cm深度土壤溶液中的峰值出现在肥后第4天不同，NH_4^+-N浓度在此深度中肥后第1天即出现峰值，这是由于土壤携带大量负电荷，易吸附NH_4^+-N，使得由稻田土壤迁移进入田埂的NH_4^+-N浓度较低，且迁移主要发生在灌水施肥当日，而土壤中NO_3^--N易随水分驱动流失，随田埂后续水分侧渗进入田埂的NO_3^--N含量较NH_4^+-N高，并导致田埂0～10 cm深度土壤溶液中TN浓度峰值的出现稍晚于NH_4^+-N浓度峰值。

6.1.3 不同深度土壤硝态氮浓度动态变化特征

不同灌排调控模式下，田埂不同深度土壤溶液中 NO_3^--N 均在肥后 1～7 天出现浓度峰值，随后迅速下降至较低水平并保持稳定（图 6.6、图 6.7）。各处理田埂 10～20 cm 土壤溶液中 NO_3^--N 浓度峰值均出现在肥后第 1 天，0～10 cm、10～20 cm、20～40 cm 深度土壤溶液中 NO_3^--N 浓度峰值表现为浅湿灌溉处理高于灌溉处理。

(1) 沟道排水处理对田埂土壤 NO_3^--N 浓度动态变化的影响

相同稻田灌溉处理下，沟道排水处理对于田埂内土壤溶液中 NO_3^--N 浓度

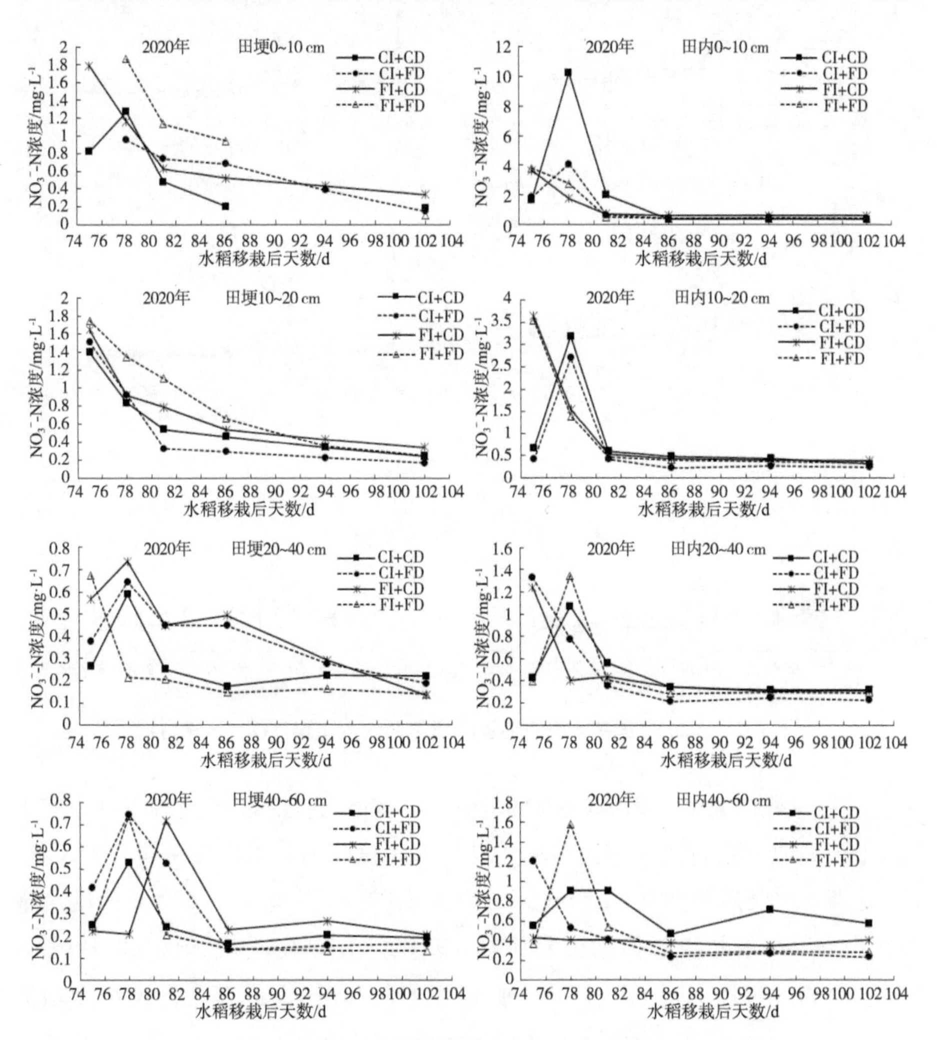

图 6.6 2020 年各处理田埂及稻田不同深度土壤 NO_3^--N 浓度

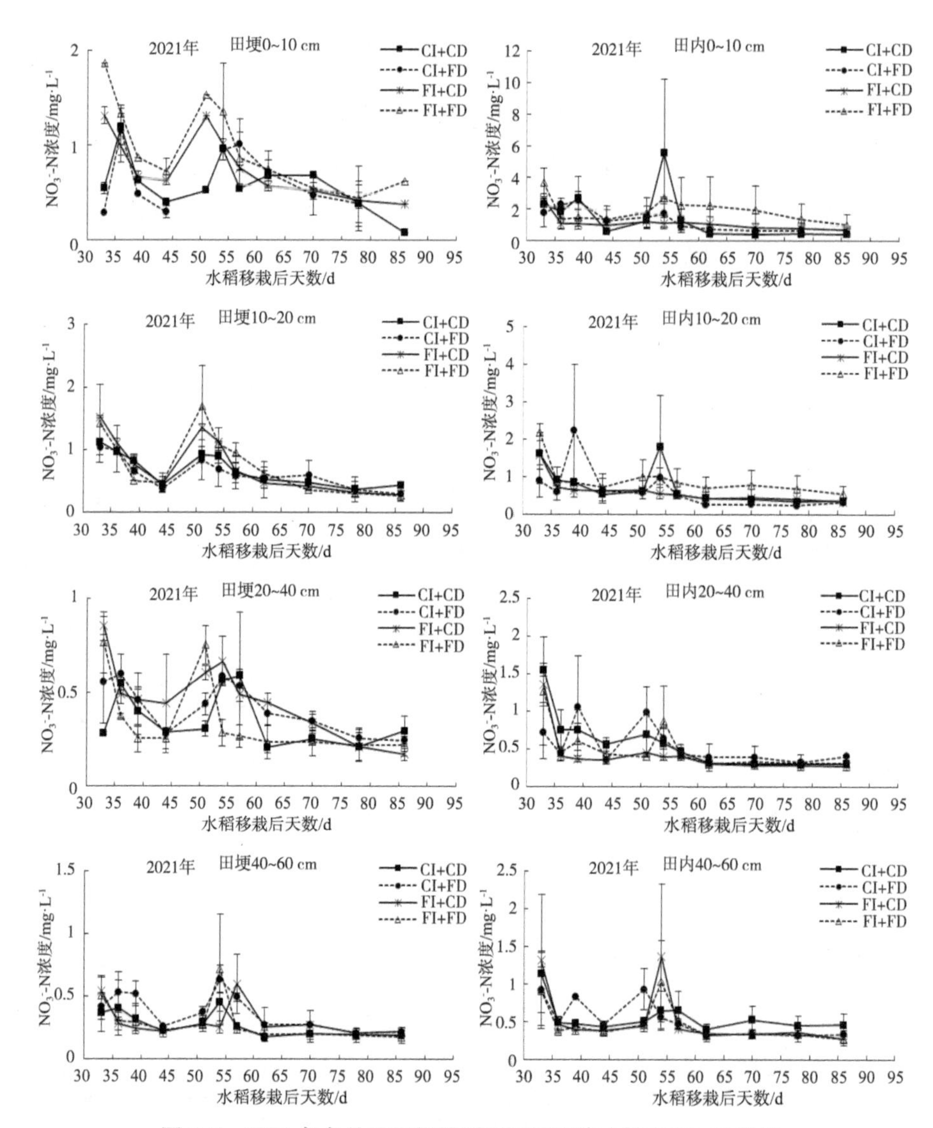

图 6.7 2021 年各处理田埂及稻田不同深度土壤 NO_3^--N 浓度

变化过程及峰值无明显影响(图 6.6、图 6.7)。稻田控制灌溉处理下,CI+CD 和 CI+FD 处理各深度土壤溶液中 NO_3^--N 浓度峰值基本出现在同一天,CI+CD 处理 3 次肥后田埂 0～10 cm、10～20 cm、20～40 cm、40～60 cm 深度土壤溶液中 NO_3^--N 浓度峰值均值分别为 1.91 mg·L^{-1}、1.90 mg·L^{-1}、0.94 mg·L^{-1}、0.46 mg·L^{-1},与 CI+FD 处理 3 次肥后田埂同深度 NO_3^--N 浓度峰值均值(1.73 mg·L^{-1}、1.87 mg·L^{-1}、1.02 mg·L^{-1}、0.64 mg·L^{-1})差异较

小，且单次肥后各深度浓度峰值互有高低。

稻田浅湿灌溉处理下，FI＋CD 和 FI＋FD 处理各深度土壤溶液中 NO_3^--N 浓度峰值基本出现在同一天，FI＋CD 处理 3 次肥后田埂 0～10 cm、10～20 cm、20～40 cm、40～60 cm 深度土壤溶液中 NO_3^--N 浓度峰值均值分别为 2.45 mg·L^{-1}、2.51 mg·L^{-1}、1.25 mg·L^{-1}、1.14 mg·L^{-1}，与 FI＋FD 处理 3 次肥后田埂同深度土壤溶液中 NO_3^--N浓度峰值均值（2.93 mg·L^{-1}、2.70 mg·L^{-1}、1.22 mg·L^{-1}、0.90 mg·L^{-1}）差异较小，且单次肥后各深度浓度峰值互有高低。

（2）稻田灌溉处理对田埂土壤 NO_3^--N 浓度动态变化的影响

相同沟道排水方式下，稻田控制灌溉模式较浅湿灌溉推迟了田埂 0～10 cm 和 20～40 cm 深度土壤溶液中 NO_3^--N 浓度峰值出现时间。2020 年和 2021 年试验期内，CI＋CD、CI＋FD 处理下，田埂 0～10 cm、20～40 cm 深度土壤溶液中 NO_3^--N 浓度峰值基本出现在肥后第 4 天，FI＋CD、FI＋FD 处理田埂对应深度土壤溶液中 NO_3^--N 浓度峰值基本都出现在肥后第 1 天。由于 CI 处理稻田灌水后不覆水层，向田埂方向的水分侧渗量较小，故 CI＋CD、CI＋FD 处理田埂土壤溶液中 NO_3^--N 浓度出现峰值的时间晚于浅湿灌溉处理。两种灌溉处理田埂 10～20 cm 深度土壤溶液中 NO_3^--N 浓度峰值均出现在肥后第 1 天，40～60 cm 深度土壤溶液中 NO_3^--N 浓度峰值出现时间没有一致的规律。

相同沟道排水方式下，稻田控制灌溉模式较浅湿灌溉降低了肥后田埂 0～10 cm、10～20 cm、20～40 cm 深度土壤溶液中 NO_3^--N 浓度峰值（图 6.8）。CI＋CD 处理田埂 3 次肥后 0～10 cm、10～20 cm、20～40 cm 深度土壤溶液中 NO_3^--N浓度峰值均值较 FI＋CD 处理田埂 3 次肥后同深度土壤溶液中 NO_3^--N 浓度峰值均值分别降低 22.04%、24.30%、24.80%。CI＋FD 处理田埂 3 次肥后 0～10 cm、10～20 cm、20～30 cm 深度土壤溶液中 NO_3^--N 浓度峰值均值较 FI＋FD 处理田埂 3 次肥后同深度土壤溶液中 NO_3^--N 浓度峰值均值分别降低 40.96%、30.74%、16.39%。由于浅湿灌溉处理田面覆水，通过田埂侧渗的水量相较控制灌溉处理多，所以导致 NO_3^--N 随之迁移的浓度也高。

（3）灌排调控对田埂土壤 NO_3^--N 浓度动态变化的影响

节水灌溉稻田与沟道控制排水组合处理相较常规浅湿灌溉稻田与沟道自由排水组合处理，田埂土壤溶液中 NO_3^--N 浓度变化特征具有显著差异。相较 FI＋FD 处理，CI＋CD 处理田埂在 0～10 cm、20～40 cm 深度土壤溶液中 NO_3^--N 浓度峰值出现时间推迟 1～2 天，CI＋CD 处理 3 次肥后田埂 0～10 cm、10～20 cm、

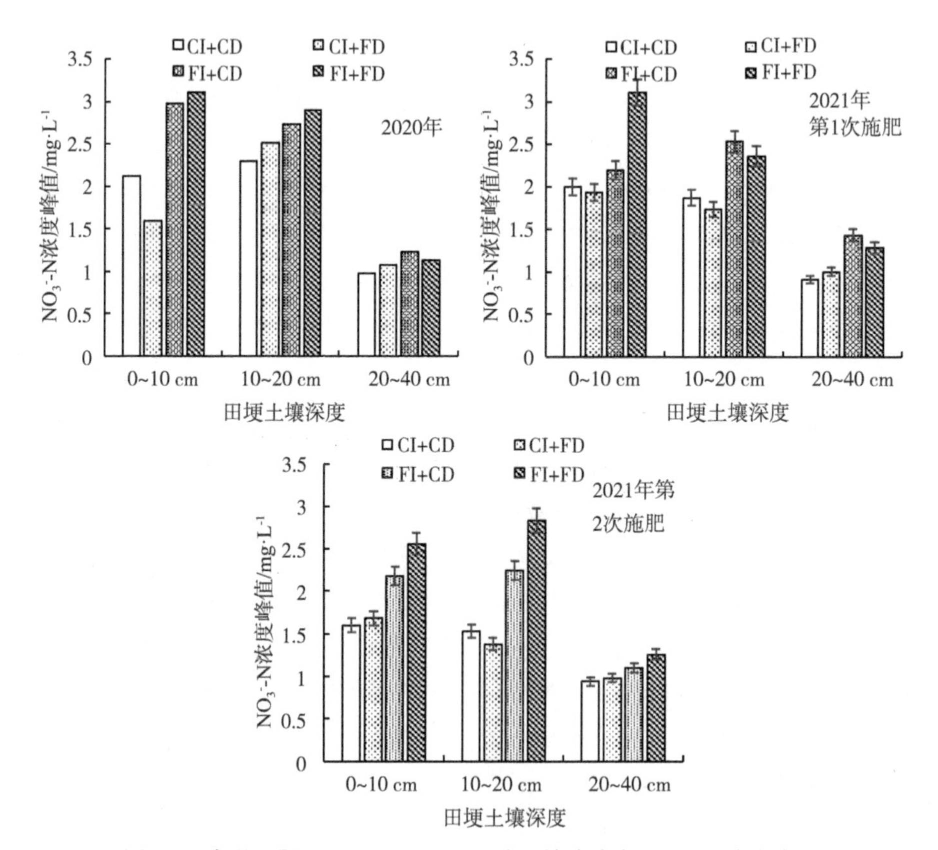

图 6.8　各处理肥后田埂 0～40 cm 深度土壤溶液中 NO_3^--N 浓度峰值

20～40 cm 深度土壤溶液中 NO_3^--N 浓度峰值均低于 FI+FD 处理 3 次肥后田埂同深度土壤溶液中 NO_3^--N 浓度峰值，平均降幅分别为 34.81%、29.63%、22.95%。灌排调控模式相较常规灌排处理显著降低了田埂侧渗水量，而 NO_3^--N 易受水分驱动迁移，由此导致了田埂土壤溶液中 NO_3^--N 浓度峰值出现时间及峰值大小的差异。

6.2　田埂区域土壤氮素浓度剖面分布特征

6.2.1　土壤溶液总氮浓度剖面分布特征

不同灌排调控模式下，田埂土壤溶液中 TN 浓度呈现出在 0～20 cm 时较高，随深度下降的趋势（图 6.9）。CI+CD、CI+FD 处理田埂土壤溶液中 TN 浓度在 10～20 cm 深度最高，在 0～10 cm 深度次之；FI+CD、FI+FD 处理田埂土壤溶液中 TN 浓度在 0～10 cm 深度最高，在 10～20 cm 深度次之。各处理田埂土壤溶液中 TN 浓度均随深度增加而下降。

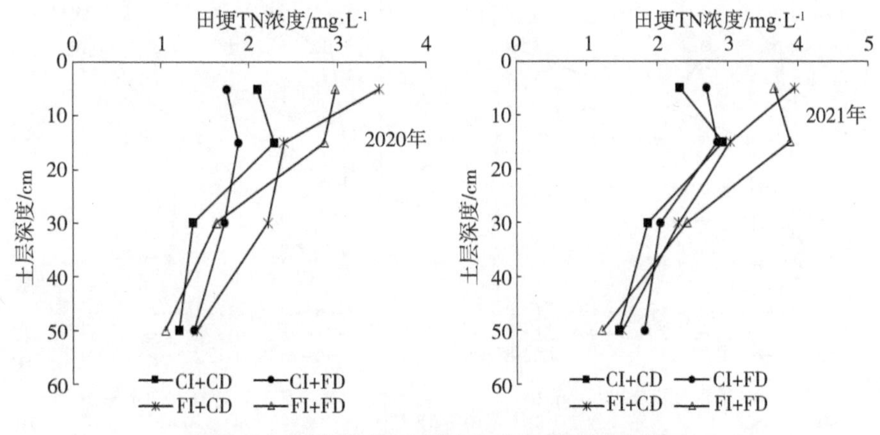

图 6.9　各处理田埂土壤溶液中 TN 浓度剖面分布

不同灌排调控模式下，田埂表层土壤溶液中 TN 浓度随时间变化最为剧烈，各处理不同深度土壤溶液中 TN 浓度基本在肥后 1～4 天达到峰值，随后迅速下降，在肥后 1 周以后趋于稳定，土壤溶液中 TN 浓度并未呈现出明显的向下迁移趋势(图 6.10、图 6.11)。以 2021 年第 2 次肥后 CI+CD 处理变化特征为例详细说明。该处理 0～10 cm 深度肥后第 1 天土壤溶液中 TN 浓度为 2.61 mg・L^{-1}，肥后第 4 天达到峰值 3.76 mg・L^{-1}，肥后第 7 天回落至 2.11 mg・L^{-1}，随后不断降低并趋于稳定；10～20 cm 深度肥后第 1 天土壤溶液中 TN 浓度达到峰值 5.20 mg・L^{-1}，肥后第 4 天回落至 2.23 mg・L^{-1}，肥后第 7 天回落至1.57 mg・L^{-1}，随后不断降低并趋于稳定；20～40 cm 深度肥后第 1 天土壤溶液中 TN 浓度为 1.96 mg・L^{-1}，肥后第 4 天达到峰值 2.65 mg・L^{-1}，肥后第 7 天回落至 1.38 mg・L^{-1}，随后不断降低并趋于稳定；40～60 cm 深度肥后第 1 天土壤溶液中 TN 浓度为 1.44 mg・L^{-1}，肥后第 4 天达到峰值 2.19 mg・L^{-1}，肥后第 7 天回落至 0.77 mg・L^{-1} 并保持稳定。可见在稻田向田埂方向侧渗水分的驱动下，田埂不同深度土壤溶液中的 TN 浓度出现峰值，但在垂直方向上并没有发生峰值出现时间随深度增加而后移的情况，说明由稻田进入田埂的氮素基本没有在田埂上发生垂向的迁移，而是随侧渗水分直接流失进入沟道内。2020 年 CI+CD 处理 10～20 cm 深度土壤溶液中 TN 浓度高于 CI+FD 处理，与 2021 年不符，是由于 2020 年试验期内仅施肥一次，存在一定偶然性。

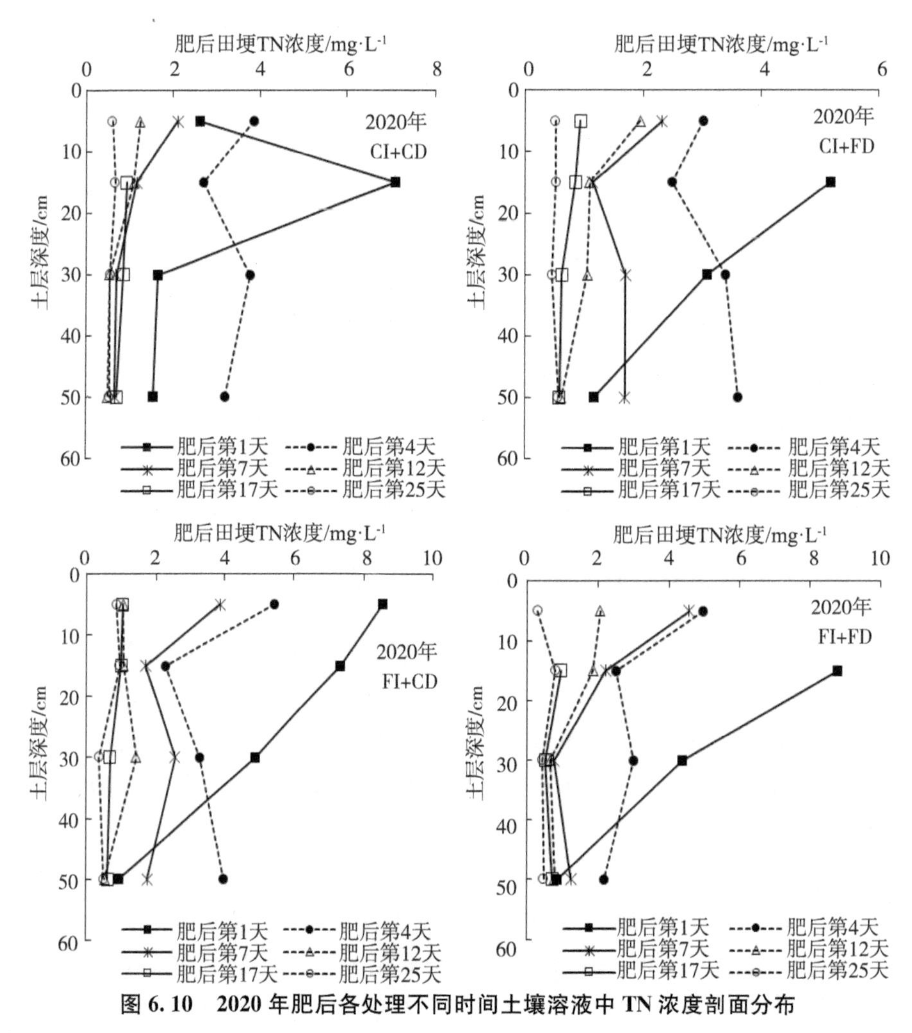

图 6.10　2020 年肥后各处理不同时间土壤溶液中 TN 浓度剖面分布

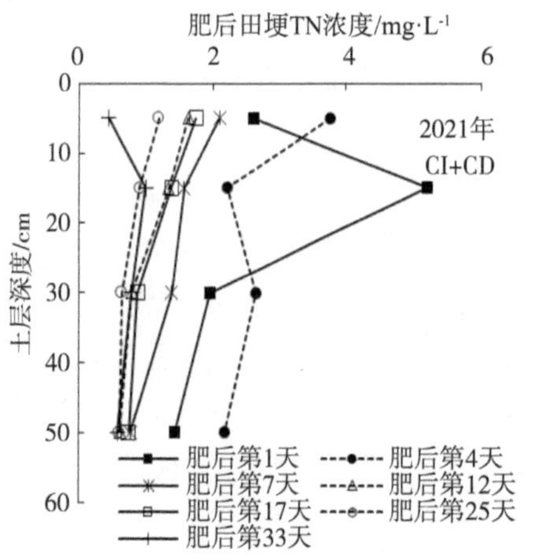

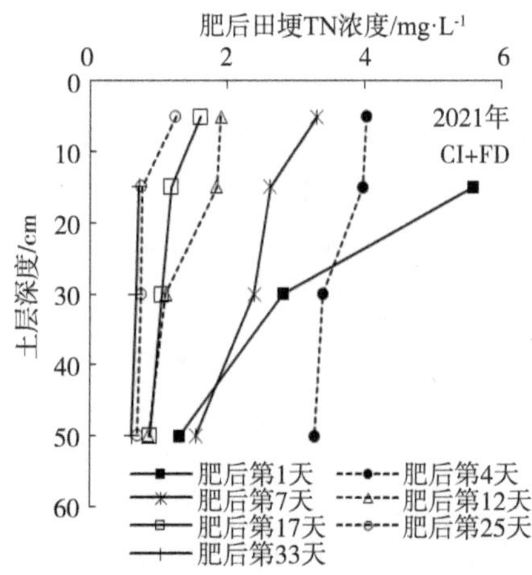

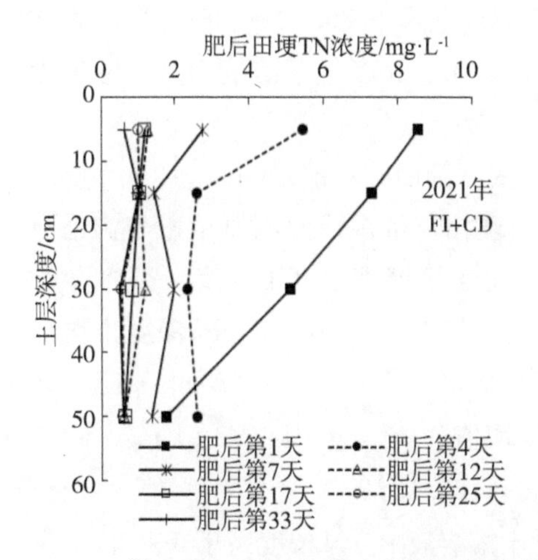

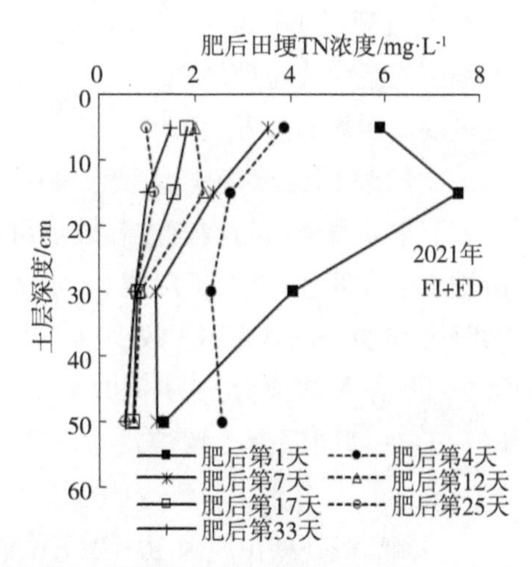

图 6.11　2021 年第 2 次肥后各处理不同时间土壤溶液中 TN 浓度剖面分布

(1) 沟道排水处理对田埂土壤溶液中 TN 浓度剖面分布的影响

稻田控制灌溉处理下，沟道控制排水较自由排水小幅降低了田埂 20～40 cm 和 40～60 cm 深度土壤溶液中的 TN 浓度。比如 2021 年，CI＋CD 处理田埂 20～40 cm、40～60 cm 深度土壤溶液中 TN 浓度均值分别为 1.86 mg・L^{-1}、1.44 mg・L^{-1}，CI＋FD 处理田埂对应深度 TN 浓度均值分别为 2.04 mg・L^{-1}、1.81 mg・L^{-1}，这种差距可能是由于侧渗水量引起。由第三章的结论可知 CI＋FD 处理田埂日均侧渗水量高于 CI＋CD 处理，但水分侧渗在 20 cm 以下深度表现微弱，影响有限。CI＋CD、CI＋FD 处理田埂 0～10 cm 和 10～20 cm 深度土壤溶液中 TN 浓度未表现出一致性的规律。

稻田浅湿灌溉处理下，不同沟道排水方式对田埂各深度土壤溶液中 TN 浓度没有一致性的影响。FI＋CD 处理田埂 0～10 cm 深度土壤溶液中 TN 浓度高于 FI＋FD 处理，而在 10～20 cm 深度则表现为 FI＋FD 处理高于 FI＋CD 处理，在田埂 20～40 cm 和 40～60 cm 深度内没有一致性的规律。

(2) 稻田灌溉处理对田埂土壤溶液中 TN 浓度剖面分布的影响

相同沟道排水方式下，稻田控制灌溉模式较浅湿灌溉降低了田埂 0～20 cm 深度土壤溶液中 TN 浓度(图 6.9)。以 2021 年试验期为例，CI＋CD 处理下，田埂 0～10 cm、10～20 cm 深度土壤溶液中 TN 浓度均值分别为 2.30 mg・L^{-1}、2.92 mg・L^{-1}，分别较 FI＋CD 处理(3.95 mg・L^{-1}、3.03 mg・L^{-1})下降了 41.77％、3.63％；CI＋FD 处理下，田埂 0～10 cm、10～20 cm 深度土壤溶液中 TN 浓度均值分别为 2.68 mg・L^{-1}、2.84 mg・L^{-1}，分别较

FI+FD处理(3.66 mg·L^{-1}、3.88 mg·L^{-1}),下降了26.78%、26.80%。不同的稻田灌溉模式对田埂20～40 cm和40～60 cm深度土壤溶液中TN浓度没有表现出明显的差异。

(3) 灌排调控对田埂土壤溶液中TN浓度剖面分布的影响

节水灌溉稻田与沟道控制排水组合处理相较常规浅湿灌溉稻田与沟道自由排水组合处理,降低了田埂0～40 cm深度土壤溶液中TN浓度。2020年和2021年试验期内,CI+CD处理0～10 cm、10～20 cm、20～40 cm深度土壤溶液中TN浓度均值分别为2.24 mg·L^{-1}、2.69 mg·L^{-1}、1.68 mg·L^{-1},较FI+FD处理同深度土壤溶液中TN浓度均值(3.48 mg·L^{-1}、3.51 mg·L^{-1}、2.13 mg·L^{-1})分别下降了35.63%、23.36%、21.13%。

控制灌溉处理田埂内10～20 cm深度土壤溶液中TN浓度高于0～10 cm深度土壤,说明氮素的流失主要集中于10～20 cm深度田埂内,这与第三章得出的控制灌溉处理水分侧渗主要发生在田埂10～20 cm内相符,在20 cm以下深度土壤中水分侧渗较为微弱,所以氮素浓度也较低。浅湿灌溉处理田埂内0～10 cm深度土壤溶液中TN浓度较高,说明浅湿灌溉处理在田面保留水层的情况下,水分侧渗在田埂0～10 cm和10～20 cm深度都有发生,虽然2021年FI+FD处理10～20 cm深度土壤溶液中TN浓度高于0～10 cm深度土壤,与2020年趋势不同,但其增幅仅为6.01%,推测是由于降雨和灌水等发生了变化。

6.2.2 土壤溶液铵态氮浓度剖面分布特征

不同灌排调控模式下,田埂土壤溶液中NH_4^+-N浓度呈现出在10～20 cm深度高、在20～40 cm深度次之的特点(图6.12)。

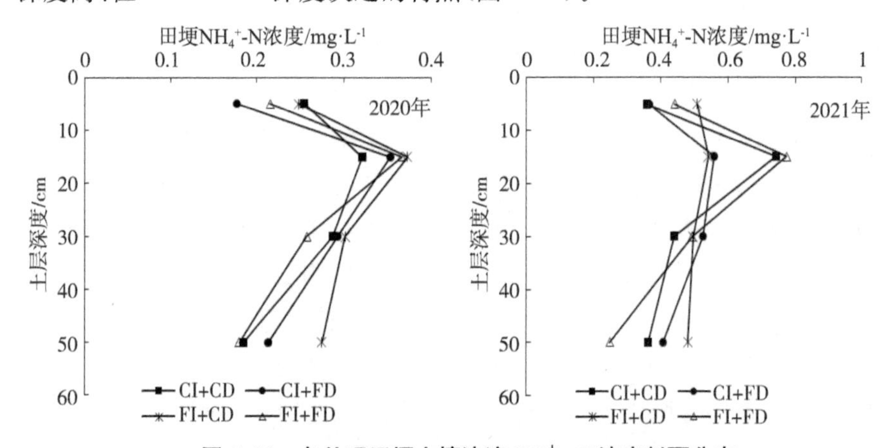

图6.12 各处理田埂土壤溶液NH_4^+-N浓度剖面分布

不同灌排调控模式下，田埂土壤溶液中 NH_4^+-N 浓度随时间变化的剖面分布图与 TN 浓度类似。田埂表层土壤溶液中 NH_4^+-N 浓度随时间变化最为剧烈，各处理不同深度土壤溶液中 TN 浓度基本在肥后 1～4 天达到峰值，随后迅速下降，在肥后 1 周以后趋于稳定，土壤溶液中 NH_4^+-N 浓度并未呈现出明显的向下迁移趋势(图 6.13、图 6.14)。以 2021 年第 2 次肥后 CI+CD 处理变化特征为例详细说明。该处理 0～10 cm 深度肥后第 1 天土壤溶液中 NH_4^+-N 浓度到达峰值 0.52 mg・L^{-1}，肥后第 4 天回落至 0.39 mg・L^{-1}，随后不断降低并趋于稳定；10～20 cm 深度肥后第 1 天土壤溶液中 NH_4^+-N 浓度达到峰值 0.90 mg・L^{-1}，肥后第 4 天回落至 0.28 mg・L^{-1}，随后趋于稳定；20～40 cm 深度肥后第 1 天土壤溶液中 NH_4^+-N 浓度为 0.53 mg・L^{-1}，肥后第 4 天达到峰值 1.14 mg・L^{-1}，肥后第 7 天回落至 0.20 mg・L^{-1} 并趋于稳定；40～60 cm 深度肥后第 1 天土壤溶液中 NH_4^+-N 浓度为 0.38 mg・L^{-1}，肥后第 4 天达到峰值 0.46 mg・L^{-1}，肥后第 7 天回落至 0.17 mg・L^{-1} 并保持稳定。可见与田埂内 TN 浓度的剖面分布相似，在稻田向田埂方向侧渗水分的驱动下，田埂不同深度土壤溶液中的 NH_4^+-N 浓度出现峰值，但在垂直方向上没有发生峰值出现时间随深度增加而后移的情况，说明由稻田进入田埂的 NH_4^+-N 基本没有在田埂上发生垂向的迁移，而是随侧渗水分直接流失进入沟道内。

(1) 沟道排水处理对田埂土壤溶液中 NH_4^+-N 浓度剖面分布的影响

稻田控制灌溉处理下，沟道控制排水较自由排水小幅降低了田埂 20～40 cm 和 40～60 cm 深度土壤溶液中 NH_4^+-N 浓度。以 2021 年为例详细说明。CI+CD 处理田埂 20～40 cm 和 40～60 cm 深度土壤溶液中 NH_4^+-N 浓度均值分别为 0.44 mg・L^{-1} 和 0.36 mg・L^{-1}，较 CI+FD 处理田埂对应深度 NH_4^+-N 浓度均值(0.53 mg・L^{-1} 和 0.41 mg・L^{-1})分别降低了 16.98%和 12.20%。CI+CD、CI+FD 处理田埂 0～10 cm 和 10～20 cm 深度土壤溶液中 TN 浓度未表现出一致性的规律。

稻田浅湿灌溉处理下，沟道控制排水较自由排水处理提高了田埂 0～10 cm 和 40～60 cm 深度土壤溶液中 NH_4^+-N 浓度。以 2021 年为例详细说明。FI+CD 处理田埂 0～10 cm 和 40～60 cm 深度土壤溶液中 NH_4^+-N 浓度均值分别为 0.51 mg・L^{-1} 和 0.48 mg・L^{-1}，较 FI+FD 处理田埂对应深度 NH_4^+-N 浓度均值(0.44 mg・L^{-1} 和 0.25 mg・L^{-1})分别升高了 15.91%和 92.00%。FI+CD、FI+FD 处理田埂 10～20 cm 和 20～40 cm 深度土壤溶液 TN 浓度未表现出一致性的规律。

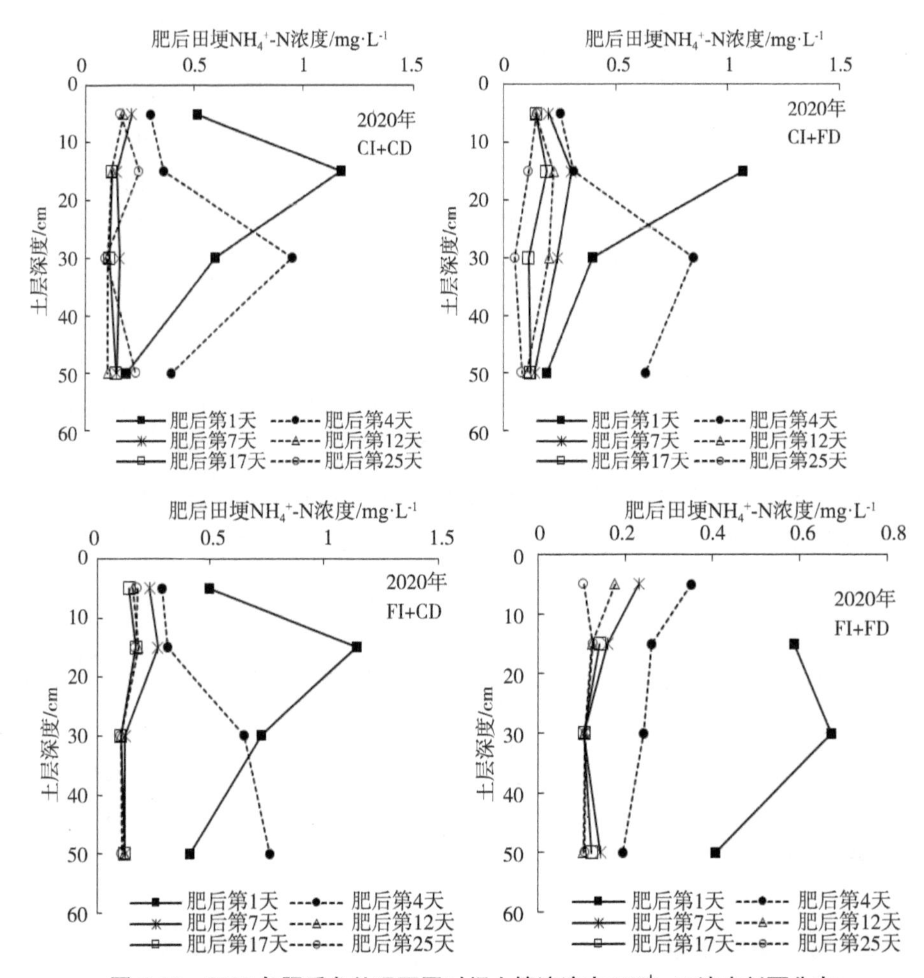

图 6.13　2020 年肥后各处理不同时间土壤溶液中 NH_4^+-N 浓度剖面分布

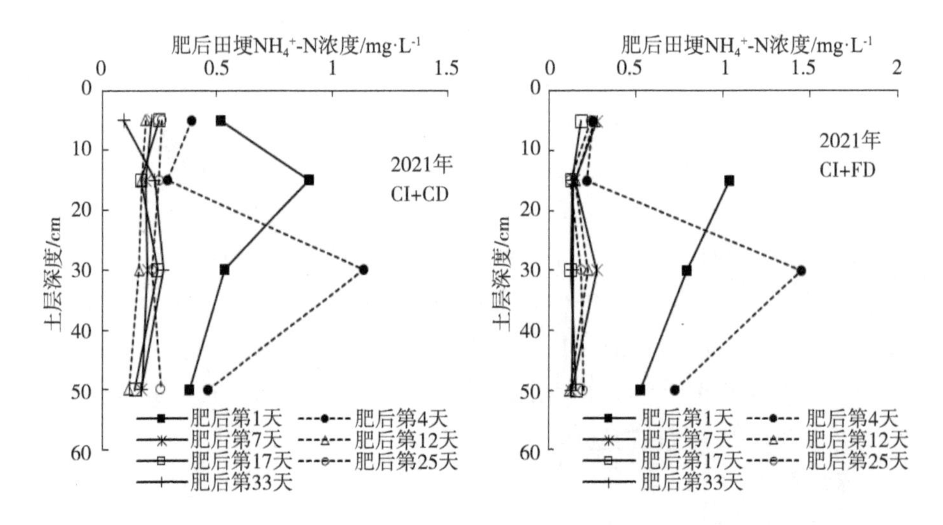

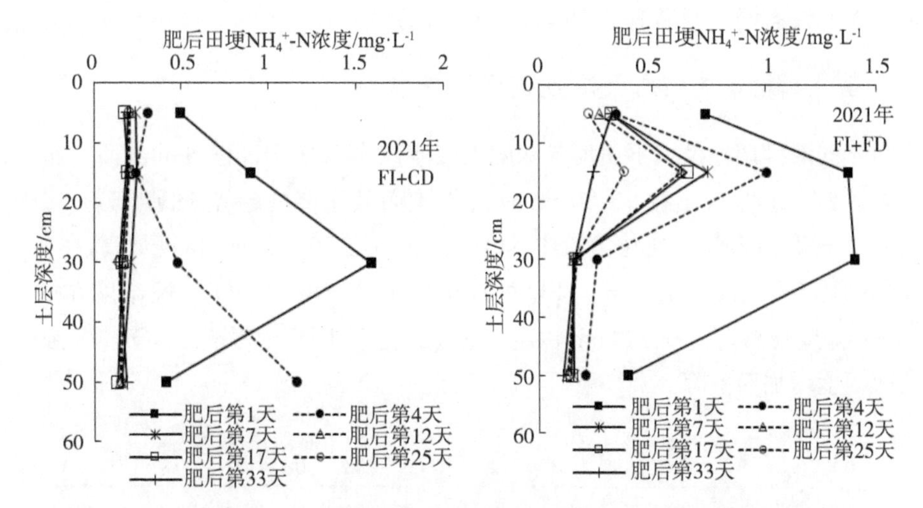

图 6.14　2021 年第 2 次肥后各处理不同时间土壤溶液中 NH_4^+-N 浓度剖面分布

(2) 稻田灌溉处理对田埂土壤溶液中 NH_4^+-N 浓度剖面分布的影响

沟道控制排水处理下，稻田控制灌溉处理较浅湿灌溉处理降低田埂 20～40 cm 和 40～60 cm 深度土壤溶液中的 NH_4^+-N 浓度。0～10 cm 和 10～20 cm 深度未表现出一致性规律。

沟道自由排水处理下，稻田控制灌溉处理较浅湿灌溉处理降低田埂 0～10 cm 和 10～20 cm 深度土壤溶液中的 NH_4^+-N 浓度，增加了 20～40 cm 和 40～60 cm 深度土壤溶液中的 NH_4^+-N 浓度。

(3) 灌排调控对田埂土壤溶液 NH_4^+-N 浓度剖面分布的影响

不同灌排组合处理下田埂土壤溶液内 NH_4^+-N 的剖面分布趋势较为一致，在 0～20 cm 深度中升高，在 20～60 cm 深度内下降。节水灌溉稻田与沟道控制排水组合处理相较常规浅湿灌溉稻田与沟道自由排水组合处理，在田埂土壤溶液中 NH_4^+-N 浓度数值上没有表现出明显的差异，说明灌排调控对稻田-田埂区域 NH_4^+-N 的迁移没有显著影响。

不同灌排组合处理间变化趋势较为一致，没有表现出明显的差别，推测是由 NH_4^+-N 的特点所造成的。在稻田施入氮肥后，氮素的转化与迁移是十分复杂的，涉及物理—化学—生物过程，NH_4^+-N 易被土壤胶体中大量阴离子吸附，浅湿灌溉处理中 NH_4^+-N 并没有直接从田面水层中向田埂 0～10 cm 深度土壤内迁移，而是通过稻田土壤向田埂 10～20 cm 深度土壤内迁移；此外，田埂 0～10 cm 土壤通气性较强，硝化微生物较为活跃，会加速该深度内 NH_4^+-N 的转化，两者的综合作用导致了浅湿灌溉处理田埂土壤溶液中 NH_4^+-N 浓度剖面分布并没有同控制灌溉处理表现出明显的差别。

6.2.3 土壤溶液硝态氮浓度剖面分布特征

不同灌排调控模式下田埂各深度土壤溶液中 NO_3^--N 浓度的剖面分布与 TN 浓度类似，呈现出在 0～20 cm 时较高，随深度下降的趋势(图 6.15)。CI+CD、CI+FD 处理田埂土壤溶液中 NO_3^--N 浓度在 10～20 cm 深度最高，在 0～10 cm 深度次之；FI+CD、FI+FD 处理田埂土壤溶液中 NO_3^--N 浓度在 0～10 cm 深度最高，在 10～20 cm 深度次之。各处理田埂土壤溶液 NO_3^--N 浓度均随深度增加而下降。

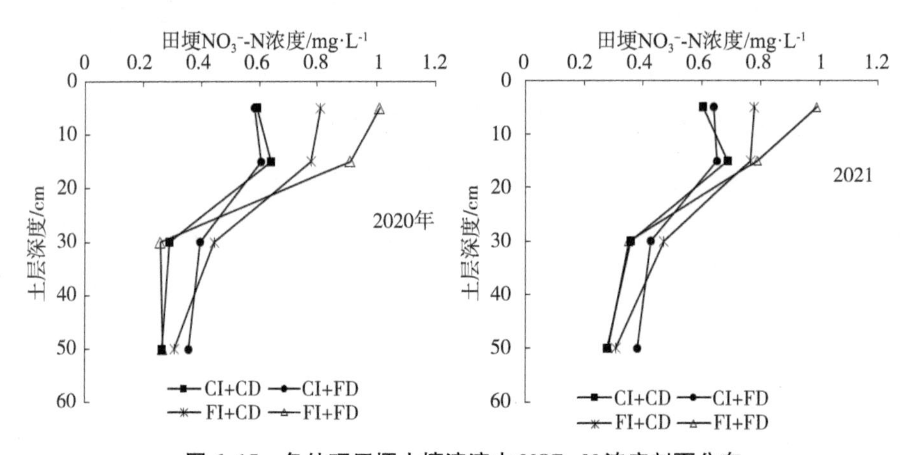

图 6.15 各处理田埂土壤溶液中 NO_3^--N 浓度剖面分布

不同灌排组合处理下，田埂土壤溶液中 NO_3^--N 浓度随时间变化的剖面分布图与 TN、NH_4^+-N 浓度类似。田埂表层土壤溶液中 NO_3^--N 浓度随时间变化最为剧烈，各处理不同深度土壤溶液中 NO_3^--N 浓度基本在肥后 1～4 天达到峰值，随后迅速下降，在肥后 1 周以后趋于稳定，土壤溶液中 NO_3^--N 浓度并未表现出明显的向下迁移趋势(图 6.16、图 6.17)。以 2020 年肥后 CI+CD 处理变化特征为例详细说明。该处理 0～10 cm 深度肥后第 1 天土壤溶液中 NO_3^--N 浓度为 0.82 mg·L^{-1}，肥后第 4 天到达峰值 1.27 mg·L^{-1}，肥后第 7 天回落至 0.48 mg·L^{-1}，然后继续降低并趋于稳定；10～20 cm 深度肥后第 1 天土壤溶液中 NO_3^--N 浓度达到峰值1.40 mg·L^{-1}，肥后第 4 天回落至 0.84 mg·L^{-1}，肥后第 7 天回落至 0.55 mg·L^{-1}，随后继续降低；20～40 cm 深度肥后第 1 天土壤溶液中 NO_3^--N 为浓度0.26 mg·L^{-1}，肥后第 4 天达到峰值 0.59 mg·L^{-1}，肥后第 7 天回落至 0.25 mg·L^{-1} 并趋于稳定；40～60 cm 深度肥后第

1 天土壤溶液中 NO_3^--N 浓度为 0.25 mg·L^{-1}，肥后第 4 天达到峰值 0.53 mg·L^{-1}，肥后第 7 天回落至 0.24 mg·L^{-1} 并保持稳定。可见与田埂内 TN 的剖面分布相似，在稻田向田埂方向侧渗水分的驱动下，田埂不同深度土壤溶液中的 NO_3^--N 浓度出现峰值，但在垂直方向上没有发生峰值出现时间随深度增加而后移的情况，说明由稻田进入田埂的 NO_3^--N 同样没有在田埂上发生垂向的迁移，亦是随侧渗水分直接流失进入沟道内。

(1) 沟道排水处理对田埂土壤溶液中 NO_3^--N 浓度剖面分布的影响

稻田控制灌溉处理下，沟道控制排水较自由排水降低了田埂 20～40 cm 和 40～60 cm 深度土壤溶液中的 NO_3^--N 浓度，但差异较小。以 2020 年为例详细说明。CI+CD 处理田埂 20～40 cm、40～60 cm 深度土壤溶液中 NO_3^--N 浓

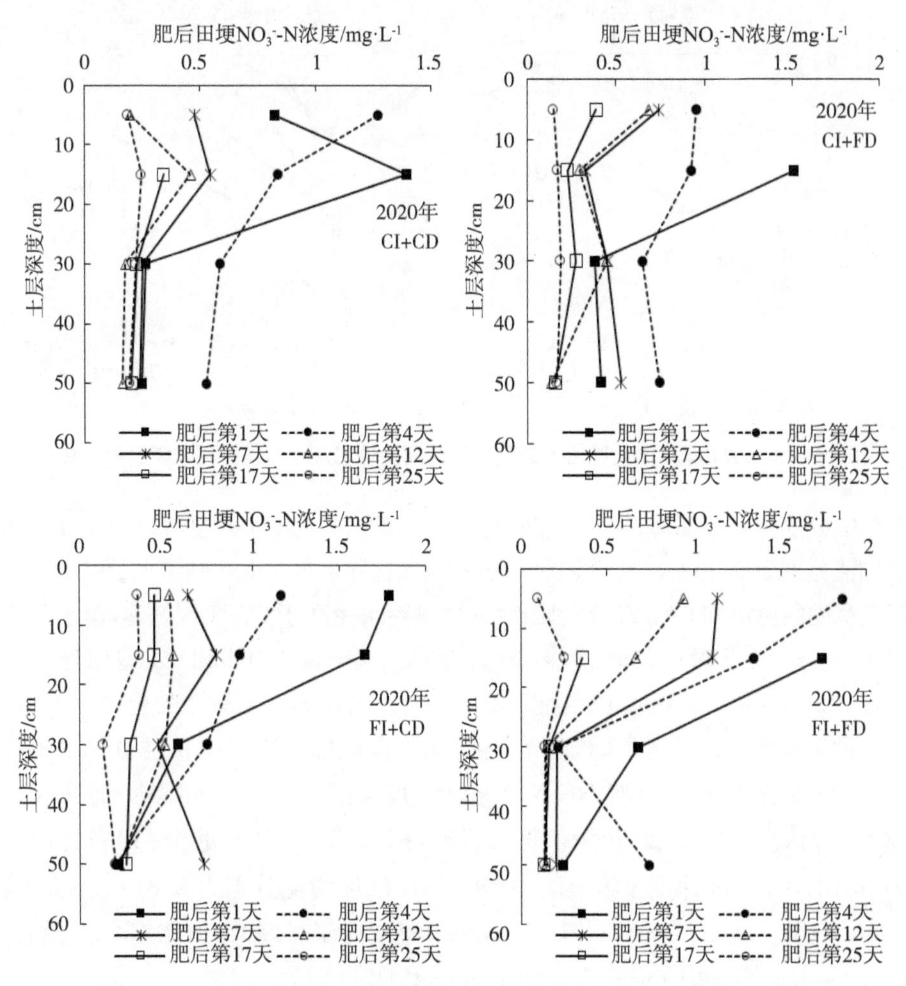

图 6.16　2020 年肥后各处理不同时间土壤溶液中 NO_3^--N 浓度剖面分布

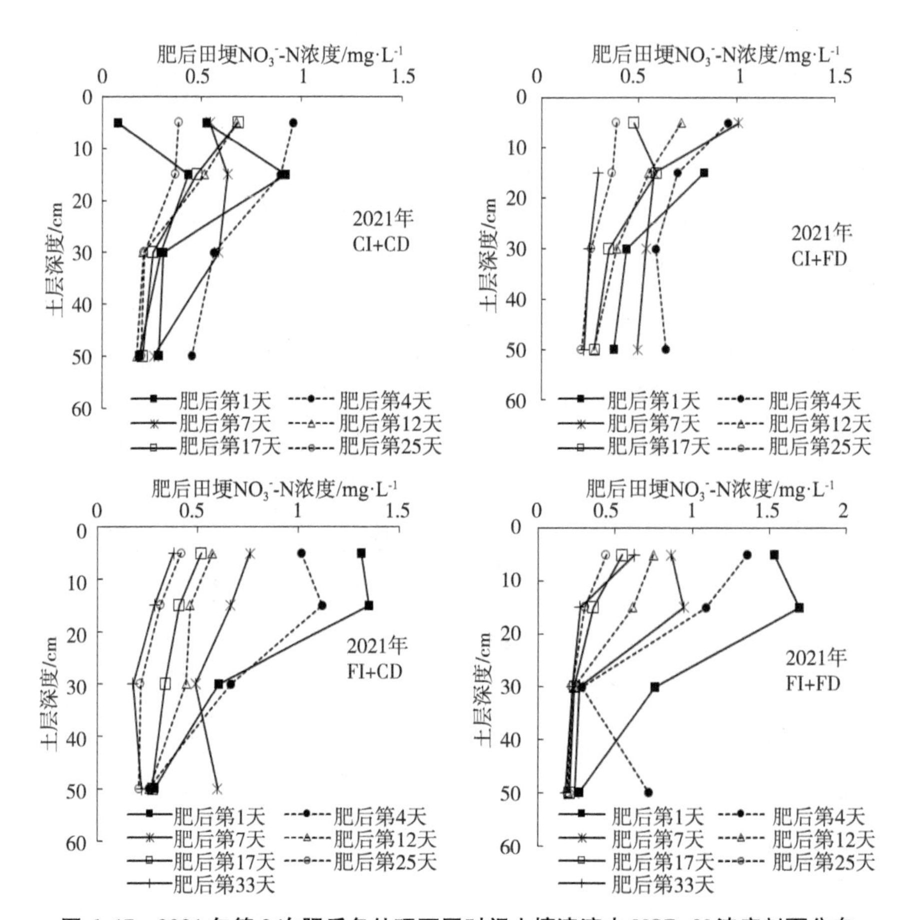

图 6.17　2021 年第 2 次肥后各处理不同时间土壤溶液中 NO_3^--N 浓度剖面分布

度均值分别为 0.29 mg·L^{-1}、0.26 mg·L^{-1}，CI＋FD 处理田埂对应深度 TN 浓度均值分别为 0.40 mg·L^{-1}、0.36 mg·L^{-1}，这种差距是由于侧渗水量引起。由第三章的结论可知 CI＋FD 处理田埂日均侧渗水量高于 CI＋CD 处理，但水分侧渗在 20 cm 以下深度表现微弱，影响有限。CI＋CD、CI＋FD 处理田埂 0～10 cm 和 10～20 cm 深度土壤溶液 NO_3^--N 浓度未表现出一致性的规律。

稻田浅湿灌溉处理下，沟道控制排水较自由排水降低了田埂 0～10 cm、10～20 cm 深度土壤溶液 NO_3^--N 浓度，增加了 20～40 cm 深度土壤溶液 NO_3^--N 浓度。以 2020 年为例详细说明，FI＋CD 处理田埂 0～10 cm、10～20 cm、20～40 cm 深度土壤溶液中 NO_3^--N 浓度均值分别为 0.81 mg·L^{-1}、0.78 mg·L^{-1}、0.45 mg·L^{-1}，FI＋FD 处理田埂对应深度 NO_3^--N 浓度均值分别为 1.01 mg·L^{-1}、0.91 mg·L^{-1}、0.26 mg·L^{-1}。

(2) 稻田灌溉处理对田埂土壤溶液中 NO_3^--N 浓度剖面分布的影响

相同沟道排水方式下，稻田控制灌溉模式较浅湿灌溉降低了田埂 0～20 cm 深度土壤溶液中的 NO_3^--N 浓度(图 6.15)。以 2021 年试验期内为例，CI+CD 处理田埂 0～10 cm、10～20 cm 深度土壤溶液 NO_3^--N 浓度均值分别为 0.60 mg·L^{-1}、0.69 mg·L^{-1}，分别较 FI+CD 处理(0.78 mg·L^{-1}、0.77 mg·L^{-1})降低了 23.08%、10.39%。CI+FD 处理田埂 0～10 cm、10～20 cm 深度土壤溶液 NO_3^--N 浓度均值分别为 0.64 mg·L^{-1}、0.65 mg·L^{-1}，分别较 FI+FD 处理(0.99 mg·L^{-1}、0.79 mg·L^{-1})降低了 35.35%、17.72%。

(3) 灌排调控对田埂土壤溶液中 NO_3^--N 浓度剖面分布的影响

节水灌溉稻田与沟道控制排水组合处理相较常规浅湿灌溉稻田与沟道自由排水组合处理，降低了田埂 0～20 cm 深度土壤溶液中的 NO_3^--N 浓度。2020 年和 2021 年试验期内，CI+CD 处理 0～10 cm、10～20 cm 深度土壤溶液中 NO_3^--N浓度均值分别为 0.60 mg·L^{-1}、0.67 mg·L^{-1}，较 FI+FD 处理同深度土壤溶液中 NO_3^--N 浓度均值(1.00 mg·L^{-1}、0.83 mg·L^{-1})分别下降了 40.00%、19.28%。在田埂 20～40 cm 和 40～60 cm 深度内各灌排处理土壤溶液中 NO_3^--N 浓度差别较小，两年试验期内没有表现出明显的差别。NO_3^--N 具有易迁移的特点，故对田埂侧渗水分响应明显，其剖面分布特征符合田埂水分侧渗特点，在 20 cm 以下更深的田埂土壤中，灌溉处理和排水处理均未对 NO_3^--N浓度造成明显的影响。

6.3 水分侧渗驱动下田埂氮素侧渗负荷特征

根据测得的田埂内各深度氮素浓度和稻田-田埂-沟道区域侧渗水量，按照式 6.1 计算田埂肥后的氮素侧渗负荷总量。

$$L=\sum_{i=0}^{n}Q_{i+1}\cdot C_{i+1}\cdot 10^{-2} \tag{6-1}$$

式中：L 为田埂氮素侧渗负荷总量，kg·hm^{-2}；Q_{i+1} 为第 i 次与第 $i+1$ 次取样之间的田埂侧渗水量，mm；C_{i+1} 为第 $i+1$ 次取样时田埂中氮素浓度，mg·L^{-1}。

(1) 沟道排水处理对田埂氮素侧渗负荷的影响

相同稻田灌溉处理下，沟道控制排水较自由排水降低了各形式氮素的流失量(表 6.1)。2020 年和 2021 年，CI+CD 处理田埂 TN 侧渗负荷分别为

0.88 kg·hm^{-2} 和 2.07 kg·hm^{-2}，较 CI+FD 处理田埂(1.12 kg·hm^{-2} 和 3.59 kg·hm^{-2})分别减少 21.43%和 42.34%，平均减少幅度为 31.89%；NH_4^+-N 侧渗负荷分别为 0.14 kg·hm^{-2} 和 0.45 kg·hm^{-2}，较 CI+FD 处理田埂(0.18 kg·hm^{-2} 和 0.69 kg·hm^{-2})分别减少 22.22%和 34.78%，平均减少幅度为 28.50%；NO_3^--N 侧渗负荷分别为 0.24 kg·hm^{-2} 和 0.53 kg·hm^{-2}，较 CI+FD 处理田埂(0.33 kg·hm^{-2} 和 0.84 kg·hm^{-2})分别减少 27.27%和 36.90%，平均减少幅度为 32.09%。

FI+CD 处理田埂 TN 侧渗负荷分别为 1.46 kg·hm^{-2} 和 4.85 kg·hm^{-2}，较 FI+FD 处理田埂(2.57 kg·hm^{-2} 和 8.46 kg·hm^{-2})分别减少 43.19%和 42.67%，平均减少幅度为 42.93%；NH_4^+-N 侧渗负荷分别为 0.20 kg·hm^{-2} 和 0.88 kg·hm^{-2}，较 FI+FD 处理田埂(0.32 kg·hm^{-2} 和 1.68 kg·hm^{-2})分别减少 37.50%和 47.62%，平均减少幅度为 42.56%；NO_3^--N 侧渗负荷分别为 0.43 kg·hm^{-2} 和 1.13 kg·hm^{-2}，较 FI+FD 处理田埂(0.78 kg·hm^{-2} 和 2.06 kg·hm^{-2})分别减少 44.87%和 45.15%，平均减少幅度为 45.01%。

表 6.1 灌排调控下田埂氮素侧渗负荷 单位：kg·hm^{-2}

年份	处理	氮素侧渗负荷		
		TN	NH_4^+-N	NO_3^--N
2020/8/15—2020/9/20	CI+CD	0.88	0.14	0.24
	CI+FD	1.12	0.18	0.33
	FI+CD	1.46	0.20	0.43
	FI+FD	2.57	0.32	0.78
2021/7/19—2021/9/17	CI+CD	2.07a	0.45a	0.53a
	CI+FD	3.59b	0.69b	0.84b
	FI+CD	4.85c	0.88c	1.13c
	FI+FD	8.46d	1.68d	2.06d

注：同年内同列数字后字母相同，表示各处理间无显著性差异($p>0.05$)。

(2) 稻田灌溉处理对田埂氮素侧渗负荷的影响

相同沟道排水处理下，稻田控制灌溉处理较浅湿灌溉处理显著降低了各形式氮素侧渗负荷(表 6.1)。2020 年和 2021 年，CI+CD 处理田埂 TN 侧渗负荷分别较 FI+CD 处理减少 39.73%和 57.32%，平均减少幅度为 48.53%；NH_4^+-N 侧渗负荷分别较 FI+CD 处理减少 30.00%和 48.86%，平均减少幅度为 39.43%；NO_3^--N 侧渗负荷分别较 FI+CD 处理减少 44.19%和 53.10%，平均减少幅度为 48.65%。CI+FD 处理田埂 TN 侧渗负荷分别较 FI+FD 处理减少 56.42%和 57.57%，平均减少幅度为 57.00%；NH_4^+-N 侧渗负荷分别较 FI+FD 处理减少 43.75%和 58.93%，平均减少幅度为 51.34%；NO_3^--N 侧渗负荷分别较 FI+FD 处理减少 57.69%和 59.22%，平均减少幅度为 58.46%。

(3) 灌排调控对田埂氮素侧渗负荷的影响

节水灌溉稻田与沟道控制排水组合处理相较常规浅湿灌溉稻田与沟道自由排水组合处理，大幅降低了田埂各形式氮素侧渗负荷。2020 年和 2021 年，CI+CD 处理田埂 TN 侧渗负荷分别较 FI+FD 处理减少 65.76%和 75.53%，平均减少幅度为 70.65%；NH_4^+-N 侧渗负荷分别较 FI+FD 处理减少 56.25%和 73.21%，平均减少幅度为 64.73%；NO_3^--N 侧渗负荷分别较 FI+FD 处理减少 69.23%和 74.27%，平均减少幅度为 71.75%。

不同的灌排处理组合显著改变了田埂氮素侧渗负荷，控制灌溉显著降低了 TN 的负荷(表 6.1)。可见稻田采用控制灌溉、抬高沟道水位等措施可有效减少氮素通过稻田-田埂-沟道区域流失。2020 年试验期较短，完整的干湿循环次数较少，导致两年试验期间侧渗水量有差异；2021 年施肥两次，且两次施肥之间间隔较短，导致两年试验期间氮素浓度有差异，两者的共同作用导致了两年试验期间氮素负荷流失比例的差异。

对四种处理各形式氮素负荷流失量分别进行多因素方差分析，可知稻田灌溉处理和沟道排水处理均显著影响田埂区域各形式氮素负荷流失量(表 6.2)。由章节 6.1、6.2 可知，各灌排调控处理间田埂氮素浓度绝对值差异并不大，但由于田埂侧渗水量差异较大，受稻田灌溉处理和沟道排水处理影响均显著，且灌溉处理影响效应更强，从而导致了不同处理间氮素侧渗负荷差异显著。

稻田灌溉处理直接改变了水分输入量，影响氮素迁移。而沟道排水处理改变了稻田-田埂-沟道区域水分特征，虽然田埂土壤溶液氮素浓度没有明显差异，但显著改变了侧渗水量，导致氮素负荷出现差异，这与已有的农田排水试验研究得出的控制排水并未明显降低排水中氮素的浓度，而是通过降低排水量来降低氮素的输出的结论相符。Wesström 等[55]在瑞典西南部进行两年的旱田暗管控制排水试验，发现控制排水处理较普通暗管排水处理可降低 78%～94%的 NO_3^--N 淋失量，其降幅与暗管排水量的降幅相同，说明控制排水通过降低暗管排水量来降低 NO_3^--N 淋失量。Lalonde 等[46]在加拿大安大略省进行的旱田试验指出暗管控制排水处理相较自由排水处理能够减少 40.9%～95.0%的排水量和 62.4%～95.7%的 NO_3^--N 淋失量，控制排水的环境效益主要来自排水量的减少。研究同时指出，控制排水使得田间地下水位抬升，营造厌氧环境阻碍了硝化作用，增加了反硝化作用，导致排水中 NO_3^--N 浓度小幅下降，使得氮素淋失量降低，本试验中沟道控制排水使控制灌溉稻田田埂土壤含水率上升，也可能对田间地下水位产生了影响，使得反硝化作用增强，导致田埂中 NO_3^--N 的浓度下降，降低了氮素侧渗负荷。

表 6.2 不同灌排调控处理田埂氮素侧渗负荷影响因素主效应分析

(a) TN 主效应分析

源	df	均方	*F*	Sig	偏 Eta 平方
灌溉处理	1	40.793	474.440	2.08136×10^{-8}	0.983
排水处理	1	18.843	219.156	4.26709×10^{-7}	0.965

(b) NH_4^+-N 主效应分析

源	df	均方	*F*	Sig	偏 Eta 平方
灌溉处理	1	1.459	16.089	0.004	0.668
排水处理	1	0.745	8.222	0.024	0.507

(c) NO_3^--N 主效应分析

源	df	均方	*F*	Sig	偏 Eta 平方
灌溉处理	1	2.226	429.988	3.06597×10^{-8}	0.982
排水处理	1	1.041	201.096	5.95101×10^{-7}	0.962

稻田控制灌溉处理和沟道控制排水处理共同作用下，可大幅降低田埂氮素的侧渗流失率(表 6.3)。以 2021 年为例，CI+CD 处理相较 CI+FD 处理、FI+CD 处理、FI+FD 处理田埂氮素流失率分别降低了 0.73 个百分点、1.34 个百分点、3.09 个百分点，降幅分别为 42.20%、57.26%、75.55%，下降幅度非常大，减排控污效果明显。祝惠等[89]在三江平原进行的试验指出，侧渗流失的 TN 占当年施肥量的 6.7%；Liang 等[93]在太湖流域水田进行的氮素侧渗输出试验指出，侧渗流失的 TN 占施肥总量的 4.7%～6.6%；梁新强等[111]采用三面防水的近沟渠试验小区进行的稻田侧渗试验指出，在施肥水平 270 kg·hm^{-2} 下，田埂氮素侧渗损失率为 5.3%。祝惠等、Liang 等、梁新强等的试验都采用稻田淹水灌溉，本试验 FI+FD 处理 2021 年试验期内田埂氮素侧渗流失率为 4.09%，与其结果均相近。而采用不同灌排调控措施后，田埂氮素流失率明显下降，具有显著环境效应。

表 6.3　灌排调控下田埂氮素流失率

时间	CI+CD	CI+FD	FI+CD	FI+FD
2020/8/15—2020/9/20	0.85%	1.08%	1.41%	2.49%
2021/7/19—2021/9/17	1.00%	1.73%	2.34%	4.09%

6.4　本章小结

本章分析了不同灌排组合处理下田埂土壤氮素浓度的动态变化规律，研究了田埂土壤氮素浓度剖面分布特征，探明了不同灌排组合对田埂土壤氮素侧渗过程的影响规律。结果表明：

(1) 不同灌排调控组合处理田埂内不同深度土壤溶液中氮素浓度均在稻田肥后出现峰值，稻田节水灌溉和沟道控制排水较常规浅湿灌溉推迟了峰值出现时间。

田埂 10～20 cm 深度土壤是水分侧渗的主要通道，其土壤溶液中氮素浓度均在肥后第 1 天达到峰值。沟道排水处理对田埂不同深度土壤溶液中氮素浓度峰值出现的时间无明显影响。稻田控制灌溉处理田埂 0～10 cm 深度土壤溶液中 TN 和 NO_3^--N 浓度在肥后第 4 天达到峰值，较浅湿灌溉处理推迟 2 天；NH_4^+-N 在肥后第 1 天出现峰值，与浅湿灌溉处理相同。稻田控制灌溉处理田埂 20～40 cm 深度氮素浓度峰值出现在肥后第 4～7 天，较浅湿灌溉处理推迟 2～5 天。各处理田埂 40～60 cm 深度土壤溶液中氮素浓度峰值出现在肥后 1～7 天，基本不受灌排处理影响。

(2) 灌排调控影响田埂土壤溶液中 TN、NO_3^--N 的浓度峰值，控制灌溉处理田埂 0～40 cm 土壤溶液中 TN 和 NO_3^--N 浓度峰值较浅湿灌溉处理降低，NH_4^+-N 和深层土壤溶液中氮素未受到灌排调控的影响。

田埂 0～40 cm 深度土壤溶液中，控制灌溉处理的 TN、NO_3^--N 浓度峰值均小于浅湿灌溉处理，CI+CD 处理田埂 3 次肥后 0～10 cm、10～20 cm、20～40 cm 深度土壤溶液中 TN 浓度峰值均值较 FI+CD 处理分别降低 57.70%、15.93%、33.52%，NO_3^--N 浓度峰值分别降低 22.04%、24.30%、24.80%；CI+FD 处理田埂 3 次肥后 0～10 cm、10～20 cm、20～40 cm 深度土壤溶液中 TN 浓度峰值均值较 FI+FD 处理分别降低 50.99%、41.27%、42.01%，NO_3^--N 浓度峰值分别降低 40.96%、30.74%、16.39%，但稻田灌溉方式对 NH_4^+-N 浓度峰值没有明显影响。

(3) 灌排调控影响田埂土壤溶液氮素的剖面分布,控制灌溉和控制排水较常规浅湿灌溉自由排水处理降低了田埂 0～20 cm 深度土壤溶液 TN、NO_3^--N 浓度,但对 NH_4^+-N 没有明显影响,田埂土壤溶液中不同形式氮素未发生明显的垂向迁移。

稻田控制灌溉处理田埂 10～20 cm 深度土壤溶液各形式氮素浓度最高,浅湿灌溉处理田埂 0～10 cm 深度土壤溶液 TN、NO_3^--N 浓度最高。各处理田埂土壤溶液 NH_4^+-N 浓度均呈现出在 10～20 cm 深度高、在 20～40 cm 深度次之的特点。CI+CD 处理 0～10 cm、10～20 cm 深度土壤溶液中 TN 浓度分别较 FI+FD 处理同深度土壤溶液中 TN 浓度下降了 35.63%、23.36%,而 NO_3^--N 分别下降了 40.00%、19.28%。沟道控制排水对田埂不同深度氮素土壤溶液影响较小。各处理田埂不同深度土壤溶液中的不同形式氮素均在肥后 1～7 天内达到峰值,没有表现出氮素浓度峰值出现时间随深度增加而明显后移的现象,说明通过侧渗进入田埂的氮素并未在田埂发生垂向迁移,而是通过侧向渗漏流失进入沟道。

(4) 灌排调控通过降低田埂侧渗水量进而显著降低田埂氮素侧渗负荷和流失率,具有显著的环境效应。

节水灌溉稻田和沟道控制排水的组合两年田埂氮素侧渗负荷为 2.95 kg·hm^{-2},相较常规的浅湿灌溉自由排水组合(11.03 kg·hm^{-2})降低了 73.25%,平均田埂氮素流失率仅为 0.93%,较常规处理降低了 2.36 个百分点,具有显著的环境效应。由于田埂不同深度土壤溶液氮素浓度绝对值较小且差异不大,故而不同灌排调控田埂氮素侧渗负荷的差异主要由侧渗水量的差异导致。

(5) 沟道控制排水处理、稻田控制灌溉处理分别较自由排水处理、浅湿灌溉处理显著降低了田埂氮素侧渗负荷,且灌溉处理影响效应更强。

沟道控制排水处理较自由排水降低了氮素的侧渗负荷(F=219.156),CI+CD 处理田埂 TN、NH_4^+-N、NO_3^--N 侧渗负荷较 CI+FD 处理平均减少幅度分别为 31.89%、28.50%、32.09%。稻田控制灌溉处理较浅湿灌溉处理显著降低了氮素侧渗负荷(F=474.440),CI+CD 处理田埂 TN、NH_4^+-N、NO_3^--N 侧渗负荷较 FI+CD 处理平均减少幅度分别为 48.53%、39.43%、48.16%。

7 灌排协同调控稻田-沟道系统水氮运移模型

7.1 灌排协同调控稻田土壤水-地下水转化模型

7.1.1 稻田土壤水-地下水转化模型建立

(1) 水流模型

土壤水分运动模型由 Darcy-Richards 方程确定，假设气相在水流运动中作用不大，忽略热梯度的影响，则有

$$\frac{\partial\theta}{\partial t}=\frac{\partial}{\partial t}\left[K(h)\left(\frac{\partial h}{\partial x}+1\right)\right]-S \tag{7-1}$$

式中：θ 为土壤体积含水率，$cm^3 \cdot cm^{-3}$；t 为入渗时间，d；x 为坐标值，向上为正，cm；h 为压力水头，cm；S 为农作物根系吸水率，$cm^3 \cdot cm^{-3} \cdot d^{-1}$；$K(h)$ 为 V-G 模型中的土壤饱和水力传导系数，$cm \cdot d^{-1}$。

土壤含水率和饱和水力传导系数表达式如下：

$$\theta(h)=\begin{cases}\theta_r+\dfrac{\theta_s-\theta_r}{(1+|\alpha h^n|)^m}, & h<0\\ \theta_s, & h\geqslant 0\end{cases} \tag{7-2}$$

$$K(h)=K_s S_e^l[1-(1-S_e^{l-m})^m]^2 \tag{7-3}$$

$$S_e=\frac{\theta-\theta_r}{\theta_s-\theta_r} \tag{7-4}$$

$$m=1-\frac{1}{n}, n>1 \tag{7-5}$$

式中：$\theta(h)$ 为土壤含水率函数；θ_r 为土壤残余含水率，$cm^3 \cdot cm^{-3}$；θ_s 为土壤饱和含水率，$cm^3 \cdot cm^{-3}$；K_s 为土壤饱和水力传导系数，$cm \cdot d^{-1}$；S_e 为有效饱和度；α 为进气吸力值的倒数，cm^{-1}；m、n 为经验参数；l 为孔隙关联度参

数，估值为 0.5[112,113]。

(2) 根系吸水与生长模型

根系吸水率(S)，表示农作物根系在单位时间内从单位体积土壤中吸收的水分体积。Hydrus-1d 模型利用水分胁迫函数来研究根系吸水问题，内置的水分胁迫函数共有两种经验表示方法：第一种为 Feddes 模型，Feddes 模型为梯形函数，根据压力水头值即可进行计算；第二种为 S-Shape 模型(S 形函数)，S-Shape 模型在水分胁迫和叶片气孔的压力水头之间建立起联系，计算时需要输入气孔压力水头数值。本研究中由于不涉及盐分胁迫问题，故采用 Feddes 模型[114]计算根系吸水问题：

$$S(h)=\alpha(h)S_p=\alpha(h)b(x)T_p \tag{7-6}$$

式中：$\alpha(h)$ 为水分胁迫反应系数($0\leqslant\alpha\leqslant1$)，是跟土壤压力水头有关的无量纲函数，反映了因土壤含水量减小而引起的根系吸水量减小比例，采用 Van Genuchten[115]提出的 S 型函数描述；S_p 为潜在吸水速率，$\mathrm{cm\cdot d^{-1}}$，数值上等于无水压 $\alpha(h)=1$ 时的吸水速率；$b(x)$ 为根系吸水密度函数，描述根系吸水的空间变异性，由 Hoffman 提出的模型描述；T_p 为潜在蒸腾速率，$\mathrm{cm\cdot d^{-1}}$。[116]

$a(h)$的表达式如下：

$$\alpha(h)=\frac{1}{1+(h/h_{50})^p} \tag{7-7}$$

式中：h_{50} 为蒸腾量减半时的压力水头；p 为常数系数。

实际蒸腾量(T_a)根据积分公式(7-8)求得：

$$T_a=\int_{L_R}S(h)\mathrm{d}x=T_b\int_{L_R}\alpha(h)b(x)\mathrm{d}x \tag{7-8}$$

式中：L_R 为水稻根系深度，cm；在根系生长模型中，Hydrus-1D 假设 L_R 通过最大根系深度 L_m (cm)乘以根系生长系数函数 $f_r(t)$ 而得到[117]：

$$L_R(t)=L_m f_r(t) \tag{7-9}$$

根系生长系数函数 $f_r(t)$ 使用经典的逻辑斯蒂增长函数描述：

$$f_r(t)=\frac{L_0}{L_0+(L_m-L_0)\mathrm{e}^{-rt}} \tag{7-10}$$

式中：L_0 为生长初期的初始根系深度，cm；r 为生长速率，$\mathrm{d^{-1}}$。

(3) 蒸发蒸腾模型

根据气象条件、作物覆盖度以及叶面指数来确定潜在蒸散发量(ET_p)、潜在蒸腾量(T_p)以及潜在蒸发量(E_p),利用 Penman-Monteith 公式确定潜在蒸散发量(ET_p):

$$ET_p = \frac{\Delta(R_n - G) + \rho_a C_p (e_s - e_a)/r_a}{\lambda\rho_w \left[\Delta + \gamma\left(1 + \frac{r_s}{r_a}\right)\right]} \tag{7-11}$$

式中:R_n 为太阳净辐射;e_s 为饱和水汽压;e_a 为实际水汽压;Δ 为饱和蒸汽-温度曲线斜率,kPa·℃$^{-1}$;γ 为湿度常数,kPa·℃$^{-1}$;C_p 为空气比热,MJ·kg^{-1}·℃$^{-1}$;ρ_a 为空气密度,kg·m^{-3};r_a 为水热转移的空气动力阻力,s·m^{-1};r_s 为表面阻力,s·m^{-1};G 为土壤热通量,MJ·m^{-2}。

潜在蒸发量(E_p)由 Al-Khafaf[118] 等提出的公式进行计算:

$$E_p = \text{veg}_{\max} \times T_p \times \exp(-0.623\text{LAI}) + ET_p \times (1 - \text{veg}_{\max}) \tag{7-12}$$

式中:LAI 为叶面指数;$\text{veg}_{\max}$ 为最大覆盖度。

T_p 由三者间的互相关系求得:

$$T_p = ET_p - E_p \tag{7-13}$$

(4) 土壤储水量计算

土壤储水量计算公式如下:

$$Q = \sum_{i=1}^{n} \theta_i d_i h_i \tag{7-14}$$

式中:Q 为某一土层的土壤储水量,mm;θ_i 为某一土层的土壤质量含水率,%;d_i 对应土层土壤容重,g·cm^{-3};h_i 为某一土层的厚度,mm。

(5) 初始边界条件

初始边界条件如图 7.1 所示。试验前以 50 cm 地下水埋深的压力水头作为水流模型的初始条件。水流模型的上边界选取存在地表积水的大气边界,并输入可变边界条件逐日降雨、灌溉信息,下边界为定压力水头边界条件,压力水头为 0.5m。坐标原点设置在研究区域的土壤剖面底部[119]。文中所有模拟上下边界条件均与此一致,可变边界条件根据模拟的水文年型实际气象资料推求,初始边界条件以模拟设置的地下水埋深的压力水头作为水流模型的初始条件。

(6) 模型参数

土壤剖面模拟范围:0～100 cm,划分为 4 层,第一层厚约 15 cm;第二层厚

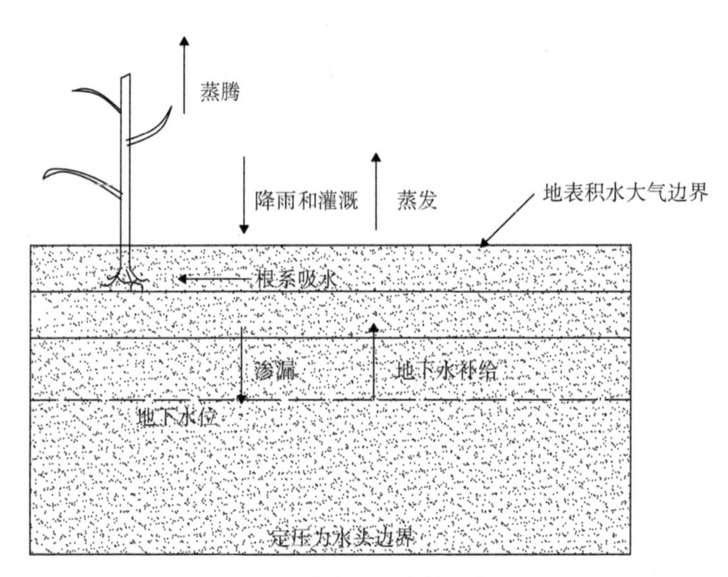

图 7.1　初始边界条件示意图

约 15 cm;第三层厚约 20 cm;第四层厚约 50 cm。水稻的模拟期为 2017 年 7 月 3 日—2017 年 9 月 30 日,共 90 天。模拟最小步长为 0.001,最大步长为 1,单位为天。

容重及砂粒、粉粒、黏粒的百分比由土壤颗粒粒径分析试验获得,Hydrus-1D 软件包可以使用土壤粒径分级(砂粒、粉砂粒和黏粒的百分含量)和土壤容重作为输入参数,通过神经网络预测获得 Van Genuchten 模型中各个剖面的土壤特性参数(残余含水率 θ_r、饱和含水率 θ_s、经验参数 α、曲线形状参数 n、饱和水力传导系数 K_s 和曲率系数 l)。将这些参数进行校准,以更好地模拟水流运动。参数数据见表 7.1。

表 7.1　土壤水力特性参数取值

层	残余含水率 θ_r	饱和含水率 θ_s	经验参数 α	曲线形状参数 n	饱和水力传导系数 K_s	曲率系数 l
1	0.188 5	0.443 2	0.041 3	1.179	17.12	0.5
2	0.188 5	0.419 5	0.041 3	1.297	15.75	0.5
3	0.188 5	0.407 0	0.041 3	1.391	10.45	0.5
4	0.223 8	0.430 1	0.041 3	1.179	10.75	0.5

作物生长参数主要指模拟对象水稻生长参数,包括叶面积指数 LAI 和根系深度 RD。通过查阅现有资料,参考水稻生长参数的研究,并结合当地水稻

生长情况，掌握试验小区水稻各生育期生长参数的特征规律，如图 7.2 所示。

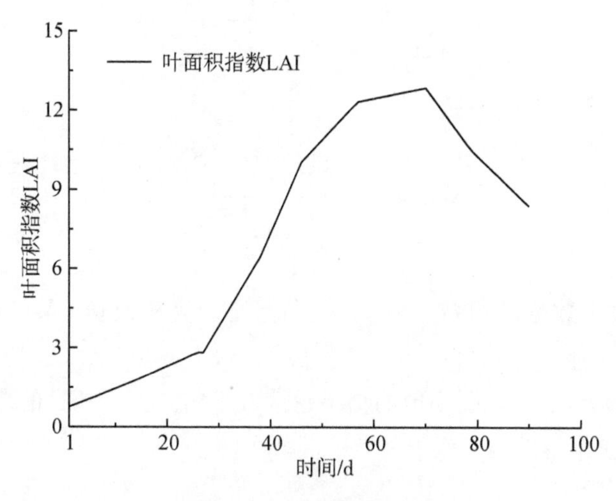

图 7.2　水稻叶面积指数

模型中水稻根系吸水参数见表 7.2[91,96-98]。

表 7.2　根系吸水模型中的 Feddes 参数

P_{Opt} /cm	P_0 /cm	P_{2L} /cm	P_{2H} /cm	P_3 /cm	r_{2H} /cm · d^{-1}	r_{2L} /cm · d^{-1}
55	100	−250	−160	−15 000	0.5	0.1

表中 P_{Opt}、P_0、P_{2L}、P_{2H}、P_3 为压力水头，r_{2H}、r_{2L} 为潜在蒸腾速率，均为默认值，P_{2L}、P_{2H} 分别与 r_{2L}、r_{2H} 对应。Feddes 模型假设：压力水头低于 P_0 时水稻开始吸水；压力水头在 P_{Opt} 和 P_{2H}(P_{2L})之间，根系吸水达到理想状态；压力水头在 P_{2L} 和 P_3 间或 P_{Opt} 和 P_0 间时根系吸水线性变化；小于 P_3 或大于 P_0 时根系停止吸水。

7.1.2　模型校准与验证

(1) 模型性能标准

本研究应用图形和统计措施相结合的评价方法对 Hydrus-1D 模型模拟水稻生长发育过程中稻田水分运移过程拟合程度进行检验。van Genuchten 模型参数难以直接测定，需要通过调整来确认最佳值。通过比较稻田土壤含水率模拟值和实测值的吻合程度，来判断其是否最佳。除了直接观察法，我们选择以下统计参数作为检验指标：均方根误差(RMSE)和 Nash-Sutcliffe 系数

(NSE)[99]：

$$\mathrm{RMSE}=\sqrt{\frac{1}{n}\sum_{i=1}^{n}(S_i-M_i)^2} \tag{7-15}$$

$$\mathrm{NSE}=1-\frac{\sum_{i=1}^{n}(M_i-S_i)^2}{\sum_{i=1}^{n}(M_i-M)^2} \tag{7-16}$$

式中：n 为对比数据的组数，S_i 为模拟值，M_i 为实测值，M 为实测值的平均值。

RMSE 越接近 0，说明模拟的结果越接近于实测值。NSE 的范围为 $-\infty$ 到 1，越接近 1，模型越准确。

(2) 模型验证

水分运移是节水灌溉稻田土壤水-地下水转化过程的关键，拟合效果与土壤含水率、作物根系吸水特征以及边界水流通量的变化密切相关。Tan 等[120]利用 Hydrus-1D 模型模拟不同水分管理系统下的低地稻田土壤水分状况，Janssen 和 Lennartz[11]使用 Hydrus-1D 来模拟稻田渗漏过程，以上研究结果均表明，Hydrus-1D 通过调整能够较好地模拟稻田土壤水分运动情况。

初步选取水稻移栽后前 30 天土壤含水率的模拟值和实测值进行水分运移模型参数调整，通过对不同深度稻田土壤含水率模拟值和实测值的对比，率定 Hydrus-1D 模型参数，检验结果为：土壤剖面 0～10 cm 深度，RMSE=0.0 117，NSE=−0.6 556；10～20 cm 深度，RMSE=0.0 151，NSE=−0.7 966；20～30 cm 深度，RMSE=0.0 089，NSE=−1.2 702；30～40 cm 深度，RMSE=0.0 069，NSE=0.5 196；40～50 cm 深度，RMSE=0.0 048，NSE=0.7 727。结果表明 Hydrus-1D 中水分运移模型能够较好地模拟 30～50 cm 深度的土壤水分状况，而 0～30 cm 深度土壤水分模拟结果存在一定误差，需要对此进行调整。

使用参数率定后的模型分别对移栽后 90 d 稻田 0～10、10～20、20～30、30～40、40～50 cm 深度土壤含水率和土壤水-地下水转化过程进行模拟。各层土壤含水率模拟值与实测值对比结果如图 7.3 所示。30～40 cm 和 40～50 cm 深度土壤含水率实际值接近饱和，但模拟值波动频繁，这是由于模型算法为达到收敛所致。检验结果显示，稻田不同深度土壤含水率模拟结果的 RMSE 为 0.0 104～0.0 884；NSE 为 0.0 415～0.7 612，模拟效果较好。

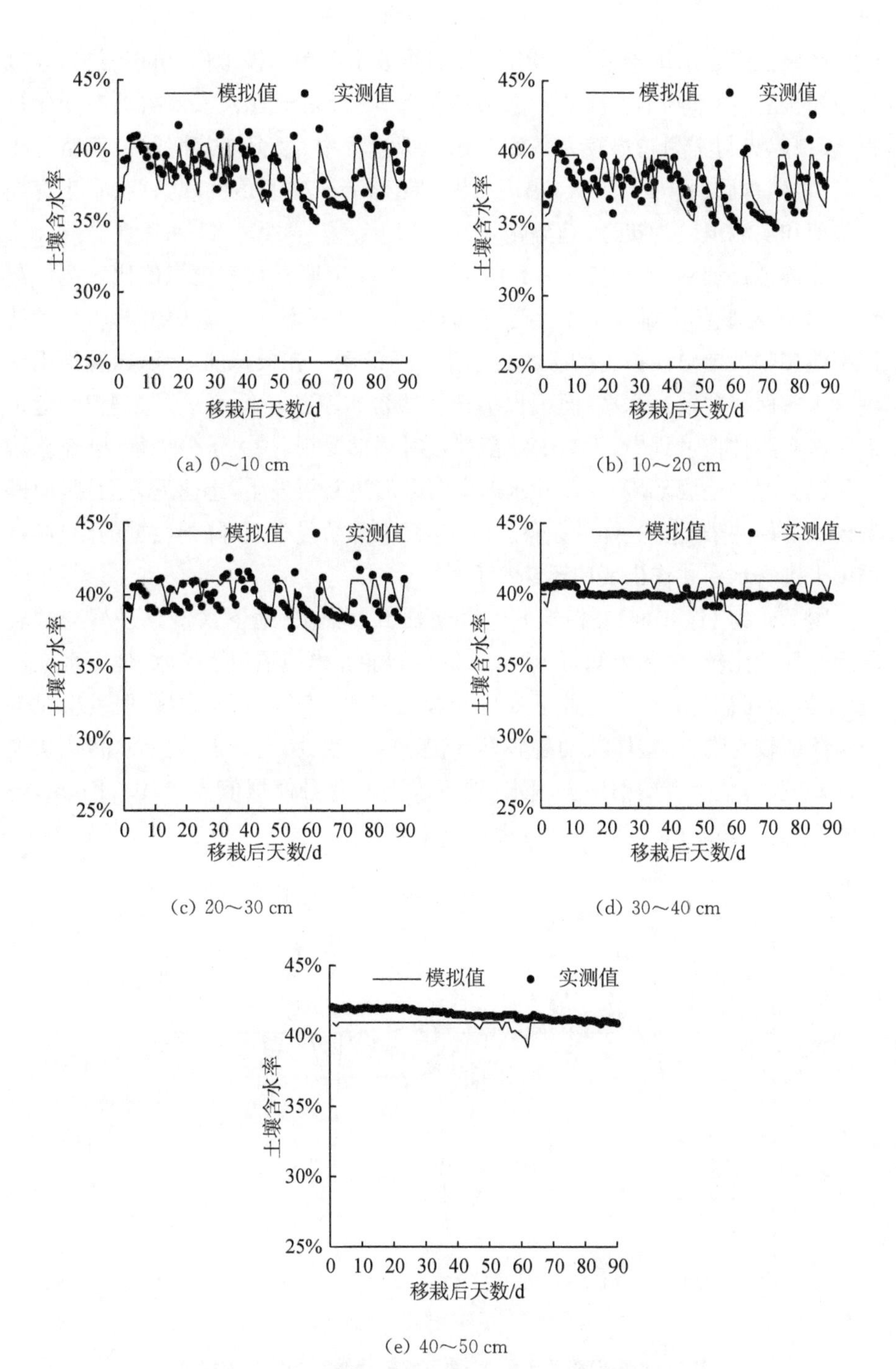

图 7.3 稻田不同深度土壤含水率实测值与模拟值

图中散点表示试验采样的实测值，曲线表示模型的模拟值，可以看出，经过参数校正后，模型基本上反映了水稻移栽后90天内土壤含水率的动态变化过程，模拟趋势与实测趋势较为一致。在模拟过程中，生育期前期模拟值略低于实测值，生育后期(64～74天)出现了模拟值略高于实测值的现象，整个生育期模拟值和实测值较为接近，趋势相同。

在模拟过程中30～40 cm、40～50 cm深度土壤含水率模拟值比实测值波动频繁，实际底部土壤含水率接近饱和，这可能是模型自身算法的问题，为了使模型能够收敛导致模拟出的土壤含水率有所波动。在模拟前3天，试验稻田土壤含水率保持在较高水平，而模拟稻田土壤含水率从较低水平开始上升，这是由于在实际种植过程中，为减少秧苗移栽时根部受损、失去水分平衡，已经营造了保温保湿的土壤环境——"寸水返青"，以促进新根发生，迅速返青活棵，而模型模拟初始并未设置这样的条件，在模型模拟开始受灌溉、降雨数据的影响后，稻田土壤含水率才作出反应迅速上升。

图7.4为Hydrus-1D模拟的生育期稻田土壤水-地下水转化过程与试验实际过程的比较，由图可知，Hydrus-1D模型能够模拟稻田土壤水-地下水交换过程，虽然在某些时段水分通量变化无法与实测值完全一致，但峰值发生时刻与实测值较为吻合，整体波动趋势具有较好的一致性，土壤水-地下水转化量模拟误差较小，全生育期稻田土壤水-地下水交换总量模拟值为－59.31 mm，与实测值(－56.69 mm)基本一致，相对误差4.6%。

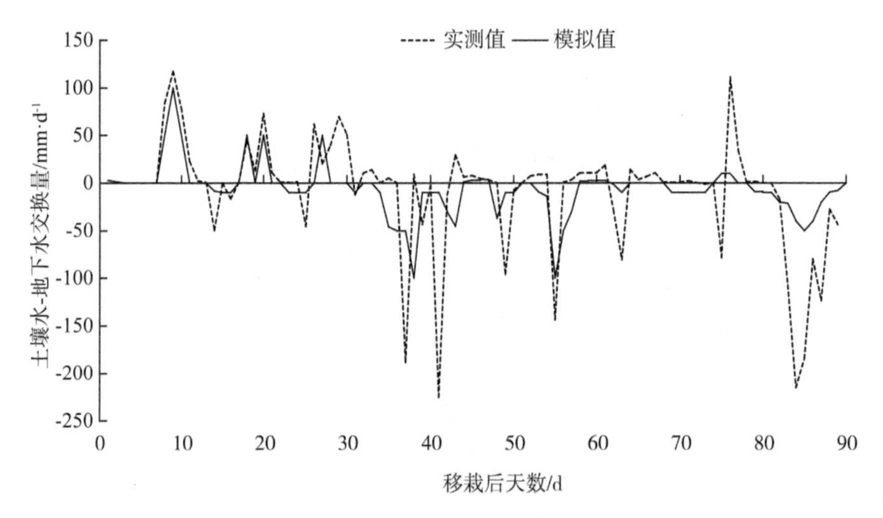

图7.4　稻田根层土壤水-地下水转化量实测值与模拟值

7.1.3 控制灌溉稻田土壤水分变化过程

设置控制灌溉模式，模拟水稻返青期至乳熟期稻田土壤水分运动状况。控制灌溉水层控制指标同表 2.1。控制灌溉在模拟时段内共计灌水 17 次，灌溉总量为 508 mm，模拟时段内累积降雨量 304.8 mm。

(1) 土壤含水率变化过程

控制灌溉模式不同深度土壤含水率变化趋势存在差异(图 7.5)。在控制灌溉模拟情景下，0～30 cm 深度土壤含水率在模拟时段内不断波动，灌溉或降雨后土壤含水率会显著增加，然后随时间进程受土壤蒸发和渗漏影响逐渐降低，并在几日内连续下降达到较低水平。30～40 cm 深度土壤含水率随干湿循环过程出现小幅度波动，总体维持基本稳定。40～50 cm 深度土壤含水率模拟时段内基本保持稳定，且土壤基本处于饱和状态。

选取两个土壤含水率变化典型时段，分析土壤含水率变化趋势。在水稻移栽后第 19～25 天的土壤含水率的变化过程中，0～10 cm、10～20 cm 和 0～30 cm 深度土壤含水率分别从第 19 天的 40.51%、39.81%和 40.95%下降至第 22 天的 37.58%、37.22%和 40.51%。在第 23 天发生降雨后，各层土壤含水率开始迅速回升，降雨结束后又继续下降，时段末 0～10 cm、10～20 cm 及 20～30 cm 深度土壤含水率分别降至 36.88%、36.49%及 39.61%，降幅分别为 8.96%、8.34%及 3.27%。

在水稻移栽第 55～62 天的土壤含水率的变化过程中，时段内无降雨和灌水影响，0～30 cm 深度土壤含水率总体呈下降趋势。0～10 cm、10～20 cm 和 20～30 cm 深度土壤含水率分别从第 55 天的 40.35%、39.02%和 40.95%下降至第 62 天的 35.91%、34.65%和 36.77%，降幅分别为 11.00%、11.20%和 10.21%。

典型土壤含水率变化过程中，30～40 cm 深处土壤含水率虽有一定程度的波动，但变化幅度较小，这是由于 30～40 cm 深处土壤既受到地下水补给过程的影响，又受到植株根系吸水的影响，当土壤水消耗与补给不平衡时，30 cm 深处土壤含水率则出现波动；反之，则在时段内保持稳定。

典型土壤含水率变化过程中，40～50 cm 深处土壤含水率未出现明显波动，土壤基本处于饱和状态。这是由于在模拟时将地下水位埋深设置为50 cm，因而 50 cm 深度土壤受地下水影响最大。同时，土壤蒸发与根系吸水对 40～50 cm 深处土壤影响较弱，二者的共同作用使得该层土壤含水率基本稳定。

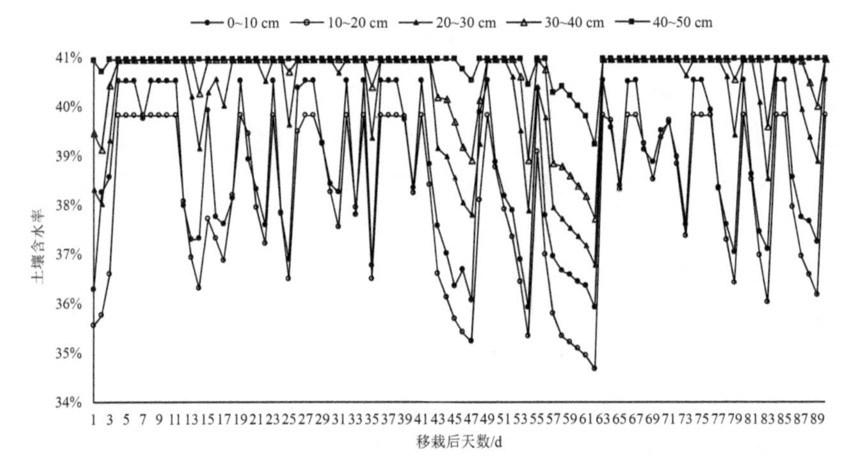

图 7.5　控制灌溉稻田各深度土壤含水率变化图

(2) 根系吸水变化过程

土壤—植物—大气连续体水分传输问题研究中的重要一环就是研究作物根系吸水问题，同时，作物根系吸水也是根区土壤水分运动模拟的重要内容。

控制灌溉模式减小了水稻根系吸水强度(图 7.6)，改变了水稻吸水高峰期(表 7.3)。控制灌溉模式水稻根系吸水强度变化范围为 0～17.41 mm · d^{-1}，根系吸水强度均值为 3.39 mm · d^{-1}。控制灌溉模式下水稻分蘖期为吸水高峰期，其次为拔节孕穗期。分蘖期累积根系吸水量为 153.92 mm，占稻季累积根系吸水量(304.66 mm)的 50.52%；其中分蘖中期累积根系吸水量为 81.73 mm，占整个分蘖期的 53.10%。拔节孕穗期累积根系吸水量为 78.01 mm，占稻季累积根系吸水量的 25.61%。分蘖期和拔节期根系吸水旺盛，这是由于分蘖期和拔节期气温高，作物蒸腾量大，根系需要不断吸水以满足蒸腾消耗；同时，该时期也是水稻根系生长的旺盛期，不断发育的根系加强了根系吸水强度，以满足水稻生长需求。

控制灌溉模式干湿循环过程中，根系吸水强度随土壤含水率降低而降低，灌水或降雨后土壤含水率迅速上升。在水稻移栽后第 19～22 天的干湿循环过程中，随着土壤含水率的下降，稻田根系吸水强度由 7.93 m · d^{-1} 下降至第 21 天的 0.64 mm · d^{-1}，降幅 91.93%。水稻移栽后第 22 天进行灌水，灌水后根系吸水强度迅速上升至 16.21 mm · d^{-1}，较灌水前增加 24.3 倍。水稻移栽后第 46 天，根系吸水强度为 2.39 mm · d^{-1}，随后降雨 5.5 mm，降雨后根系吸水强度升至 6.00 mm · d^{-1}，较降雨前增加 1.5 倍。可见灌水引起的根系吸水强度的增幅要大于由降雨引起的。

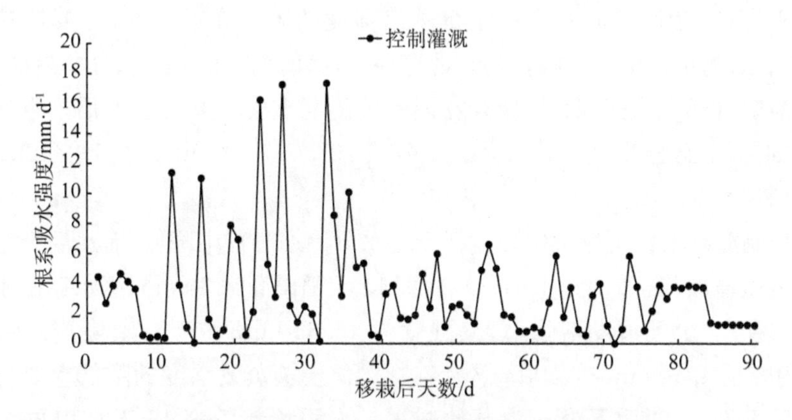

图 7.6　控制灌溉稻田水稻根系吸水强度日变化图

表 7.3　控制灌溉稻田水稻各生育阶段根系吸水量　　单位：mm

返青期	分蘖期			拔节孕穗期		抽穗开花期	乳熟期	合计
	前期	中期	后期	前期	后期			
23.41	18.08	81.73	54.11	50.03	27.98	29.14	20.18	304.66

控制灌溉模式下水稻累积根系吸水量增速平稳(图 7.7)。控制灌溉模式下水稻累积根系吸水量为 304.66 mm。控制灌溉模式下水稻累积根系吸水量一直处于平稳增长的状态，日均增长 3.39 mm。

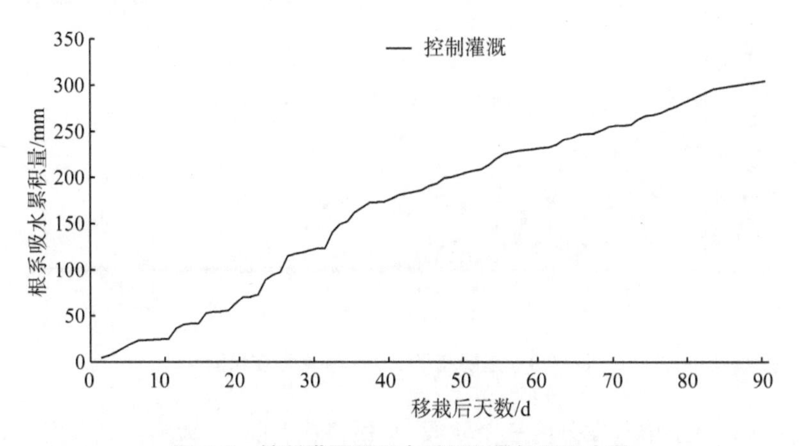

图 7.7　控制灌溉稻田水稻累积量根系吸水量

(3) 土壤蒸发量变化过程

控制灌溉模式下土壤蒸发强度稻季内总体呈下降趋势(表 7.4 和图 7.8)。拔节孕穗期前，蒸发强度受气象因素影响不断波动，从拔节孕穗期开始，蒸发强度几乎为0。控制灌溉对水稻土壤蒸发强度的影响在返青期、分蘖期较为显著，在之后的生育期内影响较弱。返青期、分蘖前期、分蘖中期、分蘖后期、拔节孕穗前期、拔节孕穗后期、抽穗开花期和乳熟期土壤蒸发强度占稻季累计蒸发强度的百分比分别为31.26%、24.22%、37.02%、5.50%、0.78%、0.14%、0.76%和0.32%。

控制灌溉稻田土壤蒸发强度在土壤水分消退过程中降低，灌水后土壤蒸发强度迅速增加(图7.8)。水稻移栽后第11天稻田灌水30mm，灌水后由于田面水层的存在，土壤蒸发增强，蒸发强度为15.35 mm・d^{-1}。土壤蒸发强度在1天内降至4.54 mm・d^{-1}，降幅为70.42%，土壤蒸发强度的降低主要出现在灌水后1天内，随后下降速率开始减缓。水稻移栽后第15天稻田再次灌水30 mm，灌水后土壤蒸发强度迅速增加至14.04 mm・d^{-1}，是灌水前(土壤蒸发强度0.05 mm・d^{-1})的280.8倍。

表7.4　控制灌溉稻田各生育阶段土壤蒸发量　　单位：mm

返青期	分蘖期			拔节孕穗期		抽穗开花期	乳熟期	合计
	前期	中期	后期	前期	后期			
50.41	39.05	59.69	8.87	1.25	0.23	1.22	0.52	161.24

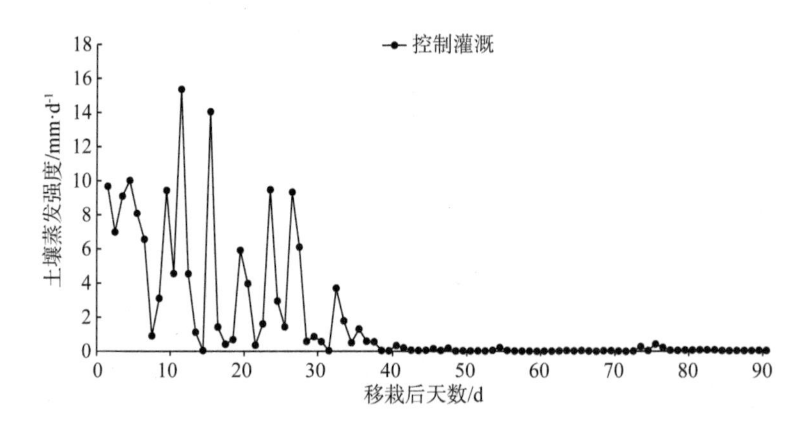

图7.8　控制灌溉稻田土壤蒸发变化图

控制灌溉土壤蒸发分为三个阶段，水稻移栽后前20天为快速蒸发期，20～50天为蒸发降速期，50天以后为微弱蒸发期(图7.9)。控制灌溉模式土壤蒸发第1～20天增速较快，为5.31 mm・d^{-1}，在第20～50天增速放缓为1.41 mm・d^{-1}，在第50天以后一直处于平稳的状态，增速约为0.01 mm・d^{-1}。

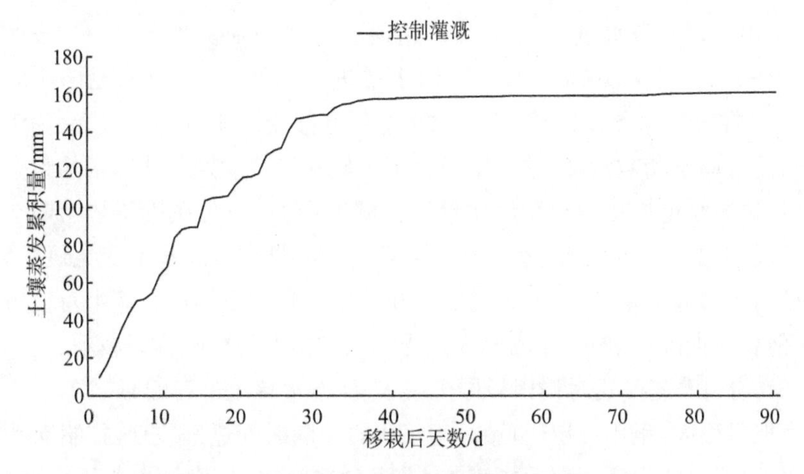

图 7.9　控制灌溉稻田累积土壤蒸发量变化图

(4) 土壤储水量变化过程

控制灌溉模式下土壤储水量在稻季变化明显，受灌水和降雨影响呈周期性波动变化，灌水或降雨后土壤储水量得到有效补充(图 7.10)。在模拟水稻移栽后第 19～23 天的土壤储水量变化过程中，水稻移栽后第 19 天土壤储水量为 422.38 mm，第 22 天降至 413.15 mm，降幅为 2.19%，在第 23 天发生降雨后，土壤储水量接受降雨补充到达饱和。水稻移栽后第 63 天进行灌溉，稻田土壤储水量受灌水影响从第 62 天的 399.13 mm 上升至 422.38 mm，涨幅为 5.83%，土壤储水量达到饱和。

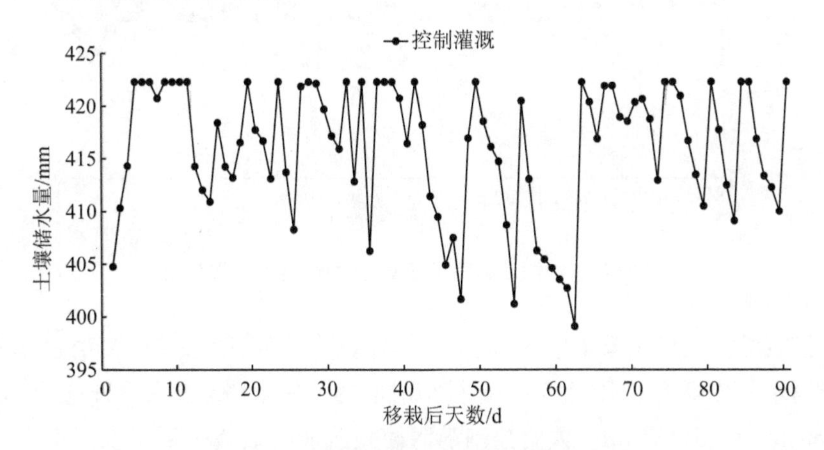

图 7.10　控制灌溉稻田土壤储水量变化图

控制灌溉模式下土壤储水量在模拟时段内表现出补充期、波动期和消耗期的规律变化。当土壤含水率降至灌水下限后进行灌水，灌水后土壤含水率进入补充期，由于每次灌水量大，土壤很快达到饱和，因此补充期较短。在土壤水分消退过程中，受蒸发蒸腾影响，土壤储水量进入消耗期，一次消耗期一般持续3～9天。在降雨频繁的时段，土壤水一边不断接受降雨补充，一边又为满足作物生长需求而不断被消耗，这一阶段为土壤储水量波动期。从水稻的整个生育期来看，拔节孕穗期稻田土壤储水量波动幅度最大，表明在拔节孕穗期土壤水分消耗最多，为主要的土壤储水量消耗期。乳熟期土壤储水量变化最为频繁，是典型的土壤储水量波动期，这是由于模拟中乳熟期虽然没有灌水对稻田进行补水，但乳熟期降雨频繁，土壤储水量受降雨和蒸发的影响频繁波动。

（5）控制灌溉模式对稻田根层土壤水-地下水转化过程的影响

模拟时段内，稻田根层土壤水-地下水转化随时间进程波动，控制灌溉模式土壤水-地下水转化量的变化幅度较小（图7.11）。控制灌溉模式下土壤水-地下水转化量变化范围为－10～10 mm。控制灌溉稻田在模拟时段20％的时间内呈现地下水补给土壤水，地下水补给量为39.51 mm；在模拟时段47.78％的时间内呈现土壤水入渗至地下水，稻田渗漏量为98.82 mm；另外在32.22％的时间内土壤水-地下水转化保持平衡。

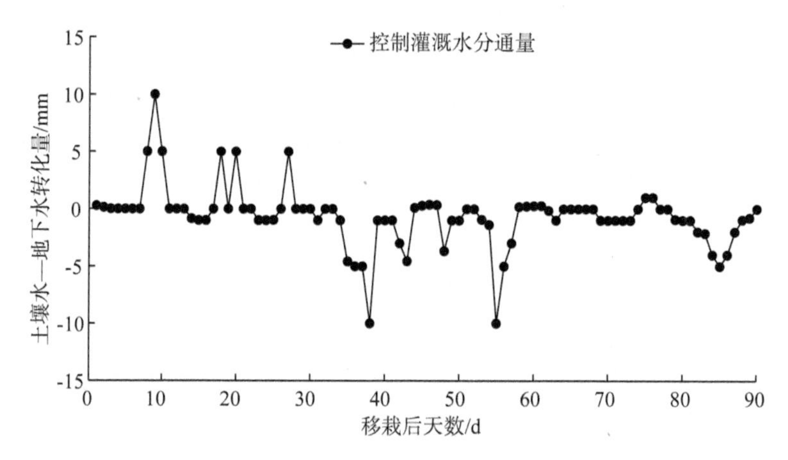

图7.11　控制灌溉稻田根层土壤水-地下水转化图

控制灌溉稻田稻季土壤水-地下水转化量为负值，两水转化关系总体表现为土壤水入渗至地下水（表7.5）。模拟时段内控制灌溉稻田稻季土壤水-地下水转化量为－59.31 mm，说明控制灌溉模式既能有效减少稻田根层土壤水渗漏，又能增加地下水对根层土壤水的补给，因此总土壤水-地下水转化量较低。

控制灌溉模式下水稻分蘖前期、分蘖中期土壤水-地下水转化能够有效调节时段内水稻需水过程（表7.5）。控制模式水稻在分蘖前期和分蘖中期土壤水-地下水转化量分别为 19.16 mm 和 10.03 mm，表明在此生育阶段两水转化关系均总体表现为地下水补给土壤水，地下水补给有效调节了时段内的水稻需水过程。控制灌溉模式在水稻拔节孕穗后期和抽穗开花期土壤水-地下水转化量为−4.17 mm 和−3.92 mm，说明时段内地下水在很大程度上也向土壤水转化，土壤水-地下水转化也对时段内水稻需水起到了一定的调节作用。

表 7.5　控制灌溉稻田根层土壤水-地下水转化量　　单位：mm

返青期	分蘖期			拔节孕穗期		抽穗开花期	乳熟期	合计
	前期	中期	后期	前期	后期			
0.44	19.16	10.03	−28.57	−30.42	−4.17	−3.92	−21.86	−59.31

7.1.4　不同调控措施下稻田土壤水-地下水转化过程模拟

结合不同水文年型，基于检验后的 Hydrus-1D 模型，模拟灌溉管理与地下水埋深联合调控稻田土壤水-地下水转化规律，分析不同水文年下稻田根层水分通量变化对灌溉制度和地下水埋深的响应机制，进而优选出不同水文年稻田土壤水-地下水转化过程的高效调控措施。

收集昆山地区 50 年（1964—2013 年）的水稻全生育期降雨资料（视生育期为每年 7 月 1 日—10 月 28 日，共计 120 天）。将 50 年降雨资料进行排频计算，用 P-Ⅲ 曲线配线得到 3 种水文年对应降雨量，如附图 5 所示。

分析结果如下：90％保证率对应的降雨量为 289.4 mm，75％保证率对应的降雨量为 353.1 mm，50％保证率对应的降雨量为 440.7 mm，25％保证率对应的降雨量为 545.5 mm。

参照 P-Ⅲ 配线成果选取 3 种典型降雨年：1994 年为枯水年（$P=90\%$），记为 L，稻季降雨总量为 292 mm；2001 年为平水年（$P=50\%$），记为 N，稻季降雨总量为 440.4 mm；1996 年为丰水年（$P=25\%$），记为 H，稻季降雨总量为 548.2 mm。

设计 4 种控制灌溉情景（分别记为 HCI1、HCI2、HCI3、HCI4），以根层土壤相对含水率为灌溉临界指标下限，当土壤含水率下降至 50％、60％、70％、80％饱和含水率时进行灌溉，每次灌水至 100％饱和含水率，如表 7.6 所示。表中 x 对应灌水下限，z 为根层观测深度，50％、60％饱和含水率为灌水下限时，观测深度为 0～20 cm，70％、80％饱和含水率为灌水下限时，观测深度为 0～30 cm。模型中土壤水-地下水交换观测深度为 30 cm。

根据实测数据及相关经验数据，确定稻田逐日渗漏量，并结合 2001 年、

1994 年和 1996 年的降雨、蒸发资料，推得 3 种典型年下稻田灌溉制度。

表 7.6　CI 处理稻田根层土壤水分控制指标

生育期	返青期	分蘖期			拔节孕穗期		抽穗开花期	乳熟期	黄熟期
		前期	中期	后期	前期	后期			
灌水上限	25 mm	100%θ_s	100%θ_s	100%θ_s	100%θ_s	100%θ_s	100%θ_s	100%θ_s	自然落干
灌水下限	5 mm	x%θ_s	x%θ_s	x%θ_s	x%θ_s	x%θ_s	x%θ_s	x%θ_s	
根层观测深度/cm	—	0～z	0～z	0～z	0～z	0～z	0～z	0～z	—

注：返青期水层为田间水层深度，mm；θ_s 为根系观测层土壤体积饱和含水率。

设计 3 种定地下水埋深情景（分别记为 GD1、GD2、GD3），地下水埋深分别为 30 cm、50 cm、70 cm。

共组合 12 种情景，50%-30 cm、50%-50 cm、50%-70 cm、60%-30 cm、60%-50 cm、60%-70 cm、70%-30 cm、70%-50 cm、70%-70 cm、80%-30 cm、80%-50 cm、80%-70 cm（分别记为 CG1-1、CG1-2、CG1-3、CG2-1、CG2-2、CG2-3、CG3-1、CG3-2、CG3-3、CG4-1、CG4-2、CG4-3）。

(1) 平水年稻田根层土壤水-地下水转化过程模拟

①平水年不同灌溉处理对根层土壤水分通量影响

平水年相同地下水埋深的控制灌溉稻田，随着灌水下限含水率阈值的提高，根层受到的地下水补给量总体呈递减趋势，但变幅不大（图 7.12）。地下水埋深为 30 cm 时，根层地下水补给量范围为 56.82～64.91 mm；地下水埋深为 50 cm 时，根层地下水补给量范围为 24.96～29.22 mm；地下水埋深为 70 cm 时，根层地下水补给量范围为 11.86～13.94 mm。当灌水下限为 50% 饱和含水率时，稻田根层地下水补给量最大。此时，30 cm、50 cm、70 cm 地下水埋深根层地下水补给量最大，分别为 64.91 mm、29.22 mm 和 13.98 mm。

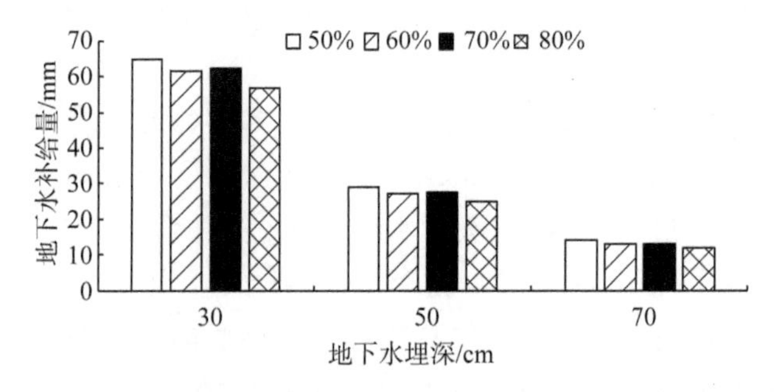

图 7.12　平水年各灌溉处理稻田根层地下水补给量

平水年相同地下水埋深的控制灌溉稻田，随着灌水下限含水率阈值的提高，根层渗漏量递减(图 7.13)。同一地下水埋深，当灌水下限为 80%饱和含水率时，根层渗漏量最小，渗漏强度最低。地下水埋深为 30 cm 时，最小渗漏量为 342.80 mm，渗漏强度为 5.81 mm/d；地下水埋深为 50 cm 时，最小渗漏量为 336.99 mm，渗漏强度为 4.75 mm/d；地下水埋深为 70 cm 时，最小渗漏量为 331.83 mm，渗漏强度为 3.95 mm/d。

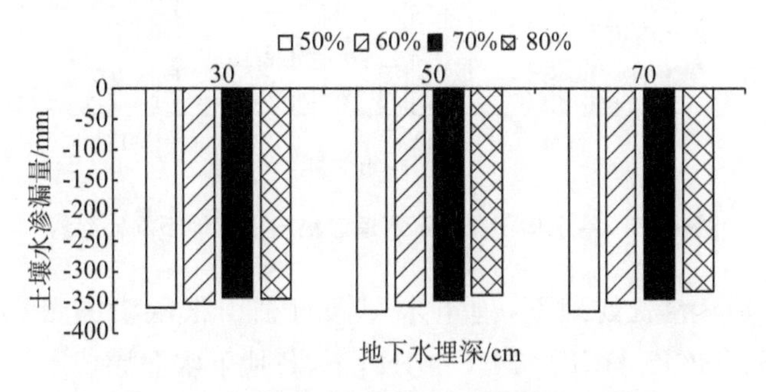

图 7.13　平水年各灌溉处理稻田根层渗漏量

平水年相同地下水埋深的控制灌溉稻田，不同灌溉处理下根层土壤水-地下水转化量均为负值，总体以根层渗漏过程为主，各灌溉处理间变化差异不大(图 7.14)。地下水埋深为 30 cm、50 cm 和 70 cm 时，各灌溉处理下根层土壤水-地下水转化量均值分别为－287.33 mm、－322.93 mm 和－334.62 mm，极差分别为 14.92 mm、23.79 mm 和 31.50 mm，总体标准差 σ 分别为 5.49、9.03 和 11.47。

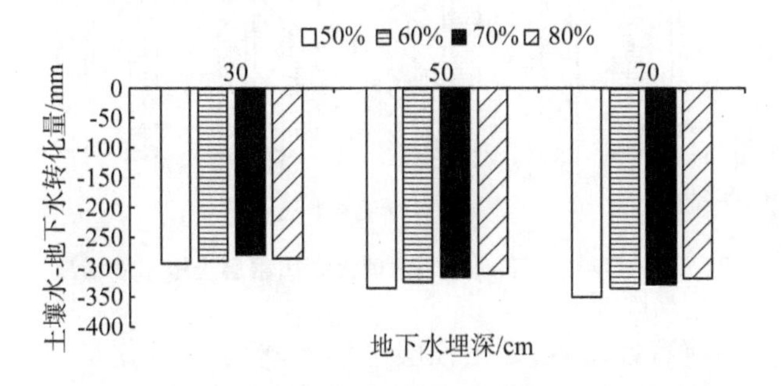

图 7.14　平水年各灌溉处理根层土壤水-地下水转化量

②平水年不同地下水埋深对根层土壤水分通量的影响

平水年同一灌溉处理下，稻田根层地下水补给量随地下水埋深增加而减小(图 7.15)。地下水埋深为 30 cm 时，根层地下水补给量最多且补给强度最大。HCI1、HCI2、HCI3 和 HCI4 处理下，30 cm 地下水埋深根层地下水补给量分别为 64.91 mm、61.65 mm、62.27 mm 和 56.82 mm，是 50 cm 地下水埋深时的 2.22～2.28 倍，是 70 cm 地下水埋深时的 4.54～4.80 倍。

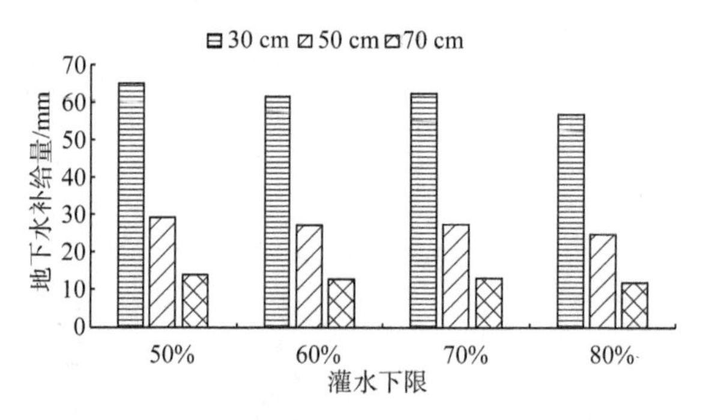

图 7.15　平水年不同地下水埋深稻田根层地下水补给量

平水年同一灌溉处理下，地下水埋深对稻田根层渗漏量影响微弱（图 7.16）。HCI1、HCI2、HCI3 和 HCI4 处理下，各地下水埋深根层渗漏量均值分别为－344.55 mm、－351.70 mm、－343.14 mm 和－337.21 mm，极差分别为 6.36 mm、3.58 mm、3.39 mm 和 10.97 mm，总体标准差 σ 分别为 2.90、1.47、1.39 和 4.48。

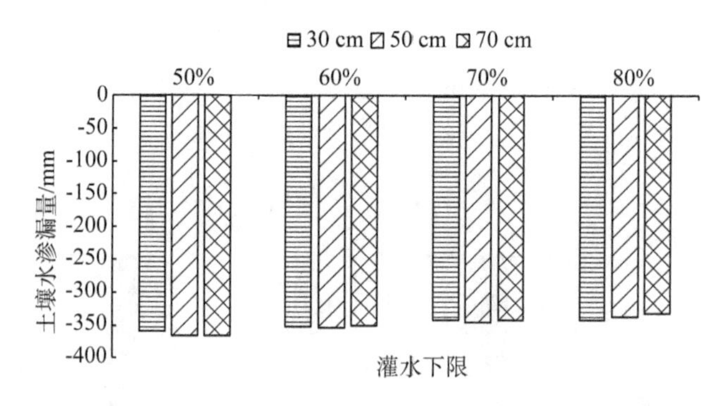

图 7.16　平水年不同地下水埋深稻田根层土壤水渗漏量

平水年同一灌溉处理下，稻田根层土壤水-地下水转化量（总体渗漏量）随地下水埋深的增加而增加（图 7.17）。HCI1、HCI2、HCI3 和 HCI4 处理下，30 cm 地下水埋深根层水分通量分别为－294.18 mm、－289.90 mm、－279.26 mm 和－285.98 mm，50 cm 和 70 cm 地下水埋深各处理下根层水分通量较 30 cm 地下水埋深分别增加 9%～14%和 12%～19%。

③灌排调控对平水年稻田根层土壤水-地下水转化的影响效应

平水年控制灌溉模式下，灌水下限阈值和地下水埋深均显著影响稻田根层

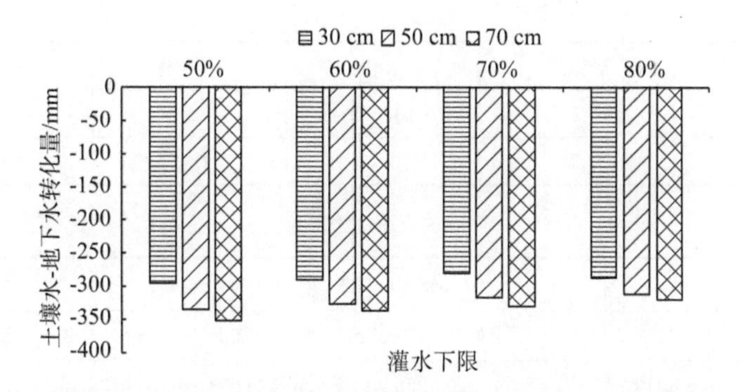

图 7.17　平水年不同地下水埋深稻田根层土壤水-地下水转化量

地下水补给量，地下水埋深是主要影响因素($P<0.05, F=1\,514.21, F_c=5.14$)，灌水下限阈值是次要影响因素($P<0.05, F=7.26, F_c=4.76$)。地下水埋深越浅，灌水下限阈值越低，控制灌溉稻田根层地下水补给量越大。地下水埋深 30 cm，灌水下限阈值为 50%时，根层地下水补给量最大，为 64.91 mm(表 7.7)。

平水年控制灌溉模式下，灌水下限阈值显著影响稻田根层渗漏量($P<0.05, F=27.10, F_c=4.75$)，地下水埋深对根层渗漏量无显著影响($P>0.05$)。灌水下限阈值越高，根层渗漏量越小。灌水下限阈值为 80%时，根层渗漏量最小，均值为−337.21 mm(表 7.8)。

表 7.7　平水年根层地下水补给量影响因素方差分析表

(a) 平水年各处理根层地下水补给量

处理	50%	60%	70%	80%
30 cm	64.91	61.65	62.27	56.82
50 cm	29.22	27.16	27.44	24.96
70 cm	13.98	12.85	13.07	11.86

(b) 方差计算

SUMMARY	观测数	求和	平均	方差
30 cm	4	245.65	61.412 5	11.371 758 33
50 cm	4	108.78	27.195	3.052 366 667
70 cm	4	51.76	12.94	0.757 666 667
50%	3	108.11	36.036 666 67	683.316 433 3
60%	3	101.66	33.886 666 67	629.296 033 3

续表

SUMMARY	观测数	求和	平均	方差
70%	3	102.78	34.26	640.044 3
80%	3	93.64	31.213 333 33	534.678 533 3

(c) F 检验结果

差异源	SS	df	MS	F	P	F_c
行	4 964.834 117	2	2 482.417 058	1 514.210 094	7.73084E-09	5.143 252 85
列	35.708 891 67	3	11.902 963 89	7.260 499 603	0.020 166 466	4.757 062 663
误差	9.836 483 333	6	1.639 413 889			
总计	5 010.379 492	11				

注:表(a)中 30 cm、50 cm、70 cm 为地下水埋深,50%、60%、70%、80%为灌水下限含水率阈值,下同。

表 7.8　平水年根层土壤渗漏量影响因素方差分析表

(a) 平水年各处理根层土壤渗漏量

处理	50%	60%	70%	80%
30 cm	−359.09	−351.55	−341.53	−342.8
50 cm	−365.02	−353.57	−344.92	−336.99
70 cm	−365.45	−349.99	−342.97	−331.83

(b) 方差计算

SUMMARY	观测数	求和	平均	方差
30 cm	4	−1 394.97	−348.742 5	67.428 758 33
50 cm	4	−1 400.5	−350.125	144.449 766 7
70 cm	4	−1 390.24	−347.56	198.152 666 7
50%	3	−1 089.56	−363.186 667	12.63 323 333
60%	3	−1 055.11	−351.703 333	3.221 733 333
70%	3	−1 029.42	−343.14	2.894 7
80%	3	−1 011.62	−337.206 667	30.120 433 33

(c) F 检验结果

差异源	SS	df	MS	F	P	F_c
行	13.185 116 67	2	6.592 558 333	0.467 805 701	0.647 439 953	5.143 252 85
列	1 145.538 492	3	381.846 163 9	27.095 674 12	0.000 691 908	4.757 062 663

续表

差异源	SS	df	MS	F	P	F_c
误差	84.555 083 33	6	14.092 513 89			
总计	1 243.278 692	11				

平水年控制灌溉模式下，灌水下限阈值和地下水埋深均显著影响稻田根层土壤水-地下水转化量，地下水埋深是主要影响因素（$P<0.05$，F=96.04，Fc=5.14），灌水下限阈值是次要影响因素（$P<0.05$，$F=10.85$，$F_c=4.76$）。地下水埋深30 cm，灌水下限阈值为70%时，根层土壤水-地下水转化量（总体渗漏量）最小为−279.26 mm（表7.9）。

表7.9　平水年根层土壤水-地下水转化量影响因素方差分析表

(a) 平水年各处理根层土壤水-地下水转化量

处理	50%	60%	70%	80%
30 cm	−294.18 054	−289.89 664	−279.26 029	−285.98 459
50 cm	−335.8 078	−326.408	−317.4 788	−312.0 221
70 cm	−351.47 593	−337.13 222	−329.90 423	−319.97 713

(b)方差计算

SUMMARY	观测数	求和	平均	方差
30 cm	4	−1 149.32 206	−287.330 515	40.14 929 522
50 cm	4	−1 291.7 167	−322.929 175	108.8 773 593
70 cm	4	−1 338.48 951	−334.622 378	175.6 952 438
50%	3	−981.46 427	−327.154 757	876.846 798
60%	3	−953.43 686	−317.812 287	613.2 147 203
70%	3	−926.64 332	−308.881 107	696.6 424 127
80%	3	−917.98 382	−305.994 607	316.1 212008

(c) F 检验结果

差异源	SS	df	MS	F	P	F_c
行	4 854.021 116	2	2 427.010 558	96.03 736 229	0.000 027 795	5.14 325 285
列	822.5 365 478	3	274.1 788 493	10.84 931 971	0.0 077 514	4.757 062 663
误差	151.6 291 473	6	25.27 152 454			
总计	5 828.186 811	11				

(2) 枯水年稻田根层土壤水-地下水转化过程模拟

①枯水年不同灌溉处理对根层土壤水分通量影响

枯水年相同地下水埋深控制灌溉稻田，随着灌水下限含水率阈值的提高，根层受到的地下水补给量总体呈递减趋势(图 7.18)。地下水埋深为 30 cm 时，不同灌溉处理下根层地下水补给量范围为 77.13～98.11 mm；地下水埋深为 50 cm 时，根层地下水补给量范围为 33.70～43.01 mm；地下水埋深为 70 cm 时，根层补给量范围为 17.92～20.96 mm，当灌水下限为 50%饱和含水率时，稻田根层地下水补给量最大。此时，30 cm、50 cm、70 cm 地下水埋深根层地下水补给量最大，分别为 98.11 mm、43.07 mm 和 20.96 mm。

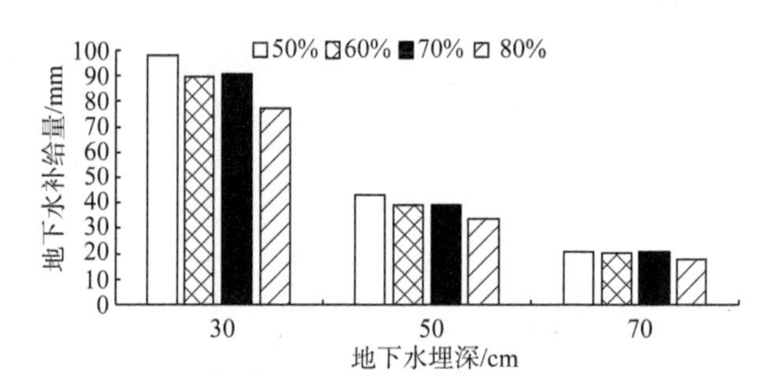

图 7.18　枯水年各灌溉处理稻田根层地下水补给量

枯水年相同地下水埋深控制灌溉稻田，灌水下限含水率阈值为 80%时，能有效减少根层渗漏量(图 7.19)。当灌水下限含水率阈值为 80%时，根层渗漏量最小。此时，30 cm、50 cm、70 cm 地下水埋深根层渗漏量较最大渗漏量分别减少 15.06%、19.94%和 23.13%。

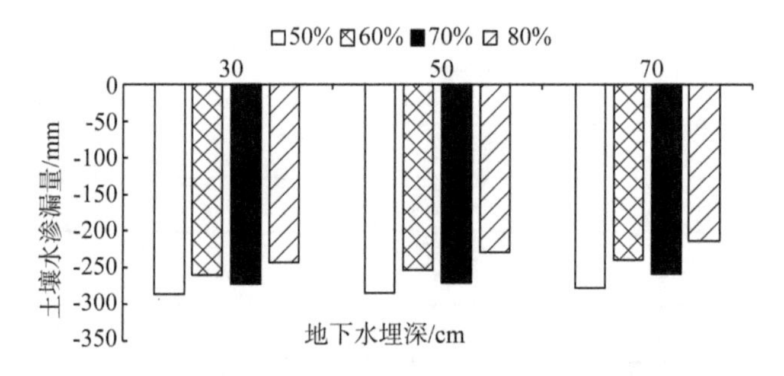

图 7.19　枯水年各灌溉处理稻田根层土壤水渗漏量

枯水年相同地下水埋深的控制灌溉稻田，不同灌溉处理下根层土壤水-地下水转化量均为负值，当灌水下限含水率阈值为 80%时，土壤水-地下水转化量(总体渗漏量)最小(图 7.20)。此时,30 cm、50 cm、70 cm 地下水埋深根层土壤水-地下水转化量较最大值分别减少 11.75%、19.61%和 23.83%。

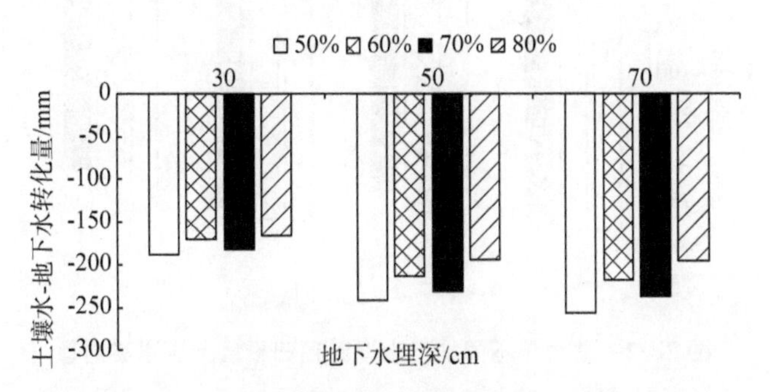

图 7.20　枯水年各灌溉处理稻田根层土壤水-地下水转化量

②枯水年不同地下水埋深对根层土壤水分通量的影响

枯水年同一灌溉处理下,稻田根层地下水补给量随地下水埋深增加而减小(图 7.21)。地下水埋深为 30 cm 时,根层地下水补给量最多且补给强度最大。HCI1、HCI2、HCI3 和 HCI4 处理下,30 cm 地下水埋深根层地下水补给量分别为 98.11 mm、89.73 mm、90.40 mm 和 77.13 mm,是 50 cm 地下水埋深时的 2.28～2.30 倍,是 70 cm 地下水埋深时的 4.30～4.68 倍。

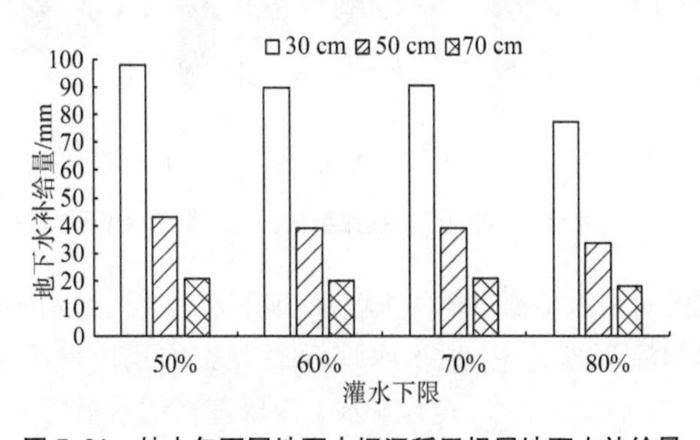

图 7.21　枯水年不同地下水埋深稻田根层地下水补给量

枯水年同一灌溉处理下,根层渗漏量随地下水埋深增加而减小(图 7.22)。HCI1、HCI2、HCI3 和 HCI4 处理下,地下水埋深为 70 cm 时,根层渗漏量最小,分别为 277.47 mm、238.31 mm、257.40 mm 和 213.29 mm,较 30 cm 和 50 cm 地下水埋深各处理根层渗漏量分别减小 3%～12%和 3%～7%。

枯水年同一灌溉处理下,稻根层土壤水-地下水转化量(总体渗漏量)随地下水埋深的增加而增加(图 7.23)。HCI1、HCI2、HCI3 和 HCI4 处理下,地下

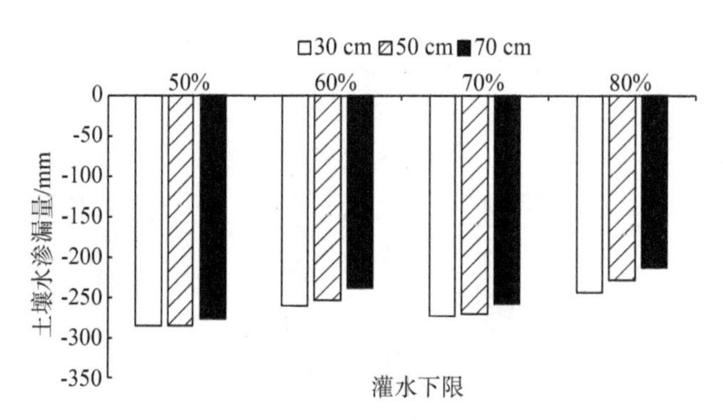

图 7.22　枯水年不同地下水埋深稻田根层土壤水渗漏量

水埋深为 30 cm 时根层水分通量最小，分别为 −187.67 mm、−170.70 mm、−182.09 mm 和 −165.62 mm，50 cm 和 70 cm 地下水埋深各处理下根层水分通量较 30 cm 地下水埋深分别增加 17%～29%和 18%～37%。

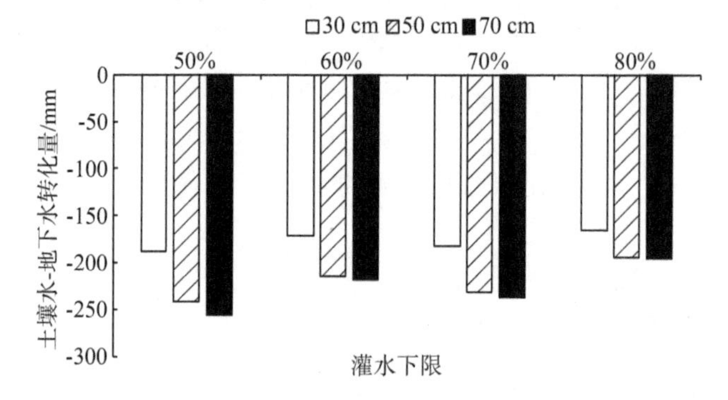

图 7.23　枯水年不同地下水埋深稻田根层土壤水-地下水转化量

③灌排调控对枯水年稻田根层土壤水-地下水转化的影响效应

枯水年控制灌溉模式下，地下水埋深显著影响稻田根层地下水补给量（$P<0.05$，$F=360.04$，$F_c=5.14$），灌水下限阈值对稻田根层地下水补给量无显著影响（$P>0.05$）。地下水埋深越浅，控制灌溉稻田根层地下水补给量越大。地下水埋深 30 cm 时，根层地下水补给量最大，均值为 88.84 mm（表 7.10）。

表 7.10　枯水年根层地下水补给量影响因素方差分析表

(a) 枯水年各处理根层地下水补给量

处理	50%	60%	70%	80%
30 cm	98.11	89.73	90.4	77.13

续表

处理	50%	60%	70%	80%
50 cm	43.07	38.95	39.27	33.7
70 cm	20.96	20.11	20.86	17.92

(b) 方差计算

SUMMARY	观测数	求和	平均	方差
30 cm	4	355.37	88.842 5	75.427 558 33
50 cm	4	154.99	38.747 5	14.825 091 67
70 cm	4	79.85	19.962 5	1.998 025
50%	3	162.14	54.046 666 67	1 578.396 033
60%	3	148.79	49.596 666 67	1 296.749 733
70%	3	150.53	50.176 666 67	1 298.169 433
80%	3	128.75	42.916 666 67	940.166 233 3

(c) F 检验结果

差异源	SS	df	MS	F	P	F_c
行	10 142.452 87	2	5 071.226 433	360.044 475 2	5.64 267E-07	5.143 252 85
列	192.242 025	3	64.080 675	4.549 568 69	0.054 652 516	4.757 062 663
误差	84.51	6	14.085			
总计	10 419.204 89	11				

枯水年控制灌溉模式下，灌水下限阈值和地下水埋深均显著影响稻田根层渗漏量，灌水下限阈值是主要影响因素（$P<0.05$，$F=74.10$，$F_c=4.76$），地下水埋深是次要影响因素（$P<0.05$，$F=16.43$，$F_c=5.14$）。灌水下限阈值越高，地下水埋深越深，根层渗漏量越小。地下水埋深 70 cm，灌水下限阈值为 80%时，根层渗漏量最小，为−213.29 mm（表 7.11）。

表 7.11　枯水年根层土壤渗漏量影响因素方差分析表

(a) 枯水年各处理根层土壤渗漏量

处理	50%	60%	70%	80%
30 cm	−285.78	−260.44	−272.49	−242.74
50 cm	−284.92	−252.58	−269.92	−228.12
70 cm	−277.47	−238.31	−257.4	−213.29

(b) 方差计算　　　　**续表**

SUMMARY	观测数	求和	平均	方差
30 cm	4	−1 061.45	−265.362 5	334.561 358 3
50 cm	4	−1 035.54	−258.885	595.276 9
70 cm	4	−986.47	−246.617 5	749.291 958 3
50%	3	−848.17	−282.723 333	20.88 303 333
60%	3	−751.33	−250.443 333	125.858 233 3
70%	3	−799.81	−266.603 333	65.177 233 33
80%	3	−684.15	−228.05	216.829 3

(c) F 检验结果

差异源	SS	df	MS	F	P	F_c
行	725.099 45	2	362.549 725	16.430 223 61	0.003 680 7	5.143 252 85
列	4 904.994 5	3	1 634.998 167	74.095 727 1	3.93217E-05	4.757 062 663
误差	132.396 15	6	22.066 025			
总计	5 762.490 1	11				

枯水年控制灌溉模式下，灌水下限阈值和地下水埋深均显著影响稻田根层土壤水-地下水转化量，地下水埋深是主要影响因素($P<0.05$，$F=42.87$，$F_c=5.14$)，灌水下限阈值是次要影响因素($P<0.05$，$F=15.46$，$F_c=4.76$)。地下水埋深 30 cm，灌水下限阈值为 80%时，根层土壤水-地下水转化量(总体渗漏量)最小，为−165.62 mm(表 7.12)。

表 7.12　枯水年根层土壤水-地下水转化量影响因素方差分析表

(a) 枯水年各处理根层土壤水-地下水转化量

处理	50%	60%	70%	80%
30 cm	−187.67	−170.70	−182.09	−165.62
50 cm	−241.86	−213.63	−230.65	−194.42
70 cm	−256.50	−218.20	−236.55	−195.37

(b) 方差计算

SUMMARY	观测数	求和	平均	方差
30 cm	4	−706.082 01	−176.520 503	102.708 312 7

续表

SUMMARY	观测数	求和	平均	方差
50 cm	4	−880.551 662	−220.137 916	428.703 641 1
70 cm	4	−906.621 17	−226.655 293	679.738 795 7
50%	3	−686.036 492	−228.678 831	1 314.653 855
60%	3	−602.53	−200.843 333	686.512 999 3
70%	3	−649.284 68	−216.428 227	893.194 892
80%	3	−555.403 67	−185.134 557	285.936 636 9

(c) F 检验结果

差异源	SS	df	MS	F	P	F_c
行	5 944.602 784	2	2 972.301 392	42.870 351 76	0.000 279 748	5.143 252 85
列	3 217.458 266	3	1 072.486 089	15.468 773 12	0.003 138 512	4.757 062 663
误差	415.993 982 3	6	69.332 330 39			
总计	9 578.055 033	11				

(3) 丰水年稻田根层土壤水-地下水转化过程模拟

①丰水年不同灌溉处理对根层土壤水分通量影响

丰水年相同地下水埋深的控制灌溉稻田，不同灌溉处理间根层地下水补给量变化差异不大(图 7.24)。地下水埋深为 30 cm、50 cm 和 70 cm 时，各灌溉处理下根层地下水补给均值分别为 65.45 mm、30.03 mm 和 15.36 mm，极差分别为 5.1 mm、0.8 mm 和 0.26 mm，总体标准差 σ 分别为 2.10、0.76 和 0.11。

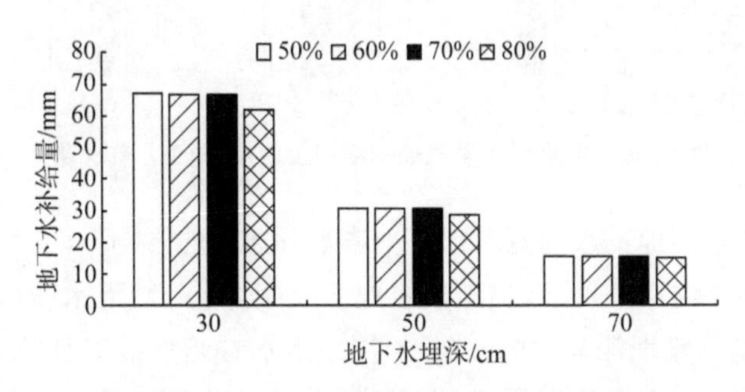

图 7.24　丰水年各灌溉处理稻田地下水补给量

丰水年相同地下水埋深的控制灌溉稻田，不同灌溉处理间根层渗漏量变化差异不大(图 7.25)。地下水埋深为 30 cm、50 cm 和 70 cm 时，各灌溉处理下根层渗漏量均值分别为−551.29 mm、−553.44 mm 和−552.15 mm，极差分别为 9.31 mm、19.13 mm 和 18.20 mm，总体标准差 σ 分别为 3.89、8.62 和 8.15。

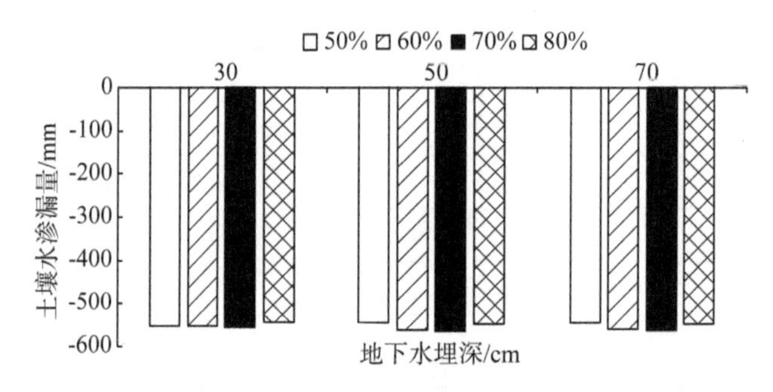

图 7.25　丰水年各灌溉处理稻田土壤水渗漏量

丰水年相同地下水埋深的控制灌溉稻田，不同灌溉处理间根层土壤水-地下水转化量变化差异不大(图 7.26)。地下水埋深为 30 cm、50 cm 和 70 cm 时，各灌溉处理下根层地下水补给均值分别为−480.84 mm、−523.40 mm 和−536.80 mm，极差分别为 21.10 mm、19.19 mm 和 18.20 mm，总体标准差 σ 分别为 8.61、8.30 和 8.09。

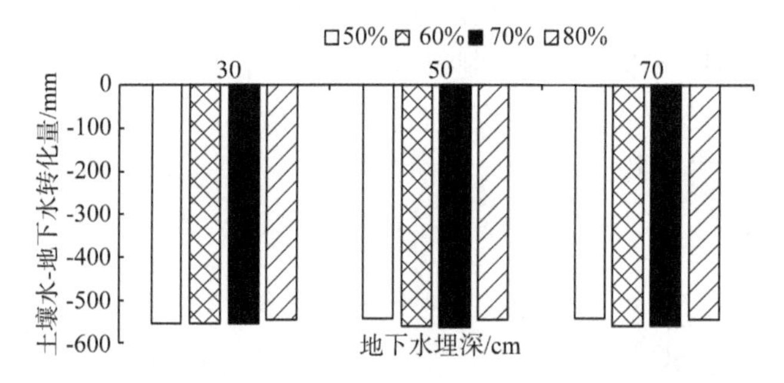

图 7.26　丰水年各灌溉处理稻田土壤水-地下水转化量

②丰水年不同地下水埋深对根层土壤水分通量的影响

丰水年同一灌溉处理下，稻田根层地下水补给量随地下水埋深增加而减小(图 7.27)。地下水埋深为 30 cm 时，根层地下水补给量最多且补给强度最大。HCI1、HCI2、HCI3 和 HCI4 处理下，30 cm 地下水埋深时的地下水补给量分别为 66.92 mm、66.54 mm、66.52 mm 和 61.82 mm，是 50 cm 地下水埋深时的 2.15～2.19 倍，是 70 cm 地下水埋深时的 4.08～4.34 倍。

丰水年同一灌溉处理下，地下水埋深对稻田根层渗漏量影响微弱(图 7.28)。

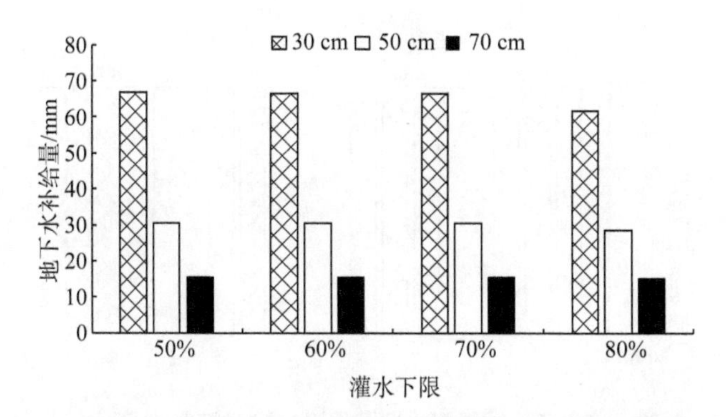

图 7.27　丰水年不同地下水埋深稻田根层地下水补给量

HCI1、HCI2、HCI3 和 HCI4 处理下，各地下水埋深根层渗漏量均值分别为 −546.59 mm、−558.02 mm、−559.27 mm 和 −545.29 mm，极差分别为 9.61 mm、7.75 mm、8.81 mm 和 1.63 mm，总体标准差 σ 分别为 4.66、3.28、3.86 和 0.68。

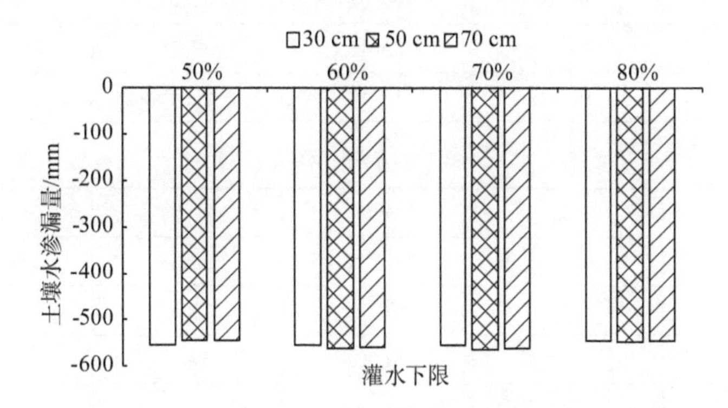

图 7.28　丰水年不同地下水埋深稻田根层土壤水渗漏量

丰水年同一灌溉处理下，稻田根层土壤水-地下水转化量（总体渗漏量）随地下水埋深的增加而增加（图 7.29）。HCI1、HCI2、HCI3 和 HCI4 处理下，30 cm 地下水埋深根层水分通量分别为 −466.25 mm、−487.00 mm、−487.35 mm 和 −482.75 mm，50 cm 和 70 cm 地下水埋深各处理下根层水分通量较 30 cm 地下水埋深分别增加 7%～10%和 10%～13%。

③灌排调控对丰水年稻田根层土壤水-地下水转化的影响效应

丰水年控制灌溉模式下，地下水埋深显著影响稻田根层地下水补给量（$P<0.05$，$F=1\,932.44$，$F_c=5.14$），灌水下限阈值对稻田根层地下水补给量无显著影响（$P>0.05$）。地下水埋深越浅，控制灌溉稻田根层地下水补给量越大。地下水埋深 30 cm，根层地下水补给量最大，均值为 65.45 mm（表 7.13）。

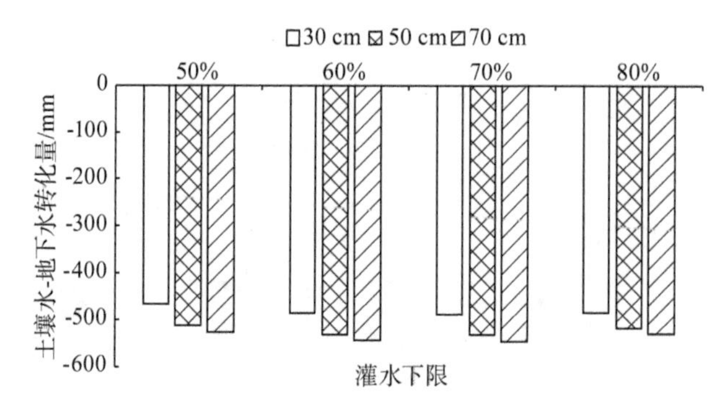

图 7.29　丰水年不同地下水埋深稻田根层土壤水-地下水转化量

表 7.13　丰水年根层地下水补给量影响因素方差分析表

(a) 丰水年各处理根层地下水量

处理	50%	60%	70%	80%
30 cm	66.92	66.54	66.52	61.82
50 cm	30.51	30.45	30.45	28.71
70 cm	15.42	15.42	15.42	15.16

(b) 方差计算

SUMMARY	观测数	求和	平均	方差
30 cm	4	261.8	65.45	5.890 266 667
50 cm	4	120.12	30.03	0.775 2
70 cm	4	61.42	15.355	0.016 9
50%	3	112.85	37.616 666 67	700.941 033 3
60%	3	112.41	37.47	690.273 9
70%	3	112.39	37.463 333 33	689.692 633 3
80%	3	105.69	35.23	576.171 7

(c) F 检验结果

差异源	SS	df	MS	F	P	F_c
行	5 305.921 4	2	2 652.960 7	1 932.439 789	3.72413E-09	5.143 252 85
列	11.809 966 67	3	3.936 655 556	2.867 494 355	0.126 017 625	4.757 062 663
误差	8.237 133 333	6	1.372 855 556			
总计	5 325.968 5	11				

丰水年控制灌溉模式下，灌水下限阈值显著影响稻田根层渗漏量($P<0.05$，$F=7.30$，$F_c=4.76$)，地下水埋深对稻田根层渗漏量无显著影响($P>0.05$)。灌水下限阈值为50%和80%时，根层渗漏量均较小，均值分别为−546.59 mm和−545.29 mm(表7.14)。

表7.14 丰水年根层土壤渗漏量影响因素方差分析表

(a) 丰水年各处理根层土壤渗漏量

处理	50%	60%	70%	80%
30 cm	−553.17	−553.54	−553.88	−544.57
50 cm	−543.56	−561.29	−562.69	−546.20
70 cm	−543.05	−559.23	−561.25	−545.10

(b) 方差计算

SUMMARY	观测数	求和	平均	方差
30 cm	4	−2 205.16	−551.29	20.154 466 67
50 cm	4	−2 213.74	−553.435	99.072 3
70 cm	4	−2 208.63	−552.157 5	88.482 891 67
50%	3	−1 639.78	−546.593 333	32.504 433 33
60%	3	−1 674.06	−558.02	16.113 7
70%	3	−1 677.82	−559.273 333	22.334 433 33
80%	3	−1 635.87	−545.29	0.691 3

(c) F 检验结果

差异源	SS	df	MS	F	P	F_c
行	9.314 116 667	2	4.657 058 333	0.208 566 065	0.817 392 797	5.143 252 85
列	489.155 358 3	3	163.051 786 1	7.302 263 991	0.019 904 755	4.757 062 663
误差	133.973 616 7	6	22.328 936 11			
总计	632.443 091 7	11				

丰水年控制灌溉模式下，灌水下限阈值和地下水埋深均显著影响稻田根层土壤水-地下水转化量，地下水埋深是主要影响因素($P<0.05$，$F=304.52$，$F_c=5.14$)，灌水下限阈值是次要影响因素($P<0.05$，$F=22.79$，$F_c=4.76$)。地下水埋深30 cm，灌水下限阈值为50%时，根层土壤水-地下水转化量(总体渗漏量)最小，为−466.25 mm(表7.15)。

表 7.15　丰水年根层土壤水-地下水转化量影响因素方差分析表

(a) 丰水年各处理根层土壤水-地下水转化量

处理	50%	60%	70%	80%
30 cm	−466.25	−487.00	−487.35	−482.75
50 cm	−513.05	−530.84	−532.24	−517.49
70 cm	−527.62	−543.81	−545.83	−529.94

(b) 方差计算

SUMMARY	观测数	求和	平均	方差
30 cm	4	−1 923.353 41	−480.838 353	98.905 690 28
50 cm	4	−2 093.614 77	−523.403 693	91.853 266 15
70 cm	4	−2 147.208 06	−536.802 015	87.342 55
50%	3	−1 506.928 37	−502.309 457	1 028.079 549
60%	3	−1 561.647 67	−520.549 223	886.399 189 2
70%	3	−1 565.426 04	−521.808 68	936.536 224 8
80%	3	−1 530.174 16	−510.058 053	598.136 332 9

(c) F 检验结果

差异源	SS	df	MS	F	P	F_c
行	6 831.006 314	2	3 415.503 157	304.519 351 7	9.28424E-07	5.143 252 85
列	767.008 241 3	3	255.669 413 8	22.794 967 7	0.001 112 709	4.757 062 663
误差	67.296 277 98	6	11.216 046 33			
总计	7 665.310 833	11				

7.1.5　不同水文年稻田土壤水-地下水转化过程的高效调控模式

在不同水文年型共计 36 种根层土壤水-地下水转化模拟结果中，考虑灌水下限含水率阈值和地下水埋深的影响差异，以追求较高的地下水补给量、较低的稻田渗漏量和较少的灌溉量为目标，优选出每一种水文年型下稻田土壤水-地下水转化过程的高效调控措施。

(1) 平水年高效调控模式

由于在平水年灌水下限含水率阈值对根层地下水补给量影响显著，根据模拟结果可知土壤水分阈值达到土壤饱和含水率的50%时，每次灌水至100%饱和含水率，地下水补给量最大，为64.91 mm，为充分利用地下水补给对作物需水的贡献，选定此灌溉制度作为平水年稻田土壤水-地下水转化过程高效调控模式。稻季灌水11次，灌溉总量为557.64 mm，该灌溉模式能够最大限度地利用地下水补给，此时土壤水-地下水转化利用效率最高，灌溉制度如图7.30所示。此外，由模拟结果可知，平水年地下水埋深显著影响控制灌溉稻田根层地下水补给量，当水分阈值达到土壤饱和含水率的50%时，随着地下水埋深的降低，地下水补给量明显增强，因此在水稻生育期某些时段，可以适当提高稻田地下水位，从而增强地下水补给作用，实现稻田土壤水-地下水转化的高效调控。

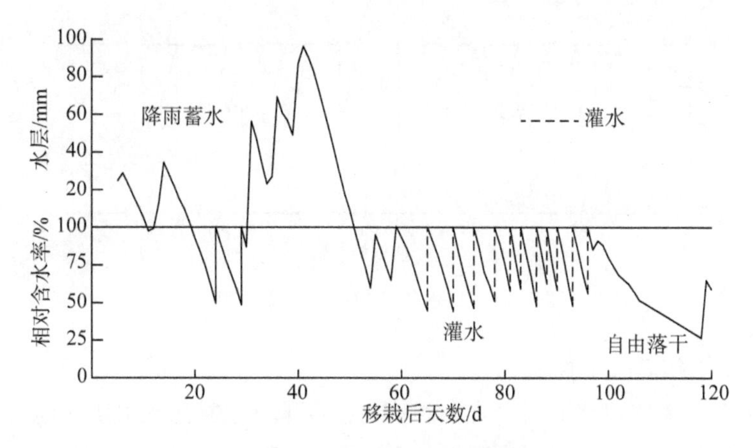

图7.30 平水年高效调控灌溉制度

(2) 枯水年高效调控模式

由于在枯水年灌水下限含水率阈值对根层地下水补给无显著影响，而灌水下限阈值和地下水埋深均显著影响稻田根层渗漏量，灌水下限阈值越高，地下水埋深越深，根层渗漏量越小。但根据模拟结果，灌水下限阈值为土壤饱和含水率的50%时各地下水埋深地下水补给量均高于灌水下限阈值为土壤饱和含水率的80%时，地下水补给量平均增加33.39 mm；同时提高灌水下限阈值虽然在一定程度上降低了渗漏量(平均降低54.67 mm)，但增加了灌水次数和灌水总量，灌水下限阈值为土壤饱和含水率的50%时灌水总量较灌水下限阈值为土壤饱和含水率的80%时减少21.04 mm。综合考虑灌水量、地下水补给量和渗漏量，最终选取土壤水分阈值达到土壤饱和含水率的50%时，每次灌水至

100%饱和含水率作为最优调控模式。此模式稻季灌水 17 次，灌溉总量为 665.43 mm。该灌溉模式灌水与土壤水-地下水转化综合利用效率最高，灌溉制度如图 7.31 所示。此外，由模拟结果可知，枯水年地下水埋深显著影响稻田根层地下水补给量，当水分阈值达到土壤饱和含水率的 50%时，随着地下水埋深的降低，地下水补给量明显增强，因此在水稻生育期某些时段，可以适当提高稻田地下水位，从而增强地下水补给作用，实现稻田土壤水-地下水转化的高效调控。

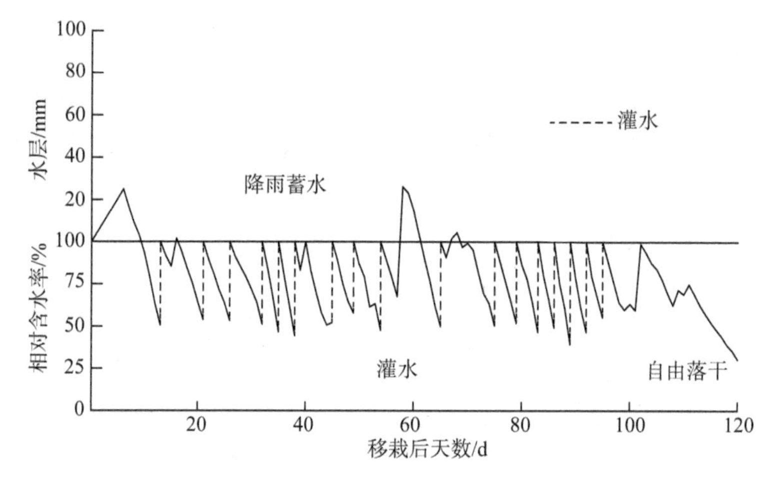

图 7.31　枯水年高效调控灌溉制度

(3) 丰水年高效调控模式

由于在丰水年灌水下限含水率阈值对根层地下水补给无显著影响，而灌水下限阈值显著影响稻田根层渗漏量和土壤水-地下水转化量。根据模拟结果可知，灌水下限阈值为土壤饱和含水率 50%和 80%时根层渗漏量均较小，但灌水下限阈值为土壤饱和含水率 50%时根层土壤水-地下水转化量(总渗漏量)最低。故选择土壤水分阈值达到土壤饱和含水率的 50%时，每次灌水至 100%饱和含水率为最优调控模式。此模式土壤水-地下水转化量(总渗漏量)最小，为－502.31 mm，稻季灌水 16 次，灌溉总量为 610.61 mm，灌溉制度如图 7.32 所示。此外，由模拟结果可知，丰水年当水分阈值达到土壤饱和含水率的 50%时，随着地下水埋深的降低，地下水补给量明显增强，因此在水稻生育期某些时段，可以适当提高稻田地下水位，从而增强地下水补给作用，实现稻田土壤水-地下水转化的高效调控。

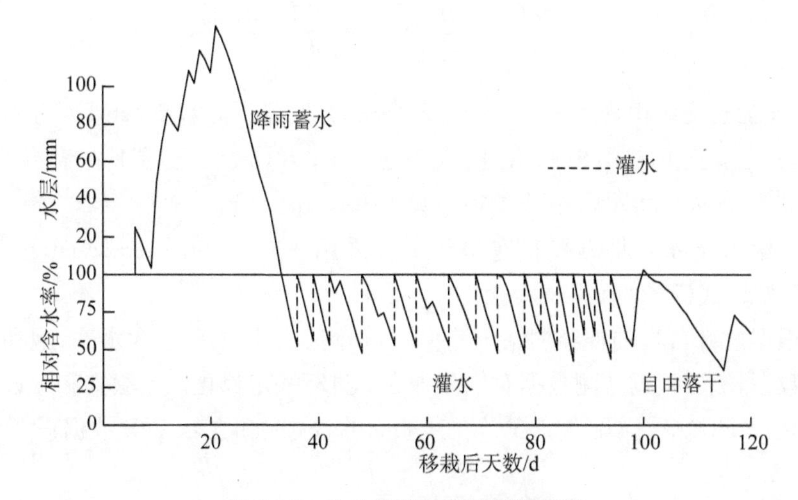

图 7.32　丰水年高效调控灌溉制度

7.2　灌排协同调控稻田-沟道系统水氮侧渗模型

7.2.1　稻田-沟道系统水氮侧渗模型建立

(1) 计算域

利用 Hydrus-2D/3D 软件的 Geometry 模块构建模型计算区域。假设沿田埂长度方向稻田和田埂的土壤均质，则根据试验布置情况，可将水分运移简化为二维情况，计算域如附图 6 所示。设置计算域深度为稻田层往下 200 cm，地下水位基本稳定在 200 cm 深度。稻田田面宽 60 cm，田埂宽 70 cm，排水沟宽 30 cm，田埂比稻田田面高 10 cm。根据研究区实际土壤情况，将整个计算域分为四种不同土壤：土壤 1，稻田上层 30 cm 和田上层 40 cm；土壤 2，犁底层（渗透系数小），位于稻田和田埂下方，厚度 10 cm；土壤 3，沟底层（渗透系数小），位于排水沟下方，厚度 5 cm；土壤 4，稻田、田埂以及排水沟下层，位于犁底层和沟底层下方。

(2) 水分运移方程

假设沿田埂长度方向稻田和田埂的土壤均质，则稻田水分侧渗运动可简化为垂直面内的二维问题，在直角坐标系建立稻田侧渗数学模型，其水分运动的基本方程为二维 Richards 方程：

$$\frac{\partial\theta}{\partial t}=\frac{\partial}{\partial x}\left[K(h)\frac{\partial h}{\partial x}\right]+\frac{\partial}{\partial x}\left[K(h)\frac{\partial h}{\partial z}\right]+\frac{\partial K(h)}{\partial z}-S(h) \tag{7.17}$$

式中：θ 为土壤体积含水率，$cm^3 \cdot cm^{-3}$；h 为土壤压力水头，cm；t 为入渗时间，d；z 为垂直的空间坐标值，向上为正，cm；$K(h)$ 为土壤非饱和导水率，$cm \cdot d^{-1}$；$S(h)$ 为源汇项(作物根系吸水率)，$cm^3 \cdot cm^{-3} \cdot d$。

土壤水分特征曲线和非饱和导水率采用 Van Genuchten-Mualem(VG-M)模型，即式(7-2)至(7-5)表示。

根据软件自带的神经网络预测模块，预测各土壤的残余含水率、饱和含水率等数据，然后根据实测数据对饱和含水率进行一定修正。土壤饱和导数率数据通过反演求得，详见 7.2.2 节。残余含水率、饱和含水率等数据设置详见表 7.16。

表 7.16　各层土壤水力特性参数

土壤	残余含水率 θ_r /$cm^3 \cdot cm^{-3}$	饱和含水率 θ_s /$cm^3 \cdot cm^{-3}$	进气吸力值的倒数 α /cm^{-1}	经验参数 n	孔隙关联度参数 l
土壤 1	0.062 3	0.430 0	0.007 0	1.640 6	0.5
土壤 2	0.061 6	0.419 9	0.006 5	1.652 1	0.5
土壤 3	0.066 6	0.420 0	0.006 8	1.633 9	0.5
土壤 4	0.064 5	0.470 0	0.007 4	0.628 6	0.5

(3) 根系吸水模型

根系吸水主要考虑潜在腾发速率、土壤水分状况、根系分布等情况，采用 Feddes 模型计算：

$$S(x,z,t)=\alpha(h)\beta(x,z,t)T_p(t) \tag{7.18}$$

$$T_a=\int_{L_R} S(x,z,t)\mathrm{d}x\mathrm{d}z=T_p(t)\int_{L_R}\alpha(h)\beta(x,z,t)\mathrm{d}x\mathrm{d}z \tag{7.19}$$

$$\alpha(h)=\begin{cases}\dfrac{h-h_4}{h_3-h_4} & h_3>h>h_4\\ 1 & h_2\geqslant h\geqslant h_3\\ \dfrac{h-h_2}{h_1-h_2} & h_1>h>h_2\\ 0 & h\geqslant h_1 \text{ 或 } h\leqslant h_4\end{cases} \tag{7.20}$$

式中：T_p 为潜在蒸腾速率，$cm \cdot d^{-1}$；T_a 为实际蒸腾速率，$cm \cdot d^{-1}$；$\alpha(h)$ 为

与土壤压力水头相关的无量纲参数；$\beta(x,z,t)$ 为根系分布函数；L_R 为根系深度，cm。

水稻为密植作物，假设根系在田内均匀分布，此外假设在研究时段内根系深度不变，则根系分布函数为：

$$\beta(z,t)=\left(1-\frac{z}{z_m}\right)e^{\lambda} \tag{7.21}$$

$$\lambda=-\frac{p_z}{z_m}\mid z^*-z\mid \tag{7.22}$$

式中：z_m 为根系在垂直方向的最大长度；z^* 为根系水分吸收最大的位置；p_z 为经验参数。

各参数设置如下：h_1 为 100 cm，h_2 为 55 cm，h_3 为 −250 cm，h_4 为 −15 000 cm，T_p 为 0.1 cm·d^{-1}，z_m 为 40 cm，z^* 为 5 cm。

(4) 作物蒸发蒸腾模型

蒸发蒸腾模型同 7.1.1 节。叶面积指数参照 7.1.1 节进行估算。

(5) 初始和边界条件

考虑到土壤含水率均较高，因此初始水势均设置为−10 cm，氮素初始情况按田间实测值设置。在边界条件设置上，设置稻田上边界(*AB*)为大气边界，田埂左边界(*BC*)和上边界(*CD*)为零通量边界，田埂右边界(*DE*)为渗透边界+零通量边界，在田面含水率较高时，田内的水分和溶质会通过 *DE* 边界侧渗至排水沟，因此设置为渗透边界，但同时考虑到排水沟内有一定水压，对水分溶质的侧渗有阻碍作用，因此将 *DE* 边界下方某段长度设置为零通量边界，具体长度为沟内水深的一半。排水沟上边界(*EF*)设置为定水头边界。计算域左右边界(*AH* 和 *FG*)设置为零通量边界，下边界(*HG*)设置为变水头边界，由于计算域无法同时设置两个定水头边界，因此将该边界设置为变水头边界，但在实际计算时设置变水头恒定为 0，模拟地下水位在此处且稳定不变，详见附图 7。

7.2.2 土壤饱和导水率参数反演

各土壤的水力特性参数初始值通过神经网络预测，其中土壤饱和含水率由实测数据估算确定。在稻田侧渗过程中，土壤饱和导水率起决定性作用，因此采用 2020 年 CI+CD 处理的实测数据(侧渗量和沟底渗漏量数据)对各土壤的饱和导水率进行反演计算，用其他处理的实测数据进行模型验证。各土壤的饱和导水率初始值和反演值详见表 7.17。

表 7.17　各层土壤饱和导水率初始值和反演值

饱和导水率 K_s	土壤 1	土壤 2	土壤 3	土壤 4
初始值/$cm \cdot d^{-1}$	6.0	0.10	0.10	6.0
反演值/$cm \cdot d^{-1}$	6.4	0.09	0.035	3.3

7.2.3　稻田-沟道系统水氮侧渗模型验证

(1) 稻田日侧渗量

图 7.33 为 2020 年稻田日侧渗水量模拟值与实测值对比。可以看出，各处理中模拟值变化趋势与实测值基本一致。CI＋CD 处理中，实测值与模拟值相对误差为－9.1％，均方根误差为 1.69，决定系数为 0.79。CI＋FD 处理中，实测值与模拟值相对误差为－8.2％，均方根误差为 0.20，决定系数为 0.77。FI＋CD 处理中，实测值与模拟值相对误差为－3.5％，均方根误差为 2.06，决定系数为 0.52。FI＋FD 处理中，实测值与模拟值相对误差为－2.9％，均方根误差为 1.84，决定系数为 0.81。

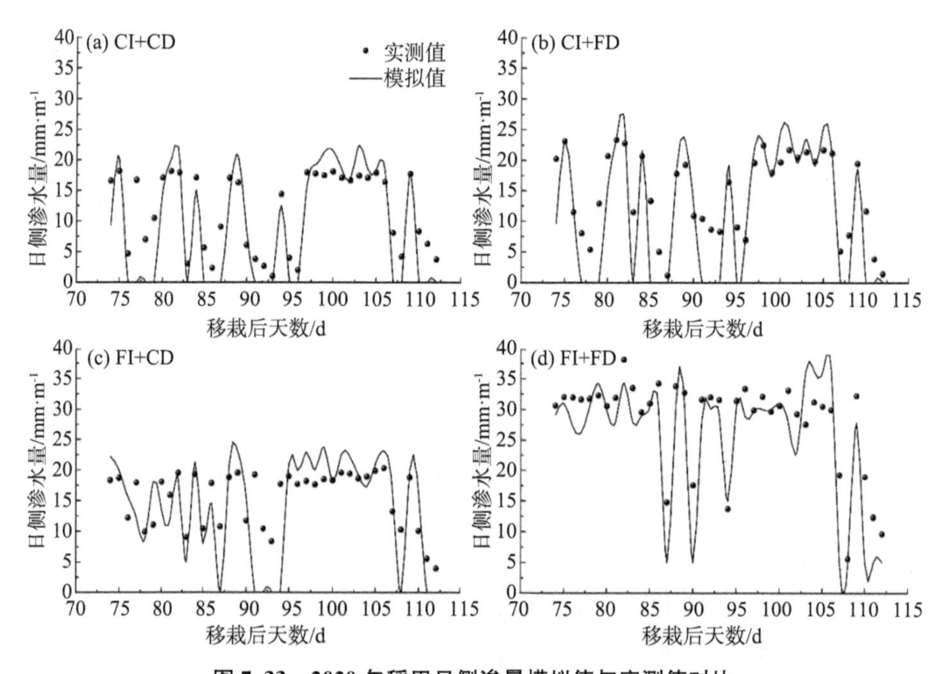

图 7.33　2020 年稻田日侧渗量模拟值与实测值对比

图 7.34 为 2021 年稻田日侧渗水量模拟值与实测值对比。可以看出，各处理中模拟值变化趋势与实测值也基本一致。CI＋CD 处理中，实测值与模拟值

相对误差为－11.1%，均方根误差为2.19，决定系数为0.54。CI＋FD处理中，实测值与模拟值相对误差为－4.5%，均方根误差为2.45，决定系数为0.77。FI＋CD处理中，实测值与模拟值相对误差为－3.5%，均方根误差为2.06，决定系数为0.56。FI＋FD处理中，实测值与模拟值相对误差为－3.9%，均方根误差为0.91，决定系数为0.66。综上可以认为该模型模拟稻田日侧渗水量变化情况良好。

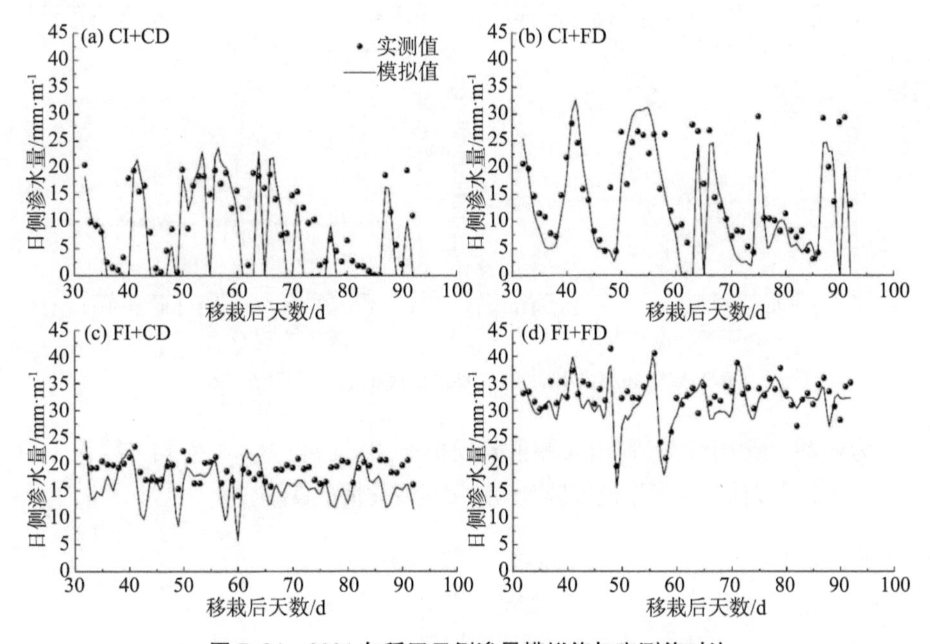

图7.34　2021年稻田日侧渗量模拟值与实测值对比

（2）排水沟渗漏量

图7.35为2020年排水沟渗漏量模拟值与实测值对比。可以看出，各处理中模拟值与实测值较为接近。CI＋CD处理中，实测值与模拟值相对误差为－5.4%，均方根误差为0.23。CI＋FD处理中，实测值与模拟值相对误差为－5.2%，均方根误差为0.20。FI＋CD处理中，实测值与模拟值相对误差为－6.1%，均方根误差为0.26。FI＋FD处理中，实测值与模拟值相对误差为2.7%，均方根误差为0.12。

图7.36为2021年排水沟渗漏量模拟值与实测值对比。可以看出，各处理中模拟值与实测值也较为接近。CI＋CD处理中，实测值与模拟值相对误差为－3.6%，均方根误差为0.18。CI＋FD处理中，实测值与模拟值相对误差为8.1%，均方根误差为0.27。FI＋CD处理中，实测值与模拟值相对误差为－7.0%，均方根

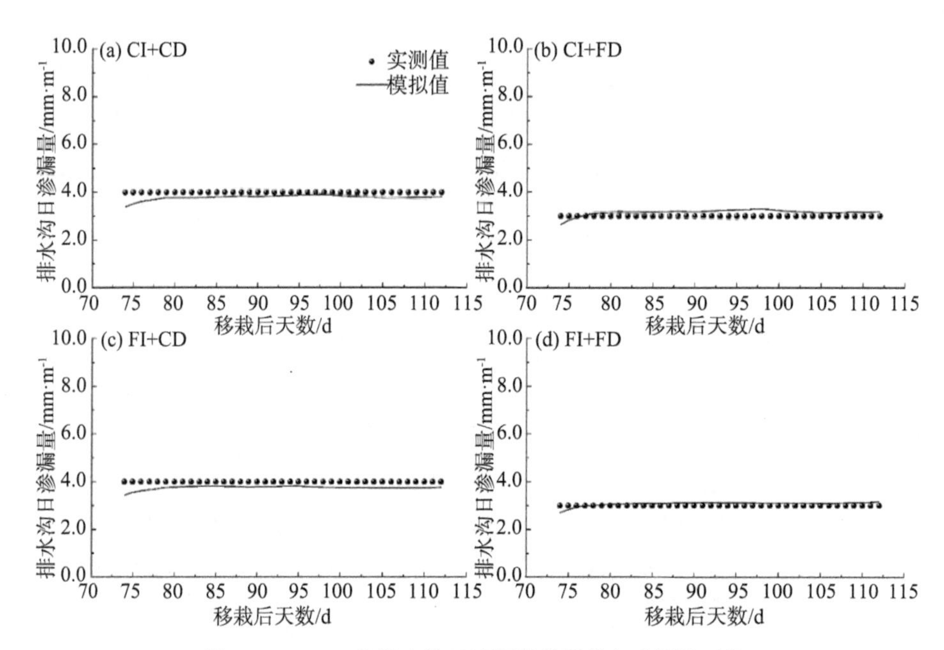

图 7.35 2020 年排水沟日渗漏量模拟值与实测值对比

误差为 0.29。FI+FD 处理中,实测值与模拟值相对误差为 3.1%,均方根误差为 0.11。综上可以认为该模型模拟排水沟渗漏量变化情况良好。

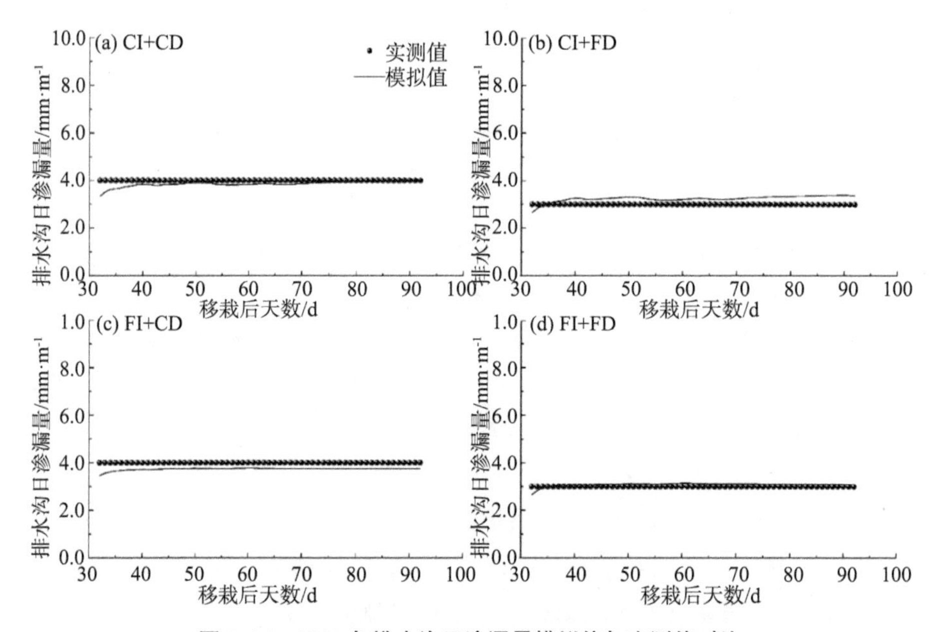

图 7.36 2021 年排水沟日渗漏量模拟值与实测值对比

7.2.4 稻田-沟道系统水氮侧渗调控模式

由试验结果可知，控制灌溉下稻田侧渗量和氮素侧渗负荷明显低于浅湿灌溉，可以认为控制灌溉是减小稻田渗漏的有效灌溉方式。因此，在情景模拟中，仅考虑不同排水条件对稻田水分侧渗和氮素侧渗的影响，基于 2020 年 CI 处理，设置 5 cm、10 cm、15 cm、20 cm、25 cm、30 cm、35 cm、40 cm 共 8 种不同的排水沟水深进行模拟。基于试验数据建立侧渗水量与氮素侧渗负荷的关系，从而进行氮素侧渗负荷的预测。

(1) 侧渗水量与氮素侧渗负荷关系

①侧渗水量与 TN 侧渗负荷

相关性分析结果见图 7.37，结果表明稻田侧渗量与 TN 侧渗负荷呈显著相关关系（$P<0.05$），相关系数 r 为 0.482，表明两者呈中等强度正相关关系。线性回归结果为 $y=0.0067x+0.1979$，决定系数为 0.221。

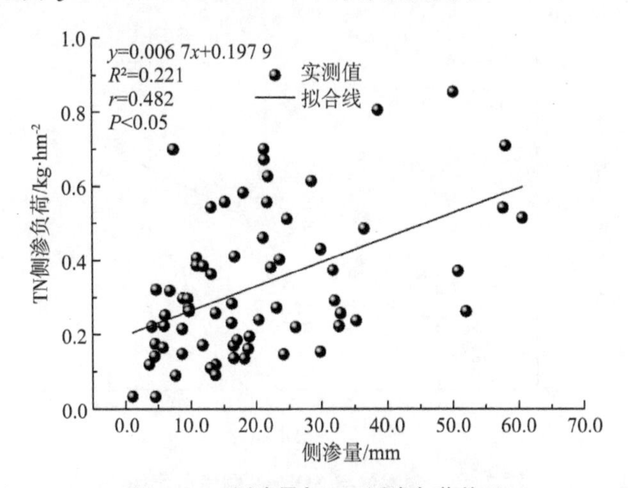

图 7.37 侧渗量与 TN 侧渗负荷关系

②侧渗水量与 NH_4^+-N 侧渗负荷

相关性分析结果见图 7.38，结果表明稻田侧渗量与 NH_4^+-N 侧渗负荷呈显著相关关系（$P<0.05$），相关系数 r 为 0.512，表明两者呈中等强度正相关关系。线性回归结果为 $y=0.0019x+0.0264$，决定系数为 0.252。

③侧渗水量与 NO_3^--N 侧渗负荷

相关性分析结果见图 7.39，结果表明稻田侧渗量与 NO_3^--N 侧渗负荷呈显著相关关系（$P<0.05$），相关系数 r 为 0.688，表明两者呈强正相关关系。线性回归结果为 $y=0.0026x+0.0363$，决定系数为 0.465。

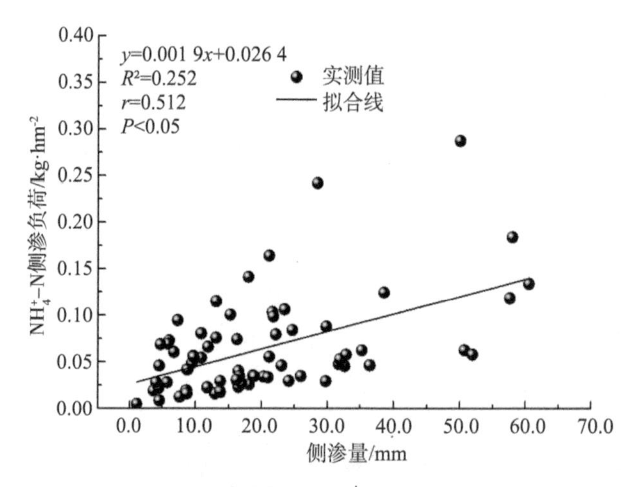

图 7.38 侧渗水量与 NH_4^+-N 侧渗负荷关系

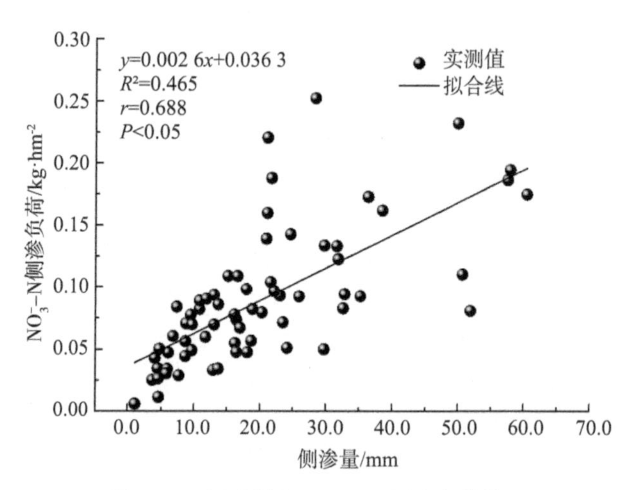

图 7.39 侧渗量与 NO_3^--N 侧渗负荷关系

(2) 不同情景下侧渗水量和氮素侧渗负荷变化规律

图 7.40 为不同情景下稻田侧渗总量、排水沟渗漏总量、TN 侧渗负荷、NH_4^+-N 侧渗负荷和 NO_3^--N 侧渗负荷模拟结果。可以看出，随着排水沟水深的增大，稻田侧渗总量呈下降趋势。当水深低于 20 cm 时，随水深增加侧渗总量下降缓慢；当水深高于 20 cm 后，随着水深的增加侧渗总量快速下降；当水深为 40 cm 时，沟内水深与稻田田面齐平，侧渗总量为 0。排水沟渗漏总量随着沟内水深的增加呈上升趋势，基本为线性增加。TN 侧渗负荷、NH_4^+-N 侧渗负荷和 NO_3^--N 侧渗负荷变化规律与侧渗总量基本一致。综上可以认为，控制稻田

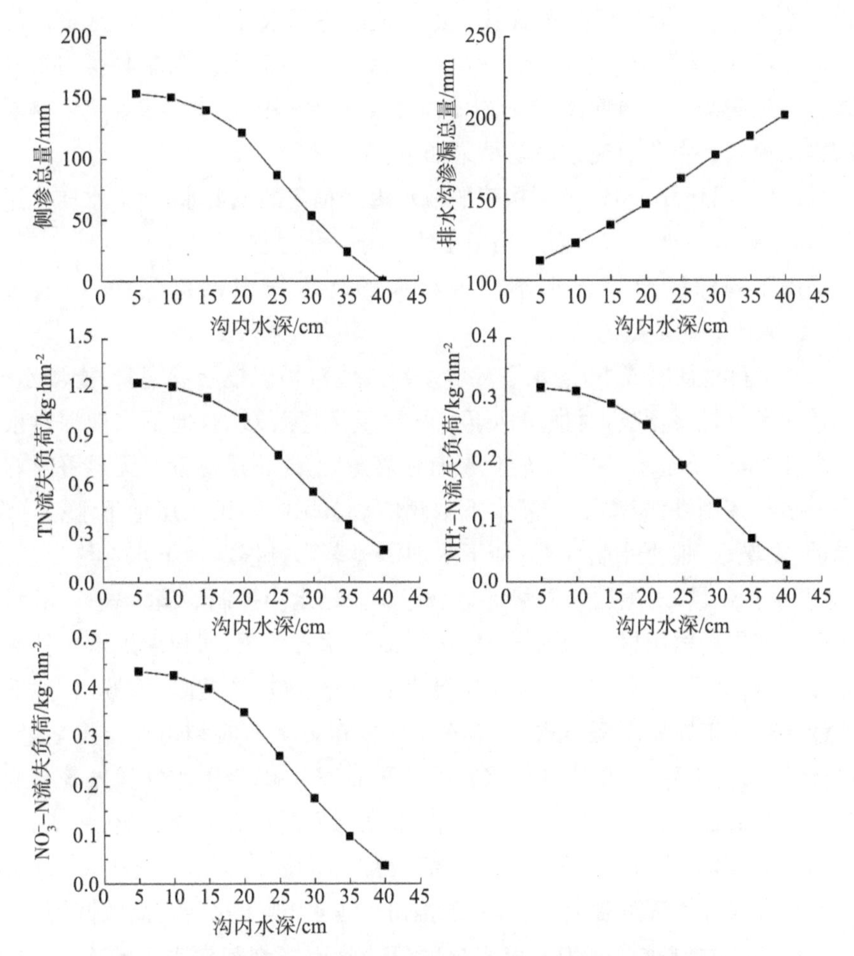

图 7.40　不同情景下稻田侧渗总量、排水沟渗漏总量、TN 侧渗负荷、NH_4^+-N 侧渗负荷和 NO_3^--N 侧渗负荷模拟结果

排水、增加排水沟内水深可有效减小稻田侧渗总量和氮素侧渗负荷，减小稻田的水氮损失，提高稻田水氮利用效率，本研究中采用控制灌溉并将沟道水深控制在 40 cm 是较为合适的灌排管理模式。

7.3　本章小结

本章构建了基于 Hydrus-1D 的控制灌溉稻田土壤水-地下水转化模型和基于 Hydrus-2D 的稻田-沟道系统水氮侧渗模型，采用实测数据对模型适用性进行了检验。运用验证后的稻田土壤水-地下水转化模型模拟了不同水文年下稻田土壤水-地下水转化过程，优选出苏南地区不同水文年土壤水-地下水转化高效调控模式，运用验证后的稻田-田埂侧渗模型模拟了控制灌溉稻田不同排水条件下稻田沟道水氮侧渗特征，优选了有效控制稻田侧渗水量和氮素侧渗负荷的排水模式。主要研究结论与结果如下：

（1）基于 Hydrus-1D 模型构建的节水灌溉稻田的土壤水-地下水转化过程模型，能够较好地模拟节水灌溉稻田土壤水分变化过程。

稻田不同深度土壤含水率模拟结果的均方根误差范围为 0.010 4～0.088 4，纳什效率系数为 0.041 5～0.761 2，模拟效果较好。

（2）控制灌溉模式下，灌水下限含水率阈值对稻田根层渗漏量、土壤水-地下水转化量有显著影响，对根层地下水补给量无显著影响；地下水埋深对根层地下水补给量、土壤水-地下水转化量有显著影响，对根层渗漏量无显著影响。

平水年控制灌溉模式下，灌水下限阈值显著影响稻田根层地下水补给量、渗漏量、土壤水-地下水转化量；地下水埋深显著影响根层地下水补给量、土壤水-地下水转化量，对根层渗漏量无显著影响。枯水年控制灌溉模式下，灌水下限阈值显著影响稻田根层渗漏量、土壤水-地下水转化量，对根层地下水补给量无显著影响；地下水埋深显著影响根层地下水补给量、渗漏量、土壤水-地下水转化量。丰水年控制灌溉模式下，灌水下限阈值显著影响稻田根层渗漏量、土壤水-地下水转化量，对根层地下水补给量无显著影响；地下水埋深显著影响根层地下水补给量、土壤水-地下水转化量，对根层渗漏量无显著影响。

（3）不同水文年下，将土壤水分阈值设置为 50%土壤饱和含水率，每次灌水至饱和含水率的灌溉制度，能够实现稻田土壤水-地下水转化高效调控。

平水年高效调控模式为土壤水分阈值达到土壤饱和含水率的 50%时，每次灌水至 100%饱和含水率。此模式下地下水补给量最大，为 64.91 mm，稻季灌水 11 次，灌溉总量为 557.64 mm。枯水年高效调控模式为土壤水分阈值达到土壤饱和含水率的 50%时，每次灌水至 100%饱和含水率。此模式稻季灌水 17 次，灌溉总量为 665.43 mm。丰水年高效调控模式为土壤水分阈值达到土壤饱和含水率的 50%时，每次灌水至 100%饱和含水率。此模式土壤水-地下水转化量（总渗漏量）最小，为－502.31 mm，稻季灌水 16 次，灌溉总量为 610.61 mm。

（4）基于 Hydrus-2D 模型构建的节水灌溉稻田-沟道侧渗模型，能够较好地模拟稻田侧渗过程。

模拟的稻田日侧渗量数据与实测值变化趋势基本一致，相对误差在－11.1%～－2.9%之间，均方根误差在 0.20～2.45 之间，决定系数在 0.52～

0.81 之间。模拟的排水沟日渗漏量数据与实测值变化趋势也基本一致，相对误差在−7.0%～8.1%之间，均方根误差在0.11～0.29之间。

（5）稻田侧渗水量与TN侧渗负荷、NH_4^+-N侧渗负荷、NO_3^--N侧渗负荷均存在显著相关关系，呈中等强度或强正相关关系。

稻田侧渗量与TN侧渗负荷呈中等强度正相关关系，线性回归结果为 $y=0.0067x+0.1979$，决定系数为0.221。侧渗量与NH_4^+-N侧渗负荷呈中等强度正相关关系。线性回归结果为 $y=0.0019x+0.0264$，决定系数为0.252。侧渗量与NO_3^--N侧渗负荷呈强正相关关系。线性回归结果为 $y=0.0026x+0.0363$，决定系数为0.465。

（6）控制稻田排水、增加排水沟内水深可有效减小稻田侧渗总量和氮素侧渗负荷，减小稻田的水氮损失，提高稻田水氮利用效率，本试验中采用控制灌溉并将沟道水深控制在40 cm是较为合适的灌排管理模式。

情景模拟结果表明，随着排水沟水深的增大，稻田水分侧渗总量呈下降趋势。当水深低于20 cm时，随水深增加侧渗总量下降缓慢；当水深高于20 cm后，随着水深的增加侧渗总量快速下降；当水深为40 cm时，沟内水深与稻田田面齐平，侧渗总量为0。排水沟渗漏总量随着沟内水深的增加呈上升趋势，基本为线性增加。总氮侧渗负荷、铵态氮侧渗负荷和硝态氮侧渗负荷变化规律与侧渗总量基本一致。本试验中采用控制灌溉并将沟道水深控制在40 cm是较为合适的灌排管理模式。

8 结论与主要创新点

8.1 主要结论

本书研究的主要结论如下：

(1) 控制灌溉模式显著改变稻田土壤水-地下水转化过程，干湿循环过程土壤水分、土壤容重变化直接影响土壤水-地下水转化方向及程度。

控制灌溉模式显著改变稻田土壤水-地下水转化过程，两水转化关系总体表现为土壤水入渗至地下水，水稻分蘖期、抽穗开花期及黄熟期的土壤水-地下水转化能够有效调节时段内水稻需水过程。控制灌溉稻田出现明显的地下水补给过程，有效补给了水稻需水，并直接影响水稻根区土壤含水率的变化。

节水灌溉稻田干湿循环过程中土壤含水率的变化对稻田地下水补给量及土壤水-地下水转化量有显著影响，随着稻田干湿循环过程根系层土壤含水率的降低，稻田地下水补给量呈现上升趋势，稻田土壤水-地下水转化以地下水补给土壤水为主；当土壤含水率降至一定限度时，稻田地下水补给量在稻田复水后(灌水或降雨)一天内出现峰值，稻田土壤水-地下水转化方向存在一定随机性。控制灌溉稻田干湿循环过程降低了稻田表层土壤容重，增加下层土壤容重，从而影响毛细管上升作用；稻田土壤干缩裂缝导致的空间变异性影响土壤水分入渗，进而影响稻田土壤水-地下水转化过程。

(2) 灌排协同调控显著改变稻田稻季暗管排水变化过程，大幅降低了稻田暗管排水量、灌溉水量和氮素流失量。

灌排协同调控稻田暗管排水量在稻季的部分时段内保持在较低水平，稻季暗管排水量为 117.96 mm，较常规灌排处理稻田(277.28 mm)下降了 57.5%；灌溉水量为 457.77 mm，较常规灌排处理稻田(819.38 mm)下降了 361.61 mm，降幅为 44.1%。浅湿灌溉与控制灌溉条件下，控制排水稻田稻季暗管排水量较自由排水稻田分别降低 34.3%、35.9%。

灌排协同调控下，稻田暗管排水 TN 流失量较常规灌排处理稻田下降 1.74 kg·hm^{-2}，降幅为 28.6%。其中 NH_4^+-N、NO_3^--N 流失量分别较常规灌排处理稻田降低了 0.61 kg·hm^{-2}、0.57 kg·hm^{-2}，降幅分别为 18.0%、

57.6%。CI+CD处理稻田暗管排水中TN、NH_4^+-N浓度分别较FI+FD处理稻田增加25.8%、15.8%，NO_3^--N浓度均值较FI+FD处理稻田降低4.3%。

(3) 灌排协同调控显著影响稻田水分侧渗过程及田埂区域土壤含水率变化，控制灌溉和沟道控制排水组合相较于浅湿灌溉和沟道自由排水组合可明显降低稻田水分侧渗强度和总量。

在田间灌溉模式和沟道排水方式综合影响下，田埂0～20 cm深度土壤含水率波动剧烈，20～50 cm深度较为稳定，其中控制灌溉稻田水分侧渗主要发生在田埂10～20 cm深度土壤内。沟道控制排水处理较自由排水处理抑制了田埂土壤含水率变化，稻田控制灌溉处理田埂土壤含水率波动较浅湿灌溉更剧烈。

灌排调控显著改变了稻田-田埂-沟道区域水分侧渗过程特征，沟道控制排水处理、稻田控制灌溉处理分别较自由排水处理、浅湿灌溉处理降低了田埂水分侧渗强度的峰值和均值。

灌排调控显著降低了稻田-田埂-沟道区域水分侧渗总量，沟道控制排水处理、稻田控制灌溉处理分别较自由排水处理、浅湿灌溉处理显著降低了田埂水分侧渗总量，且灌溉处理影响效应更强。控制灌溉处理稻田干湿循环过程中，稻田-田埂-沟道区域水分侧渗强度变化同田埂10～20 cm土壤水分变化基本同步，两者有正相关关系。

(4) 不同灌排调控组合处理田埂内各深度土壤溶液中氮素浓度均在稻田肥后出现峰值，灌排协同调控显著影响稻田氮素侧渗，控制灌溉和沟道控制排水组合相较于浅湿灌溉和自由排水组合可明显推迟氮素侧渗峰值出现时间，降低氮素侧渗负荷。

灌排调控影响田埂土壤溶液TN、NO_3^--N浓度峰值，控制灌溉处理田埂0～40 cm土壤溶液内TN和NO_3^--N浓度峰值较浅湿灌溉处理降低，NH_4^+-N和深层土壤溶液中氮素未受到灌排调控的影响。灌排调控影响田埂土壤溶液氮素的剖面分布，控制灌溉和控制排水较常规浅湿灌溉自由排水处理降低了田埂0～20 cm深度土壤溶液TN、NO_3^--N浓度，但对NH_4^--N没有明显影响，田埂土壤溶液内不同形式氮素未发生明显的垂向迁移。

灌排调控通过降低田埂侧渗水量进而显著降低田埂氮素侧渗负荷和流失率，具有显著的环境效应。沟道控制排水处理、稻田控制灌溉处理分别较自由排水处理、浅湿灌溉处理显著降低了田埂氮素侧渗负荷，且灌溉处理影响效应更强。

(5) 基于Hydrus-1D模型构建的节水灌溉稻田的土壤水-地下水转化过程

模型，能够较好地模拟节水灌溉稻田土壤水分变化过程。不同水文年下，将土壤水分阈值设置为50%土壤饱和含水率，每次灌水至饱和含水率的灌溉制度，能够实现稻田土壤水-地下水转化高效调控。

稻田不同深度土壤含水率模拟结果的均方根误差在0.0104～0.0884，纳什效率系数为0.0415～0.7612，模拟效果较好，基于Hydrus-1D模型能够较好地模拟节水灌溉稻田土壤水分变化过程。通过模拟结果分析可知，控制灌溉模式下，灌水下限含水率阈值对稻田根层渗漏量、土壤水-地下水转化量有显著影响，对根层地下水补给量无显著影响；地下水埋深对根层地下水补给量、土壤水-地下水转化量有显著影响，对根层渗漏量无显著影响。

不同水文年下，将土壤水分阈值设置为50%土壤饱和含水率，每次灌水至饱和含水率的灌溉制度，能够实现稻田土壤水-地下水转化高效调控。

(6) 基于Hydrus-2D模型构建的灌排调控稻田-沟道水氮侧渗模型，能够较好地模拟区域水氮侧渗过程。控制稻田排水、增加排水沟内水深可有效减小稻田侧渗总量和氮素侧渗负荷，减小稻田的水氮损失，提高稻田水氮利用效率，本试验中水稻采用控制灌溉并将沟道水深控制与田面齐平，即40 cm是较为合适的灌排管理模式。

基于Hydrus-2D模型构建灌排调控稻田-沟道水氮侧渗模型，模拟的稻田日侧渗量数据与实测值变化趋势基本一致，相对误差在−11.1%～−2.9%之间，均方根误差在0.20～2.45之间，决定系数在0.52～0.81之间。模拟的排水沟日渗漏量数据与实测值变化趋势也基本一致，相对误差在−7.0%～8.1%之间，均方根误差在0.11～0.29之间，模型模拟结果良好。模拟结果表明，随着排水沟水深的增大，稻田侧渗总量呈下降趋势。当水深低于20 cm时，随水深增加侧渗总量下降缓慢；当水深高于20 cm后，随着水深的增加侧渗总量快速下降；当水深为40 cm时，沟内水深与稻田田面齐平，侧渗总量为0。排水沟渗漏总量随着沟内水深的增加呈上升趋势，基本为线性增加。TN侧渗负荷、NH_4^+-N侧渗负荷和NO_3^--N侧渗负荷变化规律与侧渗总量基本一致。综合考虑可得，本试验中水稻采用控制灌溉并将沟道水深控制在40 cm是较为合适的灌排管理模式。

8.2 主要创新点

本书研究的主要创新点如下：

(1) 通过蒸渗仪试验揭示了节水灌溉稻田土壤水-地下水转化过程及其对

干湿交替过程的响应机制，结合情景模拟优选了不同水文年型稻田土壤水-地下水转化过程的高效调控措施。

节水灌溉稻田呈现连续的干湿交替过程，当稻田土壤处于饱和状态时，多余的土壤水入渗进入地下水；当土壤水分低于田间持水率时，地下水通过毛管上升补给根系土壤水消耗，使得节水灌溉稻田土壤水与地下水界面的水分交换频繁。然而，已有研究多关注节水灌溉模式对稻田土壤水入渗的影响，仅有的关于稻田地下水补给过程的研究是通过模型模拟得出稻田稻季地下水补给量，节水灌溉稻田干湿交替过程对土壤水-地下水转化的影响效果及作用机制尚不明确。本研究利用蒸渗仪试验研究节水灌溉稻田土壤水-地下水转化特征，并揭示节水灌溉稻田土壤水-地下水转化对干湿交替过程的响应机制。此外，为明确不同水文年型稻田土壤水-地下水转化过程的调控策略，本研究基于Hydrus-1D 模型，构建控制灌溉稻田土壤水-地下水转化过程的动态模拟模型，开展不同灌排调控措施的情景模拟，以提高稻田水分利用率为目标，提出稻田土壤水-地下水转化过程的高效调控措施。

(2) 基于田间原位观测探究了灌排协同调控下稻田-沟道系统水氮侧渗特征及其对干湿交替过程的响应机制，结合情景模拟提出了有效降低稻田水氮侧渗负荷的灌排调控优化模式。

稻田水分通过稻田与排水沟之间的田埂侧向渗漏至周边沟道，是稻田水分损失的重要途径之一，稻田土壤氮素等营养物质可在侧渗水分驱动下通过田埂侧向渗漏至周边沟道。已有研究对节水灌溉及明沟控制排水组合调控作用下稻田-沟道区域水分及氮素侧渗特征的研究关注较少，不同的稻田土壤水分、沟道水位调控措施及其组合对稻田水氮侧渗的影响机制尚不明确。本研究通过田间原位试验获取稻田-沟道系统水氮侧渗过程和总量特征，阐明了节水灌溉稻田和沟道控制排水组合处理较常规管理方式能降低田埂水分侧渗峰值、稻田-田埂区域各形式氮素浓度峰值，显著降低稻田水分侧渗量和田埂氮素侧向流失负荷。此外，本研究基于 Hydrus-2D 模型，构建了灌排协同调控稻田-田埂系统水氮侧渗模型，以降低稻田侧渗水量和氮素侧渗负荷为目标，提出了稻田及沟道系统的灌排调控优化模式。

(3) 本研究综合运用水稻节水灌溉与暗管控制排水技术于稻田水管理，阐明了灌排协同调控对于天然降雨条件下稻田暗管排水量、氮素流失负荷变化特征的影响，明确了田间灌排协同调控模式的节水机制及氮素流失减排机制。

已有的稻田灌排综合管理是将田间土壤水分调控与明沟控制排水结合，研究综合管理对稻田氮磷流失的影响，对于综合运用灌排指标直接调控田间水分、减少农田水氮流失的研究尚属空白。本研究综合运用水稻节水灌溉与暗管控制排水技术于稻田水管理,研究灌排协同调控对于天然降雨条件下稻田水氮流失变化特征的影响。灌排协同调控显著改变了稻田稻季暗管排水量变化过程,大幅降低了稻田暗管排水量与灌溉水量,稻田暗管排水氮素流失负荷随之大幅下降,取得了显著的环境效应。

参考文献

[1] 马颖卓. 充分发挥农业节水的战略作用　助力农业绿色发展和乡村振兴——访中国工程院院士康绍忠[J]. 中国水利,2019(1):6-8.

[2] BELDER P, BOUMAN B A M, CABANGON R, et al. Effect of water-saving irrigation on rice yield and water use in typical lowland conditions in Asia[J]. Agricultural Water Management,2004,65(3):193-210.

[3] GRAFTON R Q, WILLIAMS J, PERRY C J, et al. The paradox of irrigation efficiency[J]. Science,2018,361(6404):748-750.

[4] JAYNES,B D, SKAGGS R W, FAUSEY N P, et al. Changes in yield and nitrate losses from using drainage water management in central Iowa,United States. (Special Research Section: Water quality and yield benefits of drainage water management in the US Midwest.)[J]. Journal of Soil & Water Conservation,2012,67(6):485-494.

[5] KHAN S,HANJRA M A,MU J X. Water management and crop production for food security in China: a review[J]. Agricultural Water Management, 2009, 96(3): 349-360.

[6] CUI Z L,ZHANG H Y,CHEN X P,et al. Pursuing sustainable productivity with millions of smallholder farmers[J]. Nature,2018,555:363-366.

[7] 程建平. 水稻节水栽培生理生态基础及节水灌溉技术研究[D]. 武汉:华中农业大学,2007.

[8] YOSHINAGA I, MIURA A, HITOMI T, et al. Runoff nitrogen from a large sized paddy field during a crop period[J]. Agricultural Water Management, 2007, 87(2): 217-222.

[9] ZHAO X,ZHOU Y,MIN J,et al. Nitrogen runoff dominates water nitrogen pollution from rice-wheat rotation in the Taihu Lake region of China[J]. Agriculture, Ecosystems & Environment,2012,156:1-11.

[10] 杨林章,吴永红. 农业面源污染防控与水环境保护[J]. 中国科学院院刊,2018,33(2):168-176.

[11] JANSSEN M, LENNARTZ B. Water losses through paddy bunds: methods, experimental data,and simulation studies[J]. Journal of Hydrology, 2009, 369(1): 142-153.

[12] HATIYE S D,KOTNOOR H P S R,OJHA C S P. Study of deep percolation in

paddy fields using drainage-type lysimeters under varying regimes of water application [J]. ISH Journal of Hydraulic Engineering,2017,23(1):35-48.

[13] 陈玉民,郭国双. 中国主要作物需水量与灌溉[M]. 北京:水利电力出版社,1995.

[14] 王笑影,吕国红,贾庆宇,等. 稻田水分渗漏研究 I. 渗漏现状及成因分析[J]. 安徽农业科学,2010,38(11):5763-5766.

[15] DWIVEDI B S,SINGH V K,SHUKLA A K,et al. Optimizing dry and wet tillage for rice on a Gangetic alluvial soil:Effect on soil characteristics,water use efficiency and productivity of the rice-wheat system[J]. European Journal of Agronomy,2012,43:155-165.

[16] PENG S Z,HE Y P,YANG S H,et al. Effect of controlled irrigation and drainage on nitrogen leaching losses from paddy fields[J]. Paddy and Water Environment,2015,13(4):303-312.

[17] HUMPHREYS E, MEISNER C, GUPTA R, et al. Water Saving in Rice-Wheat Systems[J]. Plant Production Science,2005,8(3):242-258.

[18] 彭世彰,徐俊增,黄乾,等. 水稻控制灌溉模式及其环境多功能性[J]. 沈阳农业大学学报,2004,35(Z1):443-445.

[19] 姜萍,袁永坤,朱日恒,等. 节水灌溉条件下稻田氮素径流与渗漏流失特征研究[J]. 农业环境科学学报,2013,32(8):1592-1596.

[20] 李远华,张祖莲,赵长友,等. 水稻间歇灌溉的节水增产机理研究[J]. 中国农村水利水电,1998(11):12-15,46.

[21] BOUMAN B A M, PENG S, CASTAÑEDA A R, et al. Yield and water use of irrigated tropical aerobic rice systems[J]. Agricultural Water Management, 2004, 74(2):87-105.

[22] DARZI-NAFTCHALI A,SHAHNAZARI A. Influence of subsurface drainage on the productivity of poorly drained paddy fields[J]. European Journal of Agronomy,2014, 56(1):1-8.

[23] 张蔚榛,张瑜芳. 土壤的给水度和自由空隙率[J]. 灌溉排水,1983(2):1-16,47.

[24] LUO W,JIA Z,FANG S,et al. Outflow reduction and salt and nitrogen dynamics at controlled drainage in the YinNan Irrigation District,China[J]. Agricultural Water Management,2008,95(7):809-815.

[25] 刘建刚,罗纨,贾忠华. 银南灌区控制排水实施效果分析[J]. 水利水电科技进展,2009,29(1):40-43,56.

[26] 王友贞,王修贵,汤广民. 大沟控制排水对地下水水位影响研究[J]. 农业工程学报,2008,24(6):74-77.

[27] 和玉璞,张建云,徐俊增,等. 灌溉排水耦合调控稻田水分转化关系[J]. 农业工程学报,2016,32(11):144-149.

[28] CHO J Y, SON J G, CHOI J K, et al. Surface and subsurface losses of N and P from salt-affected rice paddy fields of Saemangeum reclaimed land in South Korea[J]. Paddy and Water Environment, 2008, 6(2): 211-219.

[29] CHOWDARY V M, RAO N H, SARMA P B S. A coupled soil water and nitrogen balance model for flooded rice fields in India [J]. Agriculture, Ecosystems & Environment, 2004, 103(3): 425-441.

[30] JANG T I, KIM H K, SEONG C H, et al. Assessing nutrient losses of reclaimed wastewater irrigation in paddy fields for sustainable agriculture[J]. Agricultural Water Management, 2011, 104: 235-243.

[31] 纪雄辉,郑圣先,石丽红,等. 洞庭湖区不同稻田土壤及施肥对养分淋溶损失的影响[J]. 土壤学报,2008,45(4):663-671.

[32] 黄明蔚,刘敏,陆敏,等. 稻麦轮作农田系统中氮素渗漏流失的研究[J]. 环境科学学报,2007,27(4):629-636.

[33] YOON K S, CHO J Y, CHOI J K, et al. Water management and N, P losses from paddy fields in Southern Korea[J]. Journal of the American Water Resources Association, 2006, 42(5): 1205-1216.

[34] 邱卫国,唐浩,王超. 稻作期氮素渗漏流失特性及控制对策研究[J]. 农业环境科学学报,2005,24(Z1):99-103.

[35] 王家玉,王胜佳,陈义,等. 稻田土壤中氮素淋失的研究[J]. 土壤学报,1996,33(1):28-36.

[36] 刘培斌,张瑜芳. 稻田中氮素流失的田间试验与数值模拟研究[J]. 农业环境保护,1999,18(6):241-245.

[37] PENG S Z, YANG S H, XU J Z, et al. Nitrogen and phosphorus leaching losses from paddy fields with different water and nitrogen managements [J]. Paddy and Water Environment, 2011, 9(3): 333-342.

[38] CUI Y L, LI Y H, LU G A. Nitrogen transformations and movement under different water supply regimes for paddy rice[C]// International Conference on Water-Saving Agriculture and Sustainable Use, 2003.

[39] TAN X Z, SHAO D G, LIU H H, et al. Effects of alternate wetting and drying irrigation on percolation and nitrogen leaching in paddy fields[J]. Paddy and Water Environment, 2013, 11(1-4): 381-395.

[40] ROBINSON M, RYCROFT D W. The Impact of Drainage on streamflow[M]// SKAGGS R W, SCHILFGAARDE J V. Agricultural Drainage 38. Soil Science Society of American Madion, Wisonsia, USA, 1999.

[41] 景卫华. 农田排水系统管理及氮素流失模拟研究:以淮北平原砂姜黑土区为例[D]. 西安:西安理工大学,2010.

[42] 田世英,罗纨,贾忠华,等.控制排水对宁夏银南灌区水稻田盐分动态变化的影响[J].水利学报,2006,37(11):1309-1314.

[43] BONAITI G, BORIN M. Efficiency of controlled drainage and subirrigation in reducing nitrogen losses from agricultural fields[J]. Agricultural Water Management, 2010,98(2):343-352.

[44] DRURY C F, TAN C S, REYNOLDS W D, et al. Managing tile drainage, subirrigation, and nitrogen fertilization to enhance crop yields and reduce nitrate loss [J]. Journal of Environmental Quality, 2009, 38(3): 1193-1204.

[45] TAN C S, DRURY C F, SOULTANI M, et al. Effect of controlled drainage and tillage on soil structure and tile drainage nitrate loss at the field scale[J]. Water Science and Technology, 1998, 38(4-5): 103-110.

[46] LALONDE V, MADRAMOOTOO C A, TRENHOLM L, et al. Effects of controlled drainage on nitrate concentrations in subsurface drain discharge[J]. Agricultural Water Management, 1996, 29(2): 187-199.

[47] WESSTRÖM I, MESSING I. Effects of controlled drainage on N and P losses and N dynamics in a loamy sand with spring crops[J]. Agricultural Water Management, 2007, 87(3): 229-240.

[48] DRURY C F, TAN C S, GAYNOR J D, et al. Water table management reduces tile nitrate loss in continuous corn and in a soybean-corn rotation[J]. The Scientific World Journal, 2001, 1(S2): 163-169.

[49] GUO H M, LI G H, ZHANG D Y, et al. Effects of water table and fertilization management on nitrogen loading to groundwater [J]. Agricultural Water Management, 2006, 82(1): 86-98.

[50] NG H Y F, TAN C S, DRURY C F, et al. Controlled drainage and subirrigation influences tile nitrate loss and corn yields in a sandy loam soil in Southwestern Ontario [J]. Agriculture, Ecosystems & Environment, 2002, 90(1): 81-88.

[51] NOORY H, LIAGHAT A M, CHAICHI M R, et al. Effects of water table management on soil salinity and alfalfa yield in a semi-arid climate[J]. Irrigation Science, 2009, 27(5): 401-407.

[52] 袁念念,黄介生,谢华,等.棉田暗管控制排水和氮素流失研究[J].灌溉排水学报,2011,30(1):103-105,129.

[53] 黄志强,袁念念.控制排水条件下旱地排水及氮素流失规律研究[J].河海大学学报(自然科学版),2012,40(4):412-419.

[54] SANCHEZ V S, MADRAMOOTOO C A, STÄMPFLI N. Water table management impacts on phosphorus loads in tile drainage[J]. Agricultural Water Management, 2006, 89(1): 71-80.

[55] WESSTRÖM I,MESSING I,LINNÉR H,et al. Controlled drainage—effects on drain outflow and water quality[J]. Agricultural Water Management,2001,47(2):85-100.
[56] WOLI K P,DAVID M B,COOKE R A,et al. Nitrogen balance in and export from agricultural fields associated with controlled drainage systems and denitrifying bioreactors[J]. Ecological Engineering,2010,36(11):1558-1566.
[57] 瞿思尧,黄介生,杨琳,等. 旱地控制排水条件下氮素运移试验研究[J]. 中国农村水利水电,2009(1):48-51.
[58] 袁念念,黄介生,黄志强,等. 控制排水和施氮量对旱地土壤氮素运移转化的影响[J]. 农业工程学报,2012,28(13):106-112.
[59] MEEK B D,GRASS L B,MACKENZIE A J. Applied nitrogen losses in relation to oxygen status of soils[J]. Soil Science Society of America Journal,1969,33(4):575-578.
[60] AYARS J E,CHRISTEN E W,HORNBUCKLE J W. Controlled drainage for improved water management in arid regions irrigated agriculture[J]. Agricultural Water Management,2006,86(1-2):128-139.
[61] GILLIAM J W,SKAGGS R W,WEED S B. Drainage control to diminish nitrate loss from agricultural fields[J]. Journal of Environmental Quality,1979,8(1):137-142.
[62] SKAGGS R W,GILLIAM J W. Effect of Drainage System Design and Operation on Nitrate Transport[J]. Transactions of the ASAE,1981,24(4):929-934,940.
[63] DRURY C F,TAN C S,GAYNOR J D,et al. Optimizing corn production and reducing nitrate losses with water table control-subirrigation[J]. Soil Science Society of America Journal,1997,61(3):889-995.
[64] FISHER M J,FAUSEY N R,SUBLER S E,et al. Water table management,nitrogen dynamics,and yields of corn and soybean[J]. Soil Science Society of America Journal,1999,63(6):1786-1795.
[65] DRURY C F,TAN C S,GAYNOR J D,et al. Influence of controlled drainage-subirrigation on surface and tile drainage nitrate loss[J]. Journal of Environmental Quality,1996,25(2):317-324.
[66] ELMI A A,MADRAMOOTOO C,HAMEL C. Influence of water table and nitrogen management on residual soil NO_3^- and denitrification rate under corn production in sandy loam soil in Quebec[J]. Agriculture,Ecosystems & Environment,2000,79(2-2):187-199.
[67] XU X,SUN C,QU Z Y,et al. Groundwater recharge and capillary rise in irrigated areas of the upper Yellow River basin assessed by an agro-hydrological model[J]. Irrigation and Drainage,2015,64(5):587-599.
[68] 杨建锋,刘士平,张道宽,等. 地下水浅埋条件下土壤水动态变化规律研究[J]. 灌溉排

水,2001,20(3):25-28.

[69] 宫兆宁,宫辉力,邓伟,等. 浅埋条件下地下水-土壤-植物-大气连续体中水分运移研究综述[J]. 农业环境科学学报,2006,25(Z1):365-373.

[70] GOU, MILLER. A groundwater-soil-plant-atmosphere continuum approach for modelling water stress, uptake, and hydraulic redistribution in phreatophytic vegetation[J]. Ecohydrology,2014,7(3):1029-1041.

[71] 雷志栋,杨诗秀,倪广恒,等. 地下水位埋深类型与土壤水分动态特征[J]. 水利学报,1992(2):1-6.

[72] 冯绍元,郑燕燕,霍再林,等. 冬小麦生长条件下土壤水与地下水转化试验研究[J]. 灌溉排水学报,2010,29(3):1-5.

[73] 韩双平,荆恩春,王新忠,等. 种植条件下土壤水与地下水相互转化研究[J]. 水文,2005,25(2):9-14.

[74] 杨玉峥,林青,王松禄,等. 大沽河中游地区土壤水与浅层地下水转化关系研究[J]. 土壤学报,2015,52(3):547-557.

[75] 杨建锋,李宝庆,李颖. 浅埋区地下水——土壤水资源动态过程及其调控[J]. 灌溉排水,2000,19(1):5-8.

[76] 张振华,谢恒星,刘继龙,等. 气相阻力与土壤容重对一维垂直入渗影响的定量分析[J]. 水土保持学报,2005,19(4):36-39.

[77] 潘云,吕殿青. 土壤容重对土壤水分入渗特性影响研究[J]. 灌溉排水学报,2009,28(2):59-61,77.

[78] 吴庆华,朱国胜,崔皓东,等. 降雨强度对优先流特征的影响及其数值模拟[J]. 农业工程学报,2014,30(20):118-127.

[79] LIU C W,CHENG S W,YU W S,et al. Water infiltration rate in cracked paddy soil[J]. Geoderma,2003,117(1-2):169-181.

[80] WOPEREIS M C S,BOUMAN B A M,KROPFF M J,et al. Water use efficiency of flooded rice fields I. Validation of the soil-water balance model SAWAH[J]. Agricultural Water Management,1994,26(4):277-289.

[81] LAHUE G T,LINQUIST B A. The magnitude and variability of lateral seepage in California rice fields[J]. Journal of Hydrology,2019,574:202-210.

[82] 李胜龙,张海林,刘目兴,等. 稻田-田埂过渡区土壤水分运动与保持特征[J]. 水土保持学报,2017,31(2):122-128.

[83] LIN L,ZHANG Z B,JANSSEN M,et al. Infiltration properties of paddy fields under intermittent irrigation[J]. Paddy and Water Environment,2014,12(1):17-24.

[84] TSUBO M,FUKAI S,BASNAYAKE J,et al. Effects of soil clay content on water balance and productivity in rainfed lowland rice ecosystem in Northeast Thailand[J]. Plant Production Science,2007,10(2):232-241.

[85] CHEN S K, LIU C W. Analysis of water movement in paddy rice fields (I) experimental studies[J]. Journal of Hydrology,2002,260(1-4):206-215.

[86] XU B L,SHAO D G,FANG L Z,et al. Modelling percolation and lateral seepage in a paddy field-bund landscape with a shallow groundwater table[J]. Agricultural Water Management,2019,214:87-96.

[87] TSUBO M,FUKAI S,TUONG T P,et al. A water balance model for rainfed lowland rice fields emphasising lateral water movement within a toposequence[J]. Ecological Modelling,2007,204(3-4):503-515.

[88] 杨霞,邵东国,徐保利. 东北寒区黑土稻田土壤水分剖面二维运动规律研究[J]. 水利学报,2018,49(8):1017-1026.

[89] 祝惠,阎百兴. 三江平原水田氮的侧渗输出研究[J]. 环境科学,2011,32(1):108-112.

[90] WALKER S H,RUSHTON K R. Water losses through the bunds of irrigated rice fields interpreted through an analogue model[J]. Agricultural Water Management,1986,11(1):59-73.

[91] 姜子绍,马强,宇万太,等. 田埂宽度与种豆对稻田速效磷侧渗流失的影响[J]. 土壤通报,2016,47(3):688-694.

[92] JAYNES D B,COLVIN T S,KARLEN D L,et al. Nitrate loss in subsurface drainage as affected by nitrogen fertilizer rate[J]. Journal of Environmental Quality,2001,30(4):1305-1314.

[93] LIANG X Q,LI H,CHEN Y X,et al. Nitrogen loss through lateral seepage in near-trench paddy fields[J]. Journal of Environmental Quality,2008,37(2):712-717.

[94] 周根娣,梁新强,田光明,等. 田埂宽度对水田无机氮磷侧渗流失的影响[J]. 上海农业学报,2006,22(2):68-70.

[95] 景冰丹,靳根会,闵雷雷,等. 太行山前平原典型灌溉农田深层土壤水分动态[J]. 农业工程学报,2015,31(19):128-134.

[96] KAHLOWN M A,ASHRAF M,ZIA-UL-HAQ. Effect of shallow groundwater table on crop water requirements and crop yields[J]. Agricultural Water Management,2005,76(1):24-35.

[97] 王锐,孙西欢,郭向红,等. 不同入渗水头条件下土壤水分运动数值模拟[J]. 农业机械学报,2011,42(9):45-49.

[98] 钟韵,费良军,傅渝亮,等. 多因素影响下土壤上升毛管水运动特性 HYDRUS 模拟及验证[J]. 农业工程学报,2018,34(5):83-89.

[99] 龙桃,熊黑钢,张建兵,等. 不同降雨强度下的草地土壤蒸发试验[J]. 水土保持学报,2010,24(6):240-245.

[100] 包含,侯立柱,刘江涛,等. 室内模拟降雨条件下土壤水分入渗及再分布试验[J]. 农业工程学报,2011,27(7):70-75.

[101] 魏新光,聂真义,刘守阳,等.黄土丘陵区枣林土壤水分动态及其对蒸腾的影响[J].农业机械学报,2015,46(6):130-140.

[102] 赵红光.自然和人工条件下作物蒸发蒸腾量(ET)的研究[D].太原:太原理工大学,2017.

[103] EVETT S R,WARRICK A W,MATTHIAS A D. Wall material and capping effects on microlysimeter temperatures and evaporation[J]. Soil Science Society of America Journal,1995,59(2):329-336.

[104] 孙宏勇,刘昌明,张永强,等.微型蒸发器测定土面蒸发的试验研究[J].水利学报,2004(8):114-118.

[105] 刘战东,刘祖贵,俞建河,等.地下水埋深对玉米生长发育及水分利用的影响[J].排灌机械工程学报,2014,32(7):617-624.

[106] 吴建富,张美良,刘经荣,等.不同肥料结构对红壤稻田氮素迁移的影响[J].植物营养与肥料学报,2001,7(4):368-373.

[107] 和玉璞,张展羽,徐俊增,等.控制地下水位减少节水灌溉稻田氮素淋失[J].农业工程学报,2014,30(23):121-127.

[108] 王少平,俞立中,许世远,等.上海青紫泥土壤氮素淋溶及其对水环境影响研究[J].长江流域资源与环境,2002,11(6):554-558.

[109] ELMI A A,CHANDRA M,MOHAMUD E,et al. Water table management as a natural bioremediation technique of nitrate pollution[J]. Water Quality Research Journal,2002,37(3):563-576.

[110] 刘战东,秦安振,宁东峰,等.降雨级别对农田蒸发和土壤水再分布的影响模拟[J].灌溉排水学报,2016,35(8):1-8.

[111] 梁新强,陈英旭,和苗苗,等.近沟渠稻田氮素多维通量模型开发及验证[J].浙江大学学报(农业与生命科学版),2007,33(6):671-676.

[112] TAN X Z,SHAO D G,GU W Q,et al. Field analysis of water and nitrogen fate in lowland paddy fields under different water managements using HYDRUS-1D[J]. Agricultural Water Management,2015,150:67-80.

[113] MUALEM Y. A new model for predicting the hydraulic conductivity of unsaturated porous media[J]. Water Resources Research,1976,12(3):513-522.

[114] FEDDES R A,BRESLER E,NEUMAN S P. Field test of a modified numerical model for water uptake by root systems[J]. Water Resources Research,1974,10(6):1199-1206.

[115] VAN GENUCHTEN M T. A numerical model for water and solute movement in and below the root zone[R]. Uppub Research Report,US Salinity Laboratory,1987.

[116] GARDNER H R. Soil Properties and efficient water use: evaporation of water from Bare Soil[M]. John Wiley & Sons,ltd,2015.

[117] 陶园. 一种改进暗管排水形式的性能试验与理论研究[D]. 南京:河海大学,2022.

[118] AL-KHAFAF S, WIERENGA P J, WILLIAMS B C. Evaporative flux from irrigated cotton as related to leaf area index, soil water, and evaporative demand[J]. Agronomy Journal, 1978, 70(6): 912-917.

[119] LIU X H, ŠIMŮNEK J, LI L, et al. Identification of sulfate sources in groundwater using isotope analysis and modeling of flood irrigation with waters of different quality in the Jinghuiqu district of China[J]. Environmental Earth Sciences, 2013, 69(5): 1589-1600.

[120] TAN X Z, SHAO D G, LIU H H. Simulating soil water regime in lowland paddy fields under different water managements using HYDRUS-1D[J]. Agricultural Water Management, 2014, 132: 69-78.

附图

附图 1　小区建设效果图

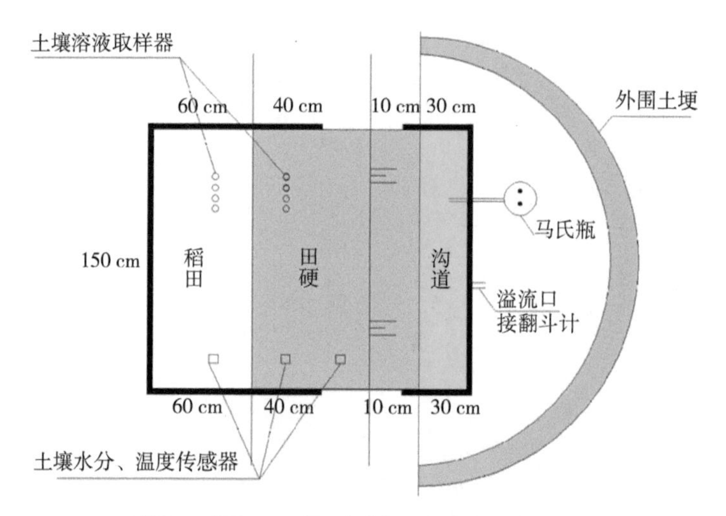

附图 2　“稻田-田埂-沟道”区域试验布置示意图

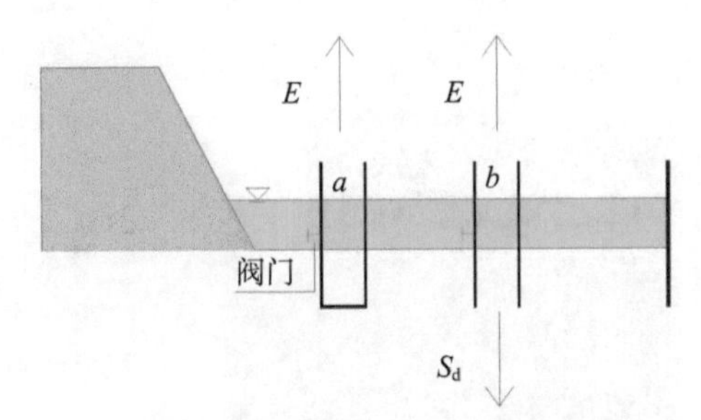

附图 3　沟道垂向渗漏及水面蒸发量测算示意图

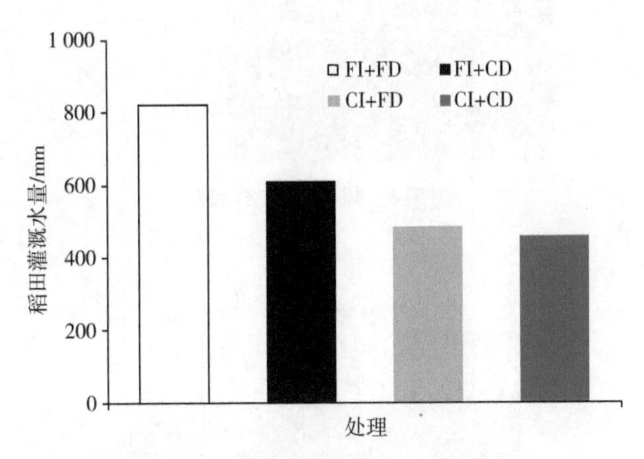

附图 4　灌排协同调控稻田灌溉水量

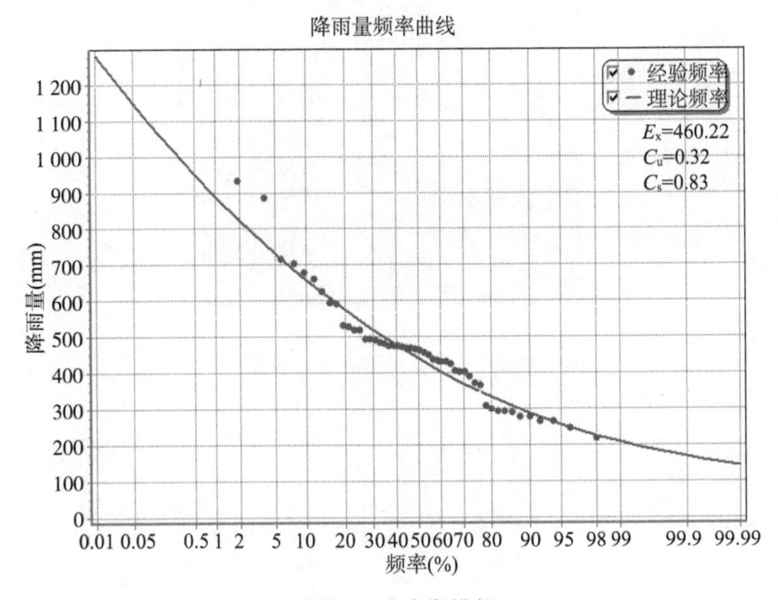

附图 5　生育期排频

附图

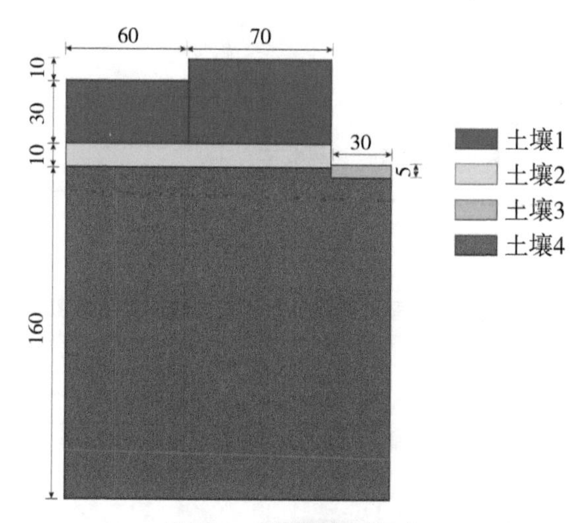

附图 6　模型计算域示意

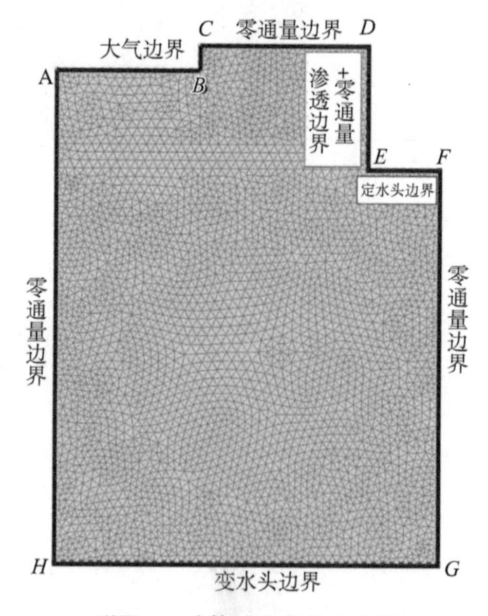

附图 7　计算域边界条件设置